Interaktions- und Suchverfahren zur Integration mobiler Endgeräte in Fahrer-informationssysteme

von
Stefan Graf

Oldenbourg Verlag München

Stefan Graf studierte Elektro- und Informationstechnik an der Technischen Universität München. Dem Studium folgte die Promotion am Lehrstuhl für Mensch-Maschine-Kommunikation. Die Forschungstätigkeiten zur vorliegenden Arbeit entstanden bei der BMW Group Forschung und Technik GmbH.

Bibliografische Information der Deutschen Nationalbibliothek

Die Deutsche Nationalbibliothek verzeichnet diese Publikation in der Deutschen Nationalbibliografie; detaillierte bibliografische Daten sind im Internet über http://dnb.d-nb.de abrufbar.

© 2012 Oldenbourg Wissenschaftsverlag GmbH
Rosenheimer Straße 145, D-81671 München
Telefon: (089) 45051-0
www.oldenbourg-verlag.de

Lektorat: Dr. Gerhard Pappert
Herstellung: Constanze Müller
Einbandgestaltung: hauser lacour
Gesamtherstellung: Books on Demand GmbH, Norderstedt

Dieses Papier ist alterungsbeständig nach DIN/ISO 9706.

ISBN   978-3-486-71737-2
eISBN   978-3-486-71746-4

TECHNISCHE UNIVERSITÄT MÜNCHEN

Lehrstuhl für Mensch-Maschine-Kommunikation

Interaktions- und Suchverfahren zur Integration mobiler Endgeräte in Fahrerinformationssysteme

Stefan Graf

Vollständiger Abdruck der von der Fakultät für Elektrotechnik und Informationstechnik der Technischen Universität München zur Erlangung des akademischen Grades eines

Doktor-Ingenieurs (Dr.-Ing.)

genehmigten Dissertation.

Vorsitzender: Univ.-Prof. Dr. sc. Samarjit Chakraborty

Prüfer der Dissertation: 1. Univ.-Prof. Dr.-Ing. habil. Gerhard Rigoll
                           2. Univ.-Prof. Dr. phil. Klaus Bengler

Die Dissertation wurde am 29.06.2011 bei der Technischen Universität München eingereicht und durch die Fakultät für Elektrotechnik und Informationstechnik am 06.02.2012 angenommen.

Danksagung

An erster Stelle gilt mein besonderer Dank Herrn Prof. Dr. Gerhard Rigoll für die Möglichkeit, mich im Rahmen dieser Arbeit mit dem Thema Mensch-Maschine-Kommunikation im Fahrzeug zu beschäftigen. Ich konnte mir seiner Unterstützung und Diskussionsbereitschaft während meiner Promotionszeit stets gewiss sein.

Im Speziellen möchte ich mich bei Herrn Prof. Dr. Klaus Bengler bedanken, der mir durch das Forschungsumfeld in der BMW Forschung und Technik GmbH ein geeignetes Umfeld zum Gelingen dieser Arbeit bereitet hat. Aus diesem Umfeld danke ich Dr. Andreas Keinath, der mich in den Anfängen der Dissertation bei der Themenfindung bestärkt hat. Für die Unterstützung und das offene Ohr während der Konzept- und Evaluierungsphase der Arbeit gilt mein Dank Dr. Verena Broy. Ihre Anregungen und Hilfe haben wesentlich zum Gelingen der Ausarbeitung dieser Arbeit beigetragen. Im Besonderen möchte ich noch meine Doktorandenkollegen bei BMW erwähnen. Dr. Stefan Hoch, Dr. Nadine Perera, Dr. Stephan Thoma und Dr. Gwendolin Knappe welche für mich die Zeit bei der BMW Forschung und Technik maßgeblich geprägt haben.

Auch möchte ich Anneke Winter, mit der ich während ihrer Diplomarbeit arbeiten durfte, wegen ihrer Kreativität erwähnen. Einen besonderen Dank möchte ich Herrn Wolfgang Spießl für sein Engagement, seinen Fleiß und seine Kompetenz aussprechen, es war mir eine Freude mit Dir zusammen zu arbeiten. Für die besondere Zusammenarbeit und seine Expertise im Bereich der Evaluationsmethodik möchte ich mich bei Dr. Maximilian Schwalm bedanken.

Zudem möchte ich mich bei all jenen bedanken, die durch die Teilnahme an den Versuchen mir ihre kostbare Zeit zur Verfügung gestellt haben.

Und schließlich danke ich meinen Freunden und besonders meinen Eltern, welche mich während der gesamten Promotionszeit vorbehaltlos unterstützt haben.

Zusammenfassung

Für viele Fahrer besteht der Wunsch nach Verfügbarkeit von Informationen aus mobilen Endgeräten auch während der Fahrt. Zur sicheren Nutzung dieser Geräte dient eine Integration in Fahrerinformationssysteme (FIS). Die Arbeit bietet eine Übersicht über unterschiedliche Integrationsszenarien. Die hierarchischen Menüstrukturen bestehender FIS sind jedoch für eine flexible Integration nur bedingt geeignet. Als Lösungsansatz wird daher eine Kombination aus *Objektorientierung, Such-Interaktion, adaptiver hierarchischer Menüstruktur* und *Informations-Navigation (Browsing)* verwendet. Die Evaluierung des Ansatzes erfolgte über Nutzerstudien bis hin zu umfassenden Fahrsimulationsuntersuchungen. Im Vergleich der Such-Interaktionen für FIS zeigte sich die Überlegenheit einer uneingeschränkten Suche gegenüber einer Kategorie-Suche. Zudem wiesen die Untersuchungen die serienreife Eignung des Konzepts nach.

Abstract

For many drivers, access to information of mobile devices has become indispensable while driving. Therefore, an integration of these devices into in-vehicle information systems (IVIS) is required for safety reasons. This work provides an overview of different integration scenarios. However, the hierarchical menu structures of present IVIS is not feasible for a flexible integration. A combination of *object-oriented* as well as *search-interaction*, an *adaptive hierarchical menu structure* and *information browsing* is offered as a solution to this problem. The concept evaluation has been based upon user studies as well as an extensive research in a driving simulator environment. A comparison of the search interfaces showed the superiority of a free search over a categorical search. In addition, the studies have verified that the approach chosen is appropriate for series production.

Inhaltsverzeichnis

Tabellenverzeichnis

Abbildungsverzeichnis

1. Einleitung

Der Entwurf von Interaktionssystemen im Fahrzeug ist wegen der besonderen Randbedingungen einer Nutzung während der Fahrt ein komplexer Prozess. Die Aufgabe wird noch schwieriger, wenn neben dem Ziel Anzeige- und Bedienkonzepte zu entwerfen, die die Sicherheit während der Fahrt nicht gefährden, zudem Nutzerschnittstellen entstehen sollen, die angenehm und einfach zu bedienen sind. Interaktionssysteme, welche die Informations-, Kommunikations-, Komfort- und Unterhaltungsbedürfnisse der Fahrer in Automobilen befriedigen sollen, werden als Fahrerinformationssystem (FIS) bezeichnet.

Bei der Entwicklung von FIS ergeben sich zwei zu beachtende Entwicklungsziele. Auf der einen Seite sollen FIS die maximale Anzahl der vom Fahrer benötigten bzw. gewünschten Funktionen aufweisen. In erster Linie ist dafür die technische Umsetzbarkeit der Funktionen in Fahrzeugen der limitierende Faktor. Im weiteren Sinn müssen die Funktionen des FIS zur Fahraufgabe passen und einen stimmigen Gesamteindruck des FIS vermitteln. Auf der anderen Seite soll die Funktion während der Fahrt optimal bedienbar sein, d. h., sie muss sicher und effizient vom Fahrer genutzt werden können. Bei der Bedienung der Systeme muss der Fahrer seine Aufmerksamkeit zwischen dem System und der eigentlichen Fahraufgabe aufteilen, vgl. de Waard [1996]. In Betracht dessen muss ein FIS die durch seine Bedienung entstehende zusätzliche Beanspruchung für den Fahrer so gering wie möglich halten, um das Risiko für einen Fahrfehler nicht zu erhöhen.

FIS waren in der Vergangenheit abgeschlossene Systeme, d. h., der Funktionsumfang war über die Lebensdauer des Systems (ca. sieben Jahre) quasi stabil. Es konnten lediglich Daten temporär hinzugefügt bzw. geändert werden (z. B. Musik-CDs oder Navigations-DVDs). Trotzdem sind in den letzten Jahren die Funktionsumfänge in solchen FIS ständig gestiegen. Waren es im Jahre 2003 schon über 700 Funktionen (Niedermaier [2003]), zählen heutige FIS weit mehr als 1000 Einzelfunktionen. Betroffen von dem Anstieg sind die Hauptfunktionsbereiche der FIS – Navigations-, Kommunikations-, Verkehrs- und Fahrzeuginformationen sowie Musikanwendungen.

1

Dieser Anstieg an verfügbaren Informationen und Funktionen ist außerhalb der Fahrzeugdomäne in noch stärkerem Maße zu verzeichnen. Die Nutzbarkeit von Informationen zu jedem Zeitpunkt an möglichst jedem Ort der Welt stellt auch weiterhin eine herausfordernde Vision für die informations- und kommunikationstechnische Zukunft dar. Zu erkennen ist dies beispielsweise am Anstieg der weltweiten Anzahl an Mobiltelefonen von über 230 % in den letzten sechs Jahren (2004 ca. 1,5 Milliarden Mobiltelefone; 2010 ca. 5,1 Milliarden Mobiltelefone BITKOM [2010]). Heutzutage besteht der Wunsch vieler Autofahrer darin, ihre mobilen Endgeräte, wie Mobiltelefone, Personal Navigation Device oder MP3-Player im Fahrzeug zu nutzen. Der Zugriff auf persönliche Kontakte, Adressen, Verkehrsinformationen und Unterhaltung ist für viele Menschen auch während der Fahrt von Vorteil. Untersuchungen zeigen, dass Fahrer nicht auf bestimmte Funktionen und Informationen ihrer mobilen Endgeräte verzichten wollen, vgl. Engström u. a. [2004] und Engström u. a. [2006]. Die Nutzung dieser Geräte stellt allerdings eine visuelle, auditive, motorische oder kognitive Aufgabe dar, die zusätzlich zum Fahren des Fahrzeugs bewältigt werden muss Chittaro u. De Marco [2004]. Dabei entstehen die Schwierigkeiten weniger bei der Nutzung der durch das Gerät gelieferten Funktionalität, als vielmehr bei der Bedienung des Gerätes an sich. Die Interaktionskonzepte auf den mobilen Endgeräten sind zwar für den mobilen Gebrauch ausgelegt, nicht aber für die Nutzung während der Fahrt. Die Bedienung der mobilen Endgeräte soll, ebenso wie die Nutzung von FIS, die Sicherheit im Strassenverkehr nicht gefährden.

Bei der Nutzung mobiler Endgeräte zu Hause, im Büro oder gar nur während des Laufens können eventuelle Hauptaufgaben zur Bedienung der Endgeräte kurz unterbrochen werden. In einem Fahrzeug hingegen kann eine solche Unterbrechung der Hauptaufgabe zu Unfällen und damit zur Gefährdung des Fahrers und anderer Verkehrsteilnehmer führen. Aus diesem Grund gibt es für die Interaktion mit FIS im Fahrzeug Bestimmungen, um die Sicherheit während der Fahrt zu gewährleisten (vgl. Abschnitt 2.4.2 und 3.1.2). In vielen Ländern ist zum Beispiel Nutzung eines Mobiltelefons ohne Freisprecheinrichtung während der Fahrt untersagt. Forschungseinrichtungen und Entwicklungsabteilungen der Fahrzeugindustrie suchen nach Lösungen, um die Benutzung von mobilen Endgeräten im Automobil sicherer, bequemer und legal für den Fahrer zu ermöglichen. Ein Ansatz dazu ist es, die Daten und Funktionen der Endgeräte in FIS zu integrieren. Dadurch werden die Funktionen aus mobilen Endgeräten über fahrzeugeigene, automotive Bedienelemente bedient und die Informationsausgabe erfolgt über die im Fahrzeug vorhandenen Displays bzw. Audiokanäle. Ein typisches Beispiel sind Mobiltelefone, die per Bluetooth mit einem FIS verbunden werden können. Die Nummernwahl sowie die Ein-

und Ausgabe der Sprachsignale erfolgt über die Ein- und Ausgabekanäle des Fahrzeugs. Daran ist zu erkennen, dass erste Ansätze zur Integration mobiler Daten und Funktionen sich bereits in heutigen FIS befinden. Diese integrieren lediglich Teilfunktionen oder spezielle Daten der Geräte in die bestehende Menüstruktur eines FIS. Zukünftig werden aufgrund der Volatilität der Funktionen im Bereich der mobilen Endgeräte immer mehr Funktionen in immer kürzeren Zeitabständen für eine Nutzung während der Fahrt vom Fahrer angefordert werden. Das erfordert das Öffnen der bisher abgeschlossenen FIS, wodurch sich der Funktionsumfang eines FIS während des Lebenszyklus ändern kann. Für den Nutzer bedeutet dies, dass das FIS nach seinen Bedürfnissen personalisiert und entsprechend aktuell gehalten werden kann. Dadurch entstehen neue Herausforderungen für die beiden Entwicklungsziele von FIS – maximale benötigte Funktionsanzahl und optimale Bedienung der Funktion während der Fahrt.

Die Interaktion in aktuellen FIS verläuft hauptsächlich über hierarchische Menüstrukturen, welche dem Nutzer funktionsbasiert den Zugang zu den Inhalten des FIS ermöglicht. Diese Strukturen sind meist historisch gewachsen und Funktionen wurden dann hinzugefügt, wenn sie zum Zeitpunkt der Konzeptionsphase des FIS eine entsprechende Relevanz und Beliebtheit aufwiesen. Die Integration mobiler Endgeräte in FIS stellt die Konzeption von FIS vor zwei neue grundlegende Aufgaben. Durch die steigenden Datenvolumen (z. B. Musiksammlungen mit mehreren GB[1] Daten) und die sich dynamisch ändernden Informationen (z. B. detaillierte Verkehrsinformationen oder Online-Parkhausfüllstände) steigt die Komplexität der Menüstrukturen weiter an. Gleichzeitig sinkt für den Nutzer dadurch die Effizienz bei der Bedienung der Funktion. Um die integrierbaren Funktionen im Fahrzeug nutzbar zu machen, ist es erforderlich, die entstehende Komplexität der FIS hinter einer einfachen, intuitiven Bedienung zu verstecken. Die zweite große Herausforderung für das Interaktionsdesign von FIS ist in der Volatilität der Daten und Funktionen aus mobilen Endgeräten zu sehen. Diese Veränderungen müssen neuartige bzw. alternative Interaktionskonzepte aufnehmen und dabei gleichzeitig bedienbar und konsistent für den Nutzer bleiben. Heutige FIS-Strukturen sind, wie oben beschrieben, relativ statisch und bieten somit nur bedingt die Möglichkeit, dass ein Nutzer durch die Integration mobiler Endgeräte das FIS nach seinen Wünschen personalisieren kann. Des Weiteren könnte eine dynamische hierarchische Menüstruktur auf eine Veränderung der Funktionsmenge lediglich mit einer horizontalen oder vertikalen Anpassung des Menübaums reagieren. Neben dem enormen technischen Aufwand für

---

[1]GigaByte

die dazu nötige Anpassung der Benutzeroberfläche des FIS, müsste der Nutzer zudem jedes Mal sein mentales Modell des Systems anpassen, vgl. Cooper [2003]. Da heutige FIS, ohne zusätzliche variable Funktionalitäten aus mobilen Endgeräten, bereits als zu komplex und zu schwer zu bedienen empfunden werden, stellt sich die Frage, ob hierarchische Menüstrukturen eine angemessene Lösung zur Integration mobiler Endgeräte bieten. Diese Arbeit verfolgt das Ziel, eine für den Nutzer flexible Interaktionsform zur Integration mobiler Endgeräte in FIS zu finden und soweit zu entwickeln, dass sie während der Fahrt ohne zu großes Ablenkungsrisiko genutzt werden kann.

Aufbau der Arbeit Im zweiten Kapitel der vorliegenden Arbeit werden zunächst die Grundlagen der Mensch-Maschine-Interaktion aufgeführt. In diesem Zusammenhang werden die besonderen Anforderungen für eine Interaktion im Automobil sowie Bewertungsmethoden für FIS erläutert. Zur Konzeption neuartiger Integrationlösungen mobiler Endgeräte in FIS ist die Kenntnis der unterschiedlichen Geräteklassen mobiler Endgeräte notwendig. Das Kapitel beschreibt die gängigsten Geräteklassen sowie deren Funktionen und zeigt Beispiele bestehender Integrationslösungen für das Fahrzeug. Grundlegende Informationen, die zum Verständnis der erarbeiteten Integrations- und Interaktionskonzepte nötig sind, bilden den Abschluss des zweiten Kapitels.

Kapitel 3 beschäftigt sich mit der Analyse mobiler Endgeräte im Bezug auf ihre Eigenschaften zur Integration in FIS und führt unterschiedliche Integrationsszenarien für sie ein. Anhand der Integrationsszenarien wird ersichtlich, dass eine vollständige Integration von Daten und Funktionen mobiler Endgeräte in FIS das größte Potential besitzt, damit mobile Endgeräte während der Fahrt mit möglichst geringer Ablenkung von der Fahraufgabe genutzt werden können.

Das Kapitel 4 widmet sich den erarbeiteten Konzepten, welche, unter der Prämisse einer vollständigen Integration von Daten und Funktionen mobiler Endgeräte, nötig sind, um deren Nutzung in FIS zu ermöglichen. Zentraler Bestandteil der vorgestellten Konzepte ist die Auslegung einer Such-Interaktion für FIS. Unterschiedliche Konzeptideen zeigen im vierten Kapitel eine mögliche Bandbreite von grafischen Benutzerschnittstellen hierfür. Es wird ein Ansatz zur Konzeption für eine Such-Interaktion im Fahrzeug vorgestellt, der, ausgehend von einer großen Anzahl unterschiedlicher Konzeptideen, das Ziel eines serientauglichen Anzeige- und Bedienkonzepts für FIS verfolgt. Dazu werden mit Hilfe unterschiedlicher, iterativ angewandter Bewertungsmethoden die Konzeptideen immer weiter verbessert. Die dazu nötigen Usabiltiy Untersuchungen und deren

Ergebnisse für die erarbeiteten Konzeptideen sind in Kapitel 5 beschrieben. Am Ende des Prozesses steht dann ein Konzept eines neuen FIS, welches die gesammelten Erkenntnisse berücksichtigt. Dieses Gesamtkonzept (H-MMI) wird in Kapitel 6 vorgestellt.

Die Evaluierung des erarbeiteten Konzepts (H-MMI) und die Prüfung zur Tauglichkeit des Ansatzes einer Such-Interaktion in FIS wird in Kapitel 7 erbracht. Dabei gibt zum einen ein Vergleich zwischen einem bestehenden FIS und dem erarbeiteten Konzept Aufschluss über Bearbeitungsdauern, Blickzuwendungen sowie kognitive Belastung bei der Bedienung typischer Nebenaufgaben während der Fahrt. Zum anderen wird das Konzept in einer Fahrsimulatorstudie denselben Testkriterien unterzogen, die für die Absicherung realer FIS-Konzepte nötig sind, bevor sie im Fahrzeug zur Serienreife zugelassen werden.

2. Theoretische Grundlagen und Begriffsdefinitionen

Das Interesse dieser Arbeit liegt in der Konzeption und Evaluation einer Such-Interaktion als Weiterentwicklung bestehender, hierarchisch aufgebauter FIS. Diese werden in Abschnitt 2.4 näher erläutert. Dem Fahrer wird damit die Möglichkeit gegeben, die stetig steigende Anzahl an Funktionen und Daten innerhalb eines FIS intuitiv und schnell bedienen zu können. Die Interaktion des Fahrers mit dem FIS muss allerdings mit dem Ausführen der Fahraufgabe vereinbar sein, was die Forderung einer geringen Ablenkung von der Fahraufgabe mit sich bringt.

Dieses Kapitel umfasst zunächst die Begriffsdefinition und die Einführung in die Mensch-Maschine-Interaktion sowie die speziellen Anforderungen an diese für eine Nutzung im Automobil. Des Weiteren wird der aktuelle Stand der Technik bei bestehenden Such-Interaktionen aus den Bereichen des Internets und der Desktopbedienung vorgestellt. Das Kapitel widmet sich zudem den Grundlagen für die bei der Entwicklung der Such-Interaktion angenommenen Grundprinzipen: Objektorientierung und Pareto-Prinzip. Abschließend werden die verwendeten Evaluationsmethoden kurz vorgestellt.

2.1. Eigenschaften der Mensch-Maschine-Interaktion

Die Definition eines Mensch-Maschine-Systems sieht nach Geiser [1990] das Zusammenwirken des Menschen und eines technischen Systems vor. Das Ziel dieses Zusammenwirkens ist das Lösen einer selbstgewählten oder vorgegebenen Aufgabe. Die benutzergerechte Gestaltung der Mensch-Maschine-Schnittstelle des technischen Systems wird als Mensch-Maschine-Interaktion bezeichnet. Im Allgemeinen fällt die Gestaltung der Schnittstellen eines Automobils unter diesen Bereich.

Ein Teilgebiet der Mensch-Maschine-Interaktion stellt die Mensch-Computer-Interaktion dar, für welche die ACM SIGCHI[1] im *Curricula for Human-Computer Interaction* (ACM SIGCHI [1992]) folgende Definition liefert:

> *„Human-computer interaction is a discipline concerned with the design, evaluation and implementation of interactive computing systems for human use and with the study of major phenomena surrounding them.“*

Nach dieser Definition ist die Entwicklung und Evaluation von Interaktionskonzepten für FIS im Bereich der Mensch-Computer-Interaktion anzusiedeln. Nach dem *Curricula for Human-Computer Interaction* setzt sich die Mensch-Computer-Interaktion aus den vier in Abbildung 2.1 dargestellten Teilbereichen zusammen.

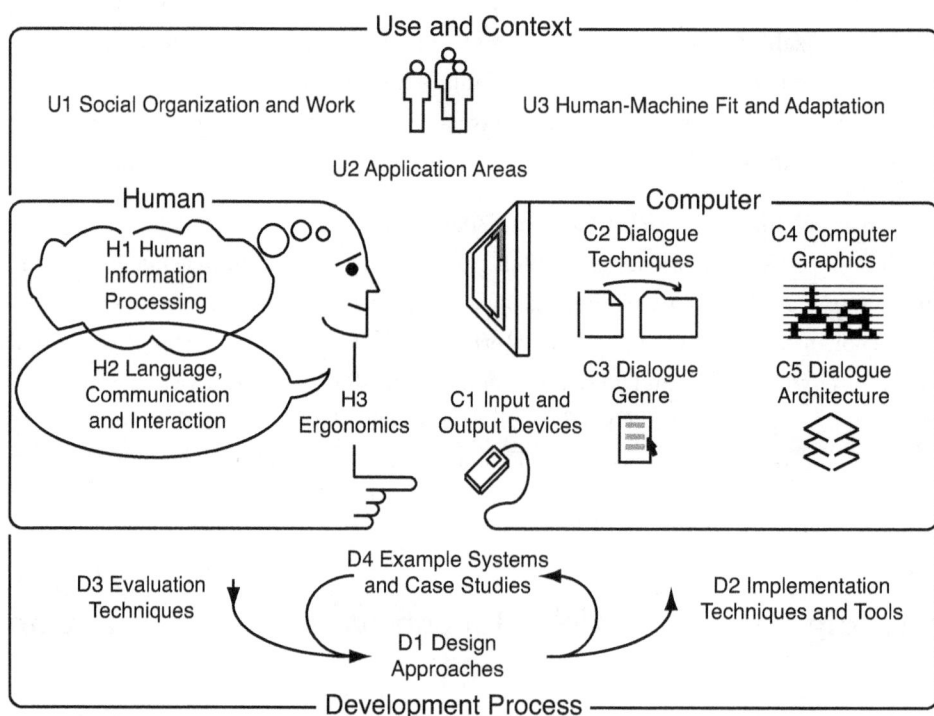

Abb. 2.1.: *Mensch, Computer, Nutzung und Kontext* als Teilgebiete der Mensch-Maschine-Interaktion in Verbindung mit dem *Entwicklungsprozess*, vgl. ACM SIGCHI [1992].

---

[1]Association for Computing Machinery Special Interest Group on Computer-Human Interaction

Mensch Für die Konzeption einer Mensch-Computer-Interaktion spielen die Eigenschaften des „Menschen" zur Interaktion eine übergeordnete Rolle. Diese Eigenschaften, die in Abschnitt 2.3 näher erläutert werden, untergliedern sich in Bereiche der Informationsverarbeitung, der ethnisch geprägten Fähigkeiten zur Kommunikation und Interaktion sowie der physiologischen und anthroprometrischen Charakteristika des menschlichen Körpers. Demnach muss beim Entwurf interaktiver Systeme zum einen auf individuelle Kompetenzen des Einzelnen wie Lern- und Problemlösefähigkeit, Bildung oder Motivation geachtet werden. Zum anderen kommen demografische Aspekte wie Sprache, kulturelle Symbolik oder gruppenspezifisches Verhalten zum Tragen. Bei der Konzeption von FIS muss vom Menschen oder besser vom Fahrer als einem Nutzer mit äußerst heterogenen Fähigkeiten, bezogen auf die oben genannten Charakteristika, ausgegangen werden.

Computer Für die Interaktion nimmt der „Computer" oder allgemeiner das System die Rolle des Antagonisten ein. Ein System stellt dabei Funktionalität zur Verfügung, mit welcher der Mensch über die Ein- und Ausgabemechanismen des Systems in Interaktion tritt. Die systemseitige Form der Interaktion wird durch die verwendeten Dialogtechniken bestimmt. Dies erfordert eine an die Bedürfnisse des Nutzers, die Umgebung und die Architektur des Systems angepasste Wahl der Ein- und Ausgabeelemente sowie der grafischen Benutzeroberfläche. Bei der Bedienung eines Fahrzeugs befindet sich der Nutzer bereits in einem für diesen Zweck angepassten System. Die Interaktion verläuft über bekannte Bedienelemente wie Lenkrad, Pedalerie oder Getriebewählhebel. Für den Fahrer stellt das Automobil einen Systemverbund dar, in dem diverse Zusatzsysteme notwendig (Blinker, Licht) oder optional (Klimaanlage, Radio) zu bedienen sind. Bei der Konzeption eines FIS muss sich dessen Interaktion in die Interaktionsstruktur des bestehenden Systemverbunds integrieren.

Nutzung und Kontext Computersysteme werden heutzutage in nahezu allen Bereichen des täglichen Lebens genutzt. Die auf ihnen befindlichen Anwendungen müssen sich demzufolge an den „Kontext" der „Nutzung" anpassen, um mit dem Umfeld, in dem sie ihre Aufgabe erfüllen sollen, zu harmonisieren. Neben den technischen Anforderungen muss das System somit den Anforderungen des Sozial-, Organisations- oder Arbeitsbereiches genügen, in dem es eingesetzt wird. Beispielsweise kann das Design einer Benutzeroberfläche neben den rein rechtlichen

Anforderungen dadurch beeinflusst werden, wie die Aussenwirkung eines bestimmten Unternehmens in einem spezifischen Marktumfeld platziert werden möchte.

In der vorliegenden Arbeit muss bei der Konzeption der Interaktion von folgendem Kontext ausgegangen werden. Der Nutzer bedient während der Fahrt zeitgleich mehrere Teilsysteme des Fahrzeugs. Neben der Fahraufgabe müssen zusätzlich die schon angesprochenen Zusatzsysteme sowie das FIS bedienbar sein. Für die Bedienung des FIS ergeben sich dadurch spezifische Anforderungen, die in Abschnitt 2.4.2 ausgeführt sind.

Entwicklungsprozess In den iterativen „Entwicklungsprozess" für Mensch-Maschine-Systeme müssen von Anfang an Aspekte der Gebrauchstauglichkeit und Bedienfreundlichkeit einfliessen, damit die Anpassung an den Nutzer und den gewünschten Nutzungskontext gewahrt bleibt. Die Mensch-Computer-Interaktion stellt demnach ein interdisziplinäres Aufgabenfeld dar, bei dem sich die unterschiedlichen Fachbereiche gegenseitig fördern. Für jede Iterationsstufe der Entwicklung müssen geeignete Werkzeuge zur Konzeption und Umsetzung der Dialogtechniken sowie zur Evaluierung eines bestehenden prototypischen Systems gewählt werden. Für FIS stehen zur Evaluierung teilweise standardisierte Methoden zur Verfügung. Neben Expertenwisssen fließen damit bereits frühzeitig Erkenntnisse über das Verhalten der Nutzer in den Entwicklungsprozess ein. Des Weiteren wird berücksichtigt, ob ein spezifisches System mit der Fahraufgabe verträglich ist. Die Evaluationsmethoden, welche in dieser Arbeit angewendet wurden, werden in Abschnitt 2.5 vorgestellt.

2.2. Anforderungen für die Gestaltung interaktiver Systeme

Das Ziel der Gestaltung eines Systems zur Mensch-Maschine-Interaktion ist eine benutzerfreundliche Umsetzung der Funktionalität des Systems, damit der Anwender die zu leistende Aufgabe so angenehm wie möglich erfüllen kann. Shackel [1991] beschreibt, dass die Akzeptanz eines Systems nur durch das Zusammenspiel von *Utility*, *Usability* und *Likeability* zu erreichen ist. Die drei Bereiche sind dabei weitestgehend voneinander unabhängig und stehen dem vom Nutzer zu leistenden Aufwand (Kosten, Zeit, Mühe etc.) gegenüber. *Utility* steht in diesem Zusammenhang für die Brauchbarkeit der Systemfunktionen bzw. dafür, ob das System alle notwendigen Funktionen beinhaltet. *Usability* bezieht sich darauf, ob der Nutzer mit den Funktionen des Systems die zu erledigende Aufgabe erfolgreich durchführen kann und wird in Abschnitt 2.2.1 noch näher erläutert. Letztlich steht *Likeability* für die Attraktivität des Systems bzw. dafür, ob der Nutzer die Interaktion mit dem System als angemessen empfindet. In den letzten Jahren nahm besonders die Bedeutung der Attraktivität und der Bedienfreude („joy of use") von Systemen für deren Akzeptanz zu, vgl. Nielsen [1994]. Nach Norman [2002] „funktionieren attraktive Produkte besser", was mitunter ein Grund ist, warum Kunden sich zum Kauf bzw. zum erneuten Kauf eines Produktes entscheiden.

Für die Gestaltung interaktiver Systeme haben sich im Laufe der Zeit Regeln in Form von Normen, Guidelines, Styleguides oder Gestaltgesetzen (Abschnitt 2.3.1.1) herausgebildet. Auf einige wenige von ihnen wird an dieser Stelle genauer eingegangen.

Die wichtigsten Normen zur Gestaltung von interaktiven Systemen sind die ISO 13407 zur *benutzerorientierten Gestaltung interaktiver Systeme* (ISO [1999]) sowie die ISO 9241 für *ergonomische Anforderungen von Bürotätigkeiten und Bildschirmgeräten* (ISO [1997]). Neben den Normen wurden von Shneiderman *„Eight Golden Rules for Dialogue Design"* zur Gestaltung von Benutzeroberflächen aufgestellt, vgl. [Shneiderman, 1986, Seite 67 - 79]. Shneiderman rät bei der Anwendung der Guidelines zur Gestaltung interaktiver Systeme dazu, zusätzlich Nutzerprofile zu erstellen. Damit soll ein Entwickler eines Produktes genau die Verschiedenheiten zwischen den Nutzern oder Nutzergruppen wahrnehmen, um spezifisch auf die Fähigkeiten und die Zielsetzungen der Nutzer zu reagieren. Die acht goldenen Regeln für Dialogdesign lauten:

1. **Strebe nach Konsistenz:** Verwendung konsistenter Bedienabläufe in ähnlichen Situationen. Terminologien, Layout, Befehle sollen im gesamten System gleiche Bedeutung und Funktion haben.

2. **Ermögliche erfahrenen Nutzern die Verwendung von Shortcuts:** Erfahrenen Nutzern soll durch Abkürzungen, Funktionstasten oder Tastenkombinationen die Möglichkeit zur Reduzierung der Bedienschritte und Erhöhung der Bediengeschwindigkeit gegeben werden.

3. **Biete informatives Feedback:** Jeder Handlung des Nutzers sollen aussagekräftige, verständliche sowie an die Handlungsrelevanz angepasste Rückmeldungen des Systems folgen.

4. **Entwerfe geschlossene Dialoge:** Bediensequenzen sollen in kleinere Einheiten aufgeteilt werden, die einen Anfang, eine Mitte und ein klar ersichtliches Ende haben. Damit kann der Nutzer sich mental von der alten abgeschlossenen Aufgabensequenz lösen und sich mit Zufriedenheit der Neuen widmen.

5. **Biete einfache Fehlerbehandlung:** Vermeide die Entstehungsmöglichkeit von Fehlern. Falls doch Fehler auftreten können, ermögliche einfache Fehlerbehebung.

6. **Erlaube einfache Umkehr von Aktionen:** Handlungen sollen einfach und intuitiv rückgängig zu machen sein. Dies vermeidet die Angst vor Bedienfehlern.

7. **Unterstütze Kontrollüberzeugung des Nutzers:** Dem Nutzer sollte das Gefühl der Kontrolle über das System vermittelt werden.

8. **Reduziere die Belastung des Kurzzeitgedächtnisses:** Die Einschränkungen der Informationsverarbeitung des Kurzzeitgedächtnisses bedingen eine einfache, intuitive Benutzeroberfläche mit einer begrenzten Anzahl an Einträgen in Menüs, Anweisungen oder Fehlertexten.

Der Prozess zur Gestaltung interaktiver Systeme sollte nach Shackel [1991] fünf wichtige Grundprinzipien verfolgen, um ein Produkt mit guter Usability hervorzubringen:

1. **User Centered Design:** Die Nutzer und die nutzerspezifischen Aufgaben sollten von Anfang an im Mittelpunkt stehen.

2. **Participative Design:** Die Nutzer sollen Teil des Entwicklungsteams sein.

3. **Experimental Design:** Die Entwicklung soll frühzeitig Nutzertests mit Prototypen oder Simulationen miteinbeziehen.

4. **Iterative Design:** Entwurf, Test- und Bewertungsphasen sowie Neuentwurf sollen so lange wiederholt werden, bis das Produkt die nötigen Usability-Anforderungen erfüllt.

5. **User Supportive Design:** Das Schreiben von nutzergerechter Dokumentation oder die Implementierung von Hilfefunktionen soll ausreichend Beachtung während der Entwicklungszeit bekommen.

2.2.1. Usability

Nach der Europäischen DIN EN ISO-Norm 9241 für ergonomische Anforderungen von Bürotätigkeiten und Bildschirmgeräten wird der Begriff *Usability* oder zu deutsch *Gebrauchstauglichkeit* wie folgt definiert (ISO [1998]):

> *„Gebrauchstauglichkeit ist das Ausmaß, in dem ein Produkt durch bestimmte Benutzer in einem bestimmten Nutzungskontext genutzt werden kann, um bestimmte Ziele effektiv, effizient und zufriedenstellend zu erreichen."*

Effektivität steht dabei für „die Genauigkeit und Vollständigkeit, mit der Benutzer ein bestimmtes Ziel erreichen". *Effizienz* bezeichnet „den im Verhältnis zur Genauigkeit und Vollständigkeit eingesetzten Aufwand, mit dem Benutzer ein bestimmtes Ziel erreichen". *Zufriedenheit* entsteht durch „die Freiheit von Beeinträchtigung und einer positiven Einstellung gegenüber der Nutzung des Produkts", vgl. ISO [1998]. Der Anpassung an den Nutzungskontext kommt für den Fall der gleichzeitig auszuführenden Fahraufgabe eine besonders große Bedeutung zu.

Nielsen [1994] fasst den Begriff der Usability in seinem Buch „Usability Engineering" noch etwas weiter. Nach seiner Definition wird Usability durch folgende Qualitätskriterien bzw. deren Optimierung erreicht:

Erlernbarkeit: Wie einfach kann ein Erstnutzer die Grundfunktionalität des Systems beherrschen?

Effizienz: Wie schnell können erfahrene Nutzer ihre Aufgaben im Umgang mit dem System erledigen?

Einprägsamkeit: Wie schnell können Nutzer, die eine Zeit lang das System nicht nutzten, mit ihm wieder profitabel arbeiten?

Geringe Fehlerrate: Wie viele Fehler machen Nutzer bei der Bedienung des Systems? Wie schwerwiegend sind diese? Wie leicht ist es, diese Fehler rückgängig zu machen?

Zufriedenheit: Wie angenehm ist es, das System zu nutzen?

2.2.2. Modellbildung interaktiver Systeme

In Abschnitt 2.2 wurde bereits darauf hingewiesen, dass Shneiderman zur Konzeption interaktiver Systeme empfiehlt, mit Nutzerprofilen zu arbeiten. In diesem Zusammenhang ist die unterschiedliche Repräsentationsform eines interaktiven Systems von Bedeutung. Das System lässt sich nach Cooper [2003] durch drei unterschiedliche Modelle abstrahieren. Der Zusammenhang zwischen den drei Modellen ist in Abbildung 2.2 zu sehen.

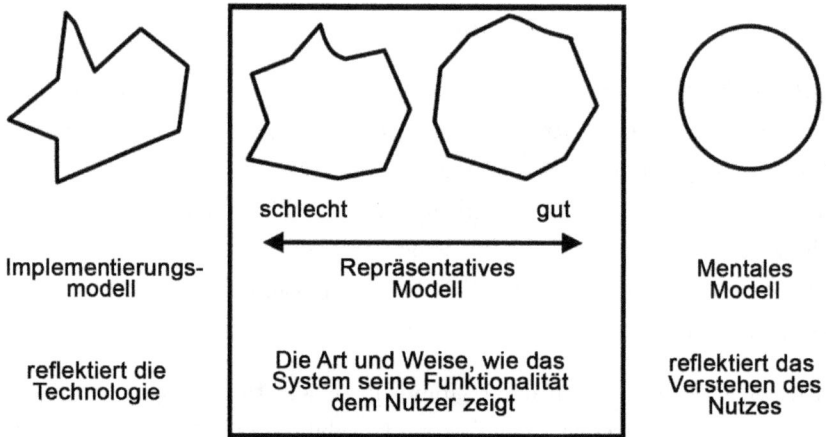

Abb. 2.2.: Zusammenhang zwischen dem Implementierungs-, repräsentativen und mentalen Modell für ein interaktives System, nach Cooper [2003].

Das *Implementierungsmodell* repräsentiert die interne Struktur eines Systems oder einer Software. Es beschreibt die genauen Abläufe einer Systemimplementierung. Demgegenüber steht das *mentale Modell* des Nutzers. Bei der Bedienung eines Systems bildet ein Nutzer basierend auf seinen Erfahrungen eine mentale Repräsentation des Systems und seines Verhaltens. Diese Repräsentation dient als nutzereigenes Konzept von der Systemstruktur und der Funktionsweise. Basierend auf dem mentalen Modell trifft der Nutzer Entscheidungen für die Interaktion mit dem System. Dabei haben die Abläufe des mentalen Modells in den meisten Fällen nur wenig mit den tatsächlichen Abläufen des Implementierungsmodells gemein. Aus Komplexitätsgründen ist es oftmals gar nicht ratsam, dass ein Nutzer ein genaues Verständnis des Implementierungsmodells erlangt. Die Entwickler interaktiver Systeme müssen demnach festlegen, wie die Systemfunktionalität dem Nutzer präsentiert wird. Diese Festlegung wird nach Cooper *repäsentatives*

Modell genannt und ist von der Nutzergruppe sowie vom Nutzungskontext abhängig. Das repräsentative Modell umfasst das Design, die Benutzeroberfläche sowie die gewählten Interaktionsformen. Das Ziel bei der Entwicklung interaktiver Systeme sollte eine möglichst große Übereinstimmung von repräsentativem und mentalem Modell sein.

2.2.3. Verhalten des Menschen in Mensch-Maschine-Systemen

Das Wahrnehmen und Handeln eines Menschen läuft nach Rasmussen [1983] im Wesentlichen über drei Ebenen ab. Innerhalb eines Mensch-Maschine-Systems handelt der Mensch demnach auf den Ebenen der Fertigkeiten, der Regeln und des Wissens. Rasmussen beschreibt, dass viele Handlungen nach der sensorischen Wahrnehmung automatisch vom Menschen ausgeführt werden. Diese automatisierten Reaktionen, welche er mit *„Skill-Based Behavior"* (Fertigkeitsbasiertes Verhalten) bezeichnet, benötigen keine willentliche Aufmerksamkeit.

Steht für eine Situation keine passende automatische Reaktion zur Verfügung, wird die eingehende Information aufgrund antrainierter Regeln beantwortet. Bei *„Rule-Based Behavior"* (Regelbasiertes Verhalten) werden die Informationen qualitativ als Zeichen bewertet und die Reaktion erfolgt nach dem *Wenn-Dann-Prinzip*. Auf dieser Ebene werden bei der Interaktion mit einem Mensch-Maschine-System die meisten Aufgaben beantwortet.

Liegen weder automatische Reaktionen noch geeignete Regeln für die Reaktion auf einen eingehenden Reiz vor, so kann der Mensch versuchen, durch eine bewusste Problemlösung ein sinnvolles Verhalten auf den eingehenden Reiz zu erzeugen. In diesen unbekannten Situationen zeigt der Mensch durch die Analyse verschiedenster Symbole *„Knowledge-Based Behavior"* (Wissensbasiertes Verhalten). Eine detaillierte Aufteilung des Drei-Ebenen-Modells nach Rasmussen ist in Abbildung 2.3 zu sehen.

2.3. Eigenschaften der menschlichen Informationsverarbeitung

Die Ausrichtung von Mensch-Maschine-Interaktionen am Menschen verlangt die Anpassung an seine Fähigkeiten und Fertigkeiten. Dieser Abschnitt stellt wichtige Vorgänge

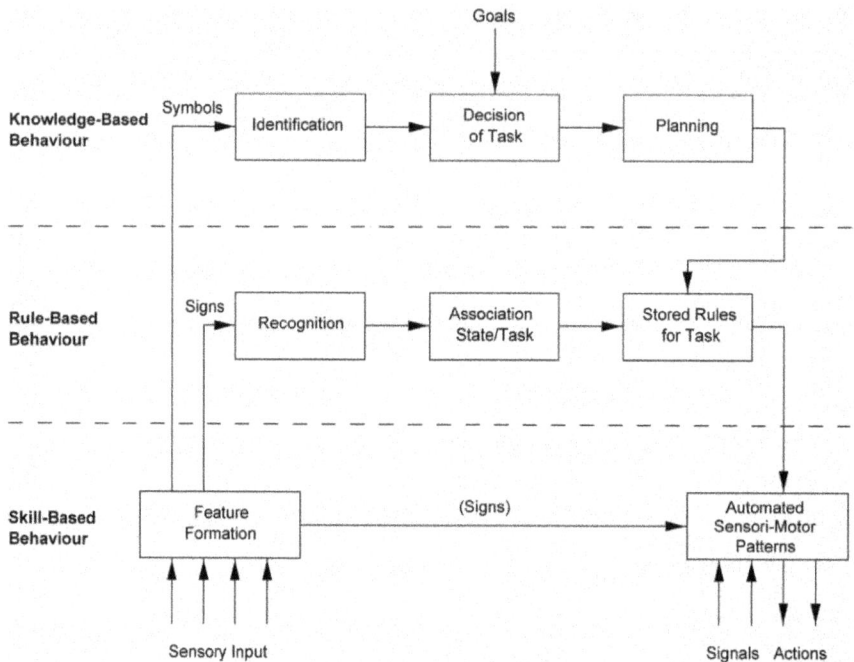

Abb. 2.3.: Die drei Ebenen der Handlungssteuerung, nach Rasmussen [1983].

der menschlichen Informationsaufnahme, -verarbeitung und -ausgabe vor, die für die Gestaltung von FIS von Bedeutung sind.

Die meisten Prozesse, die der Mensch innerhalb seiner Umwelt ausführt, sind dadurch gekennzeichnet, dass Informationen über die Sinnesorgane des Menschen aufgenommen, anschließend adäquat verarbeitet und daraus Handlungen oder Reaktionen abgeleitet werden. Entscheidend für die spätere Reaktion des Menschen auf einen Reiz ist die Wahrnehmung und die damit verbundenen Interpretationsmöglichkeiten, die in Abschnitt 2.3.1 genauer dargestellt sind. Limitierende Prozesse der Wahrnehmung sind vor allem bei parallel ausgeführten Tätigkeiten wie dem Führen eines Fahrzeugs von Bedeutung. Auf sie wird in Abschnitt 2.3.1.2 genauer eingegangen.

2.3.1. Wahrnehmung

Die Wahrnehmung beim Menschen besteht nach Goldstein [2007] aus einem Prozess, der durch einen verfügbaren Stimulus (Reiz) ausgelöst wird. Der Stimulus wird durch die

Rezeptoren der Sinnesorgane aufgenommen und neuronal verarbeitet. Das sensorische System des Menschen verfügt über die in Tabelle 2.1 aufgeführten Modalitäten. Auf die neuronale Verarbeitung folgt die Wahrnehmung des Reizes als bewusste sensorische Erfahrung. Die eigentliche Wahrnehmung beinhaltet noch nicht die Interpretation des Wahrgenommenen. Dies geschieht erst im nächsten Schritt des Wahrnehmungsprozesses, dem Erkennen. Dabei werden Objekte einer Kategorie zugeordnet und es wird auf entsprechend gelerntes Wissen zurückgegriffen. Erst nach abgeschlossenem Erkennen kommt es zum letzten Schritt innerhalb des Wahrnehmungsprozesses, dem Handeln.

Modalität	Organ	Empfindung
visuell	*Auge*	Farbe, Helligkeit
auditiv	*Ohr*	Tonhöhe, Lautstärke
vestibulär	*Vestibulärorgan*	Gleichgewicht
olfaktorisch	*Nase*	Geruch
gustatorisch	*Zunge*	Geschmack
kinästhetisch	*Muskelspindel*	Stellung der Körperteile
taktil	*Haut*	Druck, Berührung, Vibration
thermisch	*Haut*	warm, kalt
Schmerz	*freie Nervenenden*	Schmerz

Tab. 2.1.: Modalitäten des Menschen

2.3.1.1. Gestaltgesetze

Für die Gestaltung bzw. Kodierung visueller Information ist Kenntnis von der wahrscheinlichsten Interpretation bzw. der Wahrnehmung der Information durch den Menschen von Bedeutung. Die Gestaltpsychologie liefert hierzu sinnvolle Erklärungen, da sie einen Teil der menschlichen Wahrnehmung betrachtet, welcher über die reine Informationsaufnahme der menschlichen Sinne hinaus geht. Max Wertheimer widerlegte, als einer der Begründer der Gestaltpsychologie, die Annahme, dass die menschliche Wahrnehmung aus elementaren Empfindungen aufgebaut sei. Bezogen auf die Wahrnehmung eines Reizmusters gilt daher in der Gestaltpsychologie: *Das Ganze ist mehr als die Summe seiner Teile.* Daraus konnten gewisse Regeln (Gestaltgesetze) abgeleitet werden, die bestimmte Wahrnehmungsphänomene beim Menschen erklären. Die wichtigsten Gestaltgesetze oder auch Gestaltfaktoren werden im Folgenden kurz vorgestellt (Goldstein [2007] oder Palmer [1999]):

Gesetz der Prägnanz: Gestalten, die sich von anderen durch ein bestimmtes Merkmal abheben, werden besonders gut wahrgenommen.

Gesetz der guten Gestalt: Jede Gestalt wird so wahrgenommen, dass sie in einer möglichst einfachen Struktur resultiert.

Gesetz der Ähnlichkeit: Ähnliche Elemente werden als zusammengehörige Gruppe wahrgenommen.

Gesetz der Nähe: Elemente mit einem geringen Abstand zueinander erscheinen als zusammengehörig.

Gesetz der Kontinuität: Objekte, die eine Fortsetzung vorangehender Objekte zu sein scheinen, werden als zusammengehörig angesehen.

Gesetz der gemeinsamen Bewegung: Objekte, die sich gleichzeitig in eine Richtung bewegen, erscheinen als eine Einheit oder zusammengehörig.

Gesetz der Gleichzeitigkeit: Elemente, die sich gleichzeitig verändern, werden als zusammengehörig empfunden.

Gesetz der geschlossenen Gestalt: Unvollständige Objekte werden zu vollständigen ergänzt.

2.3.1.2. Mentale Beanspruchung

In technisch komplexen Systemen, bei denen sich die Nutzer mit einer Vielzahl gleichzeitig auszuführender Aufgaben konfrontiert sehen, tauchen Fragen nach der mentalen Beanspruchung der Nutzer auf (de Waard [1996]). Das Fahrzeug stellt für den Fahrer ein solches komplexes System dar, in dem er neben der Fahraufgabe zusätzliche Nebenaufgaben bewältigen muss. Die dafür erforderliche Informationsverarbeitung des Menschen benötigt nach Theorien von Broadbent [1958] oder Kahneman [1973] Ressourcen, welche nur in begrenztem Maße einzusetzen sind.

Wickens hat das Modell der begrenzten Ressourcen zu einer multiplen Ressourcentheorie (MRT) weiter entwickelt, vgl. Wickens u. Hollands [2000]. In der MRT beschreibt Wickens eine Trennung der mentalen Prozesse zur Informationsaufnahme (encoding), -verarbeitung (central processing) und -ausgabe (responding). Bei der Informationsaufnahme wird zusätzlich zwischen Eingangsmodalität (visuell, auditiv) sowie der Verarbeitungsweise (räumlich, verbal) differenziert. Bei den Ausgabemodalitäten wird zwischen spracherzeugend und manuell unterschieden. Die Struktur der Prozessressourcen kann nach Wickens wie in Abbildung 2.4 dargestellt werden:

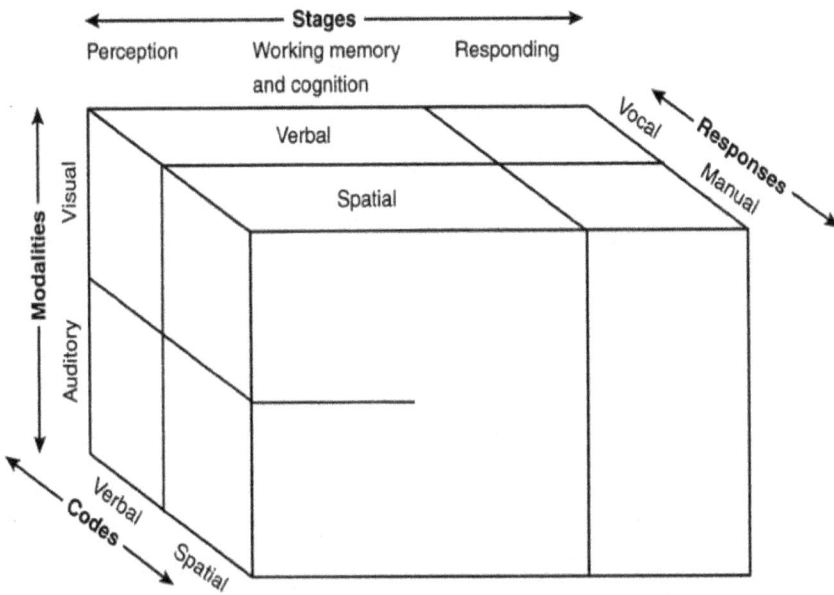

Abb. 2.4.: Struktur der Prozesskomponenten im MRT-Modell, nach Wickens u. Hollands [2000].

Nach diesem Modell ist es möglich, bei gleichbleibenden Bedingungen mehrere Aufgaben parallel auszuführen, ohne dass es zu Interferenzen kommt. Das bedeutet, dass Aufgaben, die nicht dieselben Ressourcenpools belegen - im Würfel durch getrennte Bereiche dargestellt - ohne gegenseitige Beeinflussung bearbeitet werden können. Beispielsweise ist Aufmerksamkeitsteilung zwischen zwei verschiedenen Modalitäten („*cross-modalem time-sharing*") wie dem Auge und dem Ohr effizienter und einfacher als innerhalb einer Modalität („*intra-modalem time-sharing*").

Neuere Studien weisen darauf hin, dass ein solches multimodales Modell der Prozess-ressourcen nicht ausreicht, um alle beobachtbaren Prozesse zu beschreiben. Spence u. Read [2003] erläutern, dass die Leistung beim Bewältigen einer Aufgabe mit mehreren Informationsquellen in unterschiedlichen Modalitäten durch die relative räumliche Trennung der Informationsquellen beeinflusst werden kann. Dennoch bleibt auch in diesen Überlegungen die Grundüberzeugung einer begrenzten kognitiven Ressource und einer mentalen Beanspruchung derselben beim Ausführen von parallelen Aufgaben bestehen.

Die mentale Beanspruchung setzt sich nach de Waard [1996] aus zwei unterschiedlichen Aspekten zusammen:

Task-Load: Anforderungen, welche durch die Aufgabe an sich erzeugt werden (äußerlich und nicht durch die Person beeinflusst).

Work-Load: die Prozesse, welche die äußeren Anforderungen (task-load) der Aufgabe beim Individuum selbst auslösen (ganzheitlich subjektive Erfahrung).

2.3.2. Einflussfaktoren der Fahraufgabe auf die mentale Beanspruchung

Unter dem Aspekt von Task- und Work-Load ist auch die Beanspruchung beim Autofahren an sich zu sehen. Trotz der vergleichsweise einfachen Tätigkeit des eigentlichen Führens des Fahrzeugs wird, insbesondere durch Nebenaufgaben aus FIS, die Beanspruchung der kognitiven Ressourcen durch das parallele Bearbeiten der Aufgaben erhöht. Dies wird insbesondere dann kritisch, wenn der Fahrer dadurch fahrrelevante Entscheidungen nicht mehr schnell und sicher genug treffen kann und infolge dessen das Unfallrisiko steigt.

Das Führen eines Fahrzeugs erfordert eine dynamische Kontrolle durch den Fahrer in einer sich kontinuierlich verändernden Umwelt, vgl. de Waard [1996]. Die Regelungsaufgabe beim Fahren wird durch Straßenverlauf, Verkehrsteilnehmer sowie Umweltbedingungen beeinflusst, vgl. Bubb [2003]. Daher kann nach Michon [1985] das Autofahren als eine komplexe Aufgabe aufgefasst werden, die in mindestens drei hierarchische Ebenen unterteilt ist (siehe Abbildung 2.5). Auf der obersten Ebene werden strategische Entscheidungen getroffen, die sich auf das Ziel der Fahrt sowie auf die zu wählende Route beziehen (*„Strategical Level"*). Dieser Ebene untergeordnet geschehen Reaktionen auf dem sogenannten *Manoeuvering Level*, welche die lokale Situation sowie das Verhalten anderer Verkehrsteilnehmer („*Controlled Action Patterns*") berücksichtigen. Auf dieser mittleren Ebene werden Aufgaben wie das Spurwechseln, das Überholen oder das Abbiegen an Kreuzungen getätigt sowie die momentane Verkehrssituation und die geltenden Verkehrsregeln kontrolliert. Die unterste Ebene, das „*Control Level*", beinhaltet die grundlegenden Kontrollprozesse für die Längs- und Querführung des Fahrzeugs. Aufgaben dieser Ebene führen durch Betätigung von Gas, Bremse oder Kupplung dazu das Fahrzeug in der vorgegebenen Spur zu halten („*Automatic Action Patterns*").

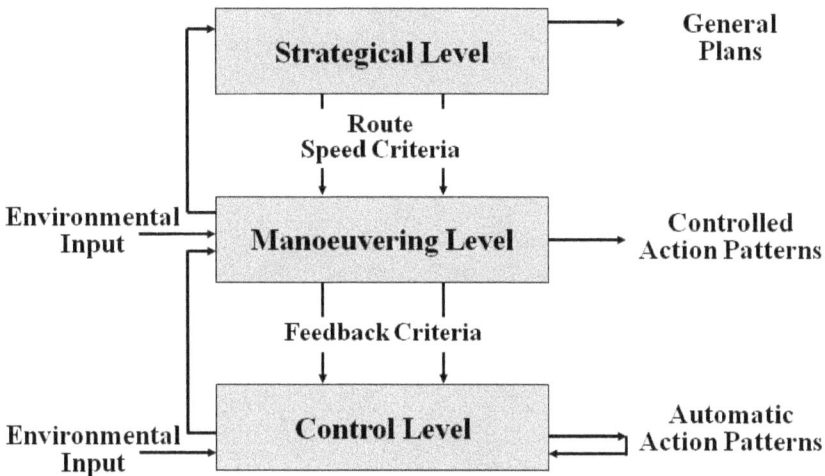

Abb. 2.5.: Das hierarchische Drei-Ebenen-Modell der Fahrerbeanspruchung, nach Michon [1985].

Anforderungen an den Fahrer entstehen nach diesem Modell auf jeder der drei Ebenen. Diese Anforderungen können zu einer direkten Beeinträchtigung der Fahrleistung führen, je nachdem, ob die mentalen Ressourcen des Fahrers schon erschöpft sind (siehe Abschnitt 2.3.1.2). Für einen Fahranfänger ist in den meisten Fällen die erlebte Beanspruchung auf der Kontrollebene, z.B. durch das Schalten der Gänge, schon so hoch, dass andere, höhere Prozesse, z. B. der Blick in den Rückspielgel beim Spurwechsel (Manoeuvering Level), außer Acht gelassen werden. Eine Aufteilung der Anforderungen an den Fahrer, welche die vorgestellte Trennung von Task- und Workload mit einbezieht, ist in Abbildung 2.6 zu sehen. Diese Darstellung verdeutlicht noch einmal, dass die beim Fahrer auftretende Beanspruchung ein Produkt aus einer Vielzahl interagierender Faktoren ist.

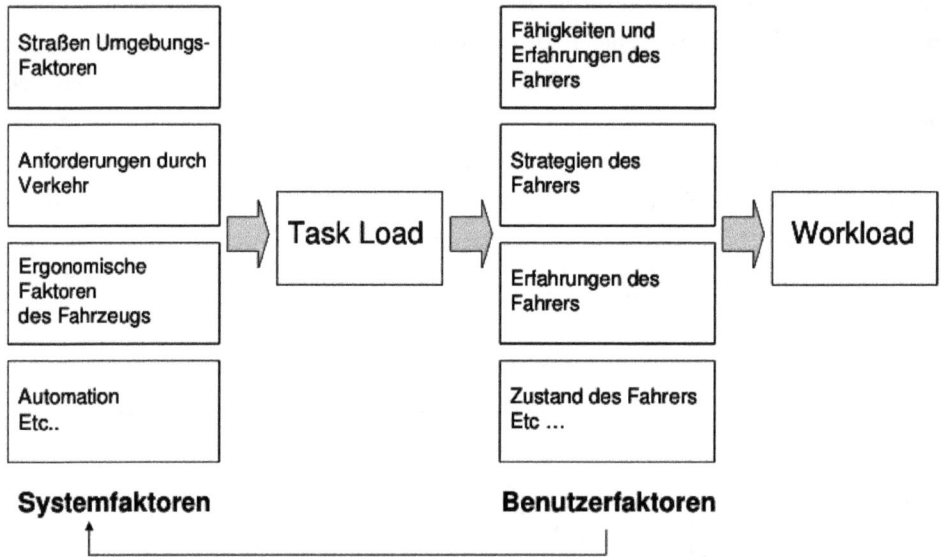

Straßen Umgebungs-Faktoren		Fähigkeiten und Erfahrungen des Fahrers
Anforderungen durch Verkehr	**Task Load**	Strategien des Fahrers
Ergonomische Faktoren des Fahrzeugs		Erfahrungen des Fahrers
Automation Etc..		Zustand des Fahrers Etc ...

Systemfaktoren   **Benutzerfaktoren**

Workload

Abb. 2.6.: Beanspruchungsmodell für die Situation des Autofahrens, aufgeteilt in Systemfaktoren und Benutzerfaktoren nach Hilburn & Jorna, aus Schwalm [2009].

Die Aufgaben, die während der Fahrt zu erledigen sind, teilt Geiser [1990] unter Berücksichtigung der drei Ebenen der Fahrerbeanspruchung in folgende Teilaufgaben ein:

Primäre Fahraufgaben: entsprechen den zur Quer- und Längsführung des Fahrzeugs nötigen Aufgaben, um das Fahrzeug in der vorgegeben Spur zu halten.

Sekundäre Fahraufgaben: dienen der Erfüllung von umwelt- und verkehrsbedingten Aufgaben, die im Rahmen der primären Fahraufgabe anfallen, z. B. die Betätigung des Blinkers, der Hupe, des Lichtes sowie die Zuschaltung von Fahrerassistenzsystemen oder das Ablesen des Drehzahlmessers.

Tertiäre Fahraufgaben: Stehen nicht in Verbindung mit der primären Aufgabe, aber dienen der Befriedigung von Komfort-, Unterhaltungs- und Informationsbedürfnissen, z. B. Heizungs-/Klima-Einstellungen, Musik/Radio hören, Interaktion mit FIS. Der in der Literatur häufig verwendete Begriff der *Nebenaufgaben* bezieht sich genau auf diese, nicht mit der primären Fahraufgabe in Verbindung stehenden Aufgaben.

Diese Aufgabentrennung findet sich auch in der Anordnung der Funktionsbereiche um den Fahrer. Abbildung 2.7 zeigt den so unterteilten *Fahrerarbeitsplatz* am Beispiel eines BMW 7ers, Baujahr 2001, bei dem physikalisch getrennte Areale abhängig von ihrer Priorität und damit ihrer Erreichbarkeit den einzelnen Fahraufgaben untergeordnet wurden.

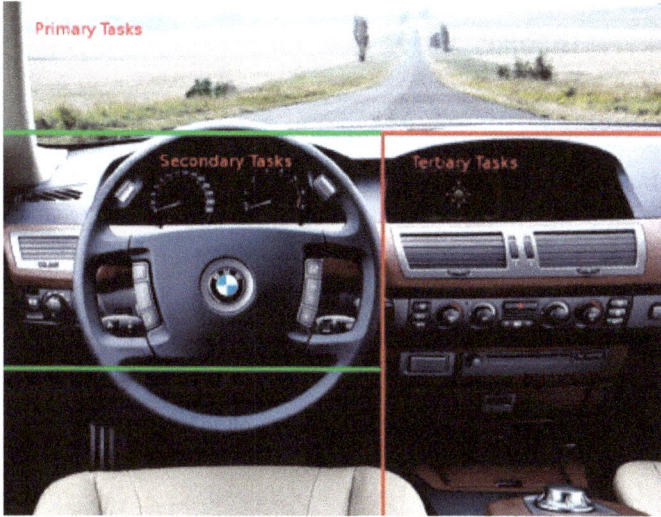

Abb. 2.7.: Räumliche Aufteilung des Fahrerarbeitsplatzes in einem BMW 7er, Baujahr 2001. Dargestellt sind separate Bereiche für primäre, sekundäre und tertiäre Fahraufgaben, aus Tönnis u. a. [2006].

Fahrerablenkung Die Unaufmerksamkeit von Fahrzeugführern hinsichtlich ihrer primären und sekundären Fahraufgabe stellt eine wesentliche Einflussgröße bei Verkehrsunfällen dar. In diesem Zusammenhang wird in der Literatur von „Ablenkung von der Fahraufgabe" gesprochen. In den letzten Jahren wurden einige Untersuchungen unternommen, welche sich mit dem Zusammenhang zwischen Verkehrsunfällen und der Fahrerablenkung beschäftigten, vgl. Stutts u. a. [2001]. Untersuchungen in den USA weisen aus, dass ca. 80 % der beobachteten Verkehrsunfälle im Zusammenhang mit einer Fahrerablenkung stehen, vgl. Hanowski u. a. [2006]. Dabei konnte die Nutzung des Mobiltelefons als die am häufigsten auftretende Quelle der Fahrerablenkung bei Zwischenfällen während der Fahrt und bei „Beinahe-Unfällen" ermittelt werden. Hancock u. a. [2003, 1999] konnten in ihren Untersuchungen nachweisen, dass sich durch die Nutzung mobiler Endgeräte und die damit verbundene Ablenkung die Reaktionszeiten der Probanden in gefährlichen Fahrsituationen um bis zu 30 % verschlechtern. Zudem verschlechterte sich auch die Spurhaltungsqualität bei vorhandener Ablenkung um bis zu 15 %. Diese Daten erklären die zunehmende Reglementierung der Nutzung mobiler Endgeräte während der Fahrt durch die föderale Gesetzgebung.

2.4. Merkmale von FIS

Fahrerinformationssysteme bieten dem Fahrer Zugang zu Komfort-, Informations- und Unterhaltungsfunktionen. Dabei integrieren sie hauptsächlich Funktionen zur tertiären Fahraufgabe in ein einheitliches Anzeige-/Bedien-Konzept (ABK), vgl. Rößger [2001]. Die stetige Zunahme an tertiären Funktionen im letzten Jahrhundert hat mit Beginn des 21. Jahrhunderts zum Paradigmenwechsel in der Bedienung und zur Entstehung von FIS geführt, vgl. Niedermaier [2003]. Die Notwendigkeit dieses Wechsels wird beim Vergleich der beiden Cockpit-Darstellungen in Abbildung 2.8a und 2.8b deutlich. Die Zunahme der Funktionaliät zeigt sich hauptsächlich in der Zunahme an Hebeln und Knöpfen zur Steuerung der Funktionen. Der resultierende Platzbedarf und die Forderung nach ergonomischer Bedienung für weitere Funktionen führte zur Abkehr von den klassischen schalterorientierten Konzepten. Aktuelle FIS integrieren teilweise bereits mehr als 1000 Funktionen in ihre Menüstruktur.

   (a) BMW 328, 1938.   (b) BMW 3er, 1986.   (c) BMW 5er, 2002.

Abb. 2.8.: Cockpitevolution am Beispiel von BMW (BMW Group [2007]).

Neue Funktionalitäten forderten zudem neue Wege in Bezug auf Anzeige- und Bedien-möglichkeiten. Das Aufkommen von Navigationssystemen erforderte beispielsweise die Interaktion mit einem Display in angemessener Größe. Vor allem in Fahrzeugen der Ober- und Mittelklasse wird bei heutigen FIS ein Anzeige-/Bedien-Konzept verfolgt, welches über ein zentrales Display sowie ein hierarchisches, listenbasiertes Menü verfügt

(Abbildung 2.8c). Die meisten Hersteller setzten in ihrem ABK auf die Trennung von Anzeige und Bedienung. Bei dieser Trennung werden die Nutzereingaben über einen multifunktionalen Controller getätigt. Eine weitere Form des ABK stellt die direkte Manipulation der Menüstruktur mit Hilfe von Touchscreens dar. Sie wurde von Herstellern aus dem asiatischen Raum zuerst verwendet, findet nun aber auch in den neueren Modellen von VW oder Ford Anwendung. Insgesamt verwenden aktuelle FIS, egal ob die Haupteingabe mittels Controller oder Touch stattfindet, multimodale Bedienung, um den unterschiedlichen Anforderungen während der Fahrt gerecht zu werden. Beispiele heutiger FIS sind in Abschnitt 2.4.1 aufgeführt.

2.4.1. Beispiele aktueller FIS

Systeme mit einer räumlichen Trennung von Anzeige und Bedienung sind in ihrer Struktur sehr ähnlich. Die Produkte der europäischen Hersteller (BMW *iDrive*, Audi *MMI*, Mercedes-Benz *Comand*) platzieren das Display mittig auf der Instrumententafel. Die Benutzeroberfläche des *Central Information Display* (CID) ist in Form einer listenbasierten, hierarchischen Dialogstruktur aufgebaut. Die Anzeige ist zumeist in eine Statuszeile, einen Hauptaktionsbereich und einen Bereich für die Anzeige von Untermenü-Funktionen unterteilt. Die Bedienung erfolgt über ein multifunktionales, zentrales Bedienelement, welches zumeist in der Mittelkonsole platziert wird. Neben dem Bedienelement hat sich für die Auswahl von Hauptfunktionen die Nutzung fester Bedienknöpfe etabliert.

2.4.1.1. BMW iDrive-System

Das iDrive der BMW Group wurde entwickelt, um viele Funktionen mit wenigen Knöpfen bedienbar zu machen (BMW Group [2010]). Eingesetzt wurde das System erstmals 2001 in der 7er Reihe und war damit das erste integrierte FIS. Ein multifunktionaler Controller ersetzt die bis dahin über Knöpfe (hardkeys) zu bedienenden Funktionen. Dieser konnte in der ersten iDrive Version gedreht, gedrückt und in acht Richtungen geschoben werden. Das Display für die Anzeige der Benutzeroberfläche wurde aus ergonomischen Gründen so positioniert, dass es, abgesetzt vom Bedienelement, möglichst hoch im Blickfeld des Fahrers zu sehen ist (Abbildung 2.8c). Die verwendeten Displaydiagonalen liegen bei aktuellen Modellen entweder bei zehn Zoll oder sieben Zoll.

(a) BMW iDrive Bedieneinheit.   (b) BMW iDrive Benutzeroberfläche.

Abb. 2.9.: BMW iDrive-System, 2008 (BMW Group [2010]).

Im Jahr 2003 wurde die zweite Version des iDrive in der 5er Serie eingeführt. Diese verfügt über zwei zusätzliche Tasten am Bedienelement, mit denen zum einen direkt ins Hauptmenü zurückgesprungen und zum anderen die optionale Sprachbedienung des Systems gestartet werden kann (Abbildung 2.9a). Über die nunmehr vier Schieberichtungen des iDrive-Systems können die Hauptfunktionen (Navigation, Entertainment, Kommunikation, Klima) ausgewählt werden (Abbildung 2.9b). Die zugrunde liegende Menüstruktur ist als statischer Hierarchiebaum aufgebaut, bei der zwischen den Untermenüs durch Schieben gewechselt werden kann. Die Auswahl von Funktionen und Daten erfolgt über das Drehen und Drücken des Controllers. Die Interaktion des Systems verläuft durch diese Anordnung funktionsorientiert. Zur Eingabe von Alphanumerik wird ein sogenannter *Speller* verwendet, dessen Darstellung für die aktuelle Version des iDrive-Systems in Abbildung 2.26b zu sehen ist.

2.4.1.2. Audi MMI

Audi vollzog den Wechsel zu einem Tertiärfunktionen integrierenden FIS im Herbst 2002 im A8 durch Einführung des Multi Media Interface (MMI, Audi). Das MMI ermöglicht den Zugang zu Funktionen wie Navigation, Multimedia, Telefonie und Einstellungen. Die Bedieneinheit besteht aus einem Dreh-/Drücksteller (Controller) in der Mittelkonsole, um den vier Steuerungstasten und acht weitere Funktionstasten für den Direkteinsprung in die Hauptmenüs gruppiert sind (siehe Abbildung 2.10a). Zusätzlich wurde in der mittlerweile dritten Generation des MMI ein Joystick auf dem Dreh-/Drücksteller integriert. Innerhalb der Menüs aktiviert der Fahrer die einzelnen Funktionen über Drehen und Drücken des Controllers.

| (a) Audi MMI Bedieneinheit. | (b) Audi MMI Anzeige. |

Abb. 2.10.: Audi Multi Media Interface (MMI), 2009 (Quelle: Audi).

Die acht Hauptfunktionsgruppen lassen sich über die Funktionstasten direkt aktivieren. Die vier, um den Controller gruppierten Softkeys ermöglichen die Auswahl von kontextspezifischen variablen Unterfunktionen. Die Inhalte der Unterfunktionen werden in den Ecken der aktuellen Bildschirmdarstellung angezeigt, wie beispielsweise die Funktionen *Route* oder *Karte* in Abbildung 2.10b. Die Texteingabe erfolgt ähnlich wie beim BMW iDrive-System über einen kreisförmig angeordneten Speller.

2.4.1.3. Mercedes-Benz COMAND

Als FIS setzt Mercedes-Benz seit 2005 das integrierte Anzeige-Bedien-Konzept CO-MAND (COckpit MANagement and Data system) in seinen Fahrzeugen ein. Die mittlerweile dritte Generation des FIS wird über einen Controller, wie er in Abbildung 2.11a dargestellt ist, zentral bedient. Die Freiheitsgrade der Bedienung sind das Drehen, Drücken und Schieben des Controllers in vier Bewegungsrichtungen. Vor dem Controller befinden sich Hardkeys für die Zurück-Funktion und zur direkten Auswahl der Hauptfunktionen. Mercedes verbaut beim COMAND-System eine separate Telefonastatur zur Telefonnummerneingabe. Die Anzeige des COMAND-Systems umfasst neben den Hauptbereichen (Navigation, Audio, Telefon, Video, Fahrzeug) Statusinformationen und die Anzeige von Klimafunktionen (siehe Abbildung 2.11b). Der Aufbau des Systems ist streng hierarchisch gegliedert. Über Schieben kann in Hauptbereiche gewechselt werden, innerhalb dieser Bereiche wird über Drehen und Drücken navigiert.

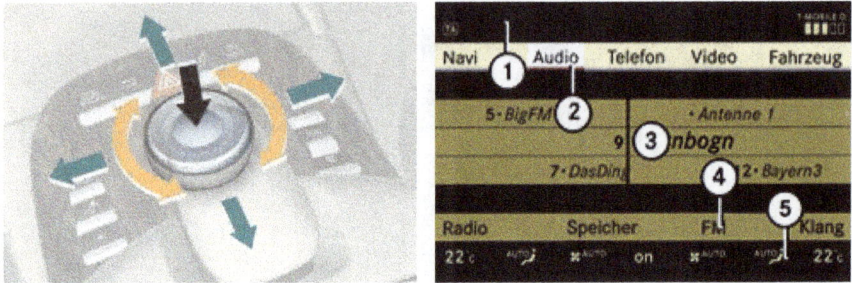

(a) Mercedes-Benz COMAND Bedieneinheit.

(b) Mercedes-Benz COMAND Anzeige (1 Statuszeile, 2 Hauptfunktionen, 3 Hauptbereich, 4 Untermenüs, 5 Klimafunktionszeile).

Abb. 2.11.: Mercedes-Benz COMAND, 2009 (Quelle: Mercedes-Benz).

2.4.1.4. VW RNS 510

Bei VW wurde 2007 mit der Einführung des Tiguan eine neue Generation von FIS vorgestellt. Dabei kommt zur Bedienung des RNS 510 ein Touchscreen zum Einsatz. Ergonomische Gründe, wie eine vertretbare Ableseposition bei gleichzeitiger Bedienbarkeit ohne zu großes Ablösen der Schulter vom Sitz, geben für Touchscreen-Lösungen kritischere Randbedingungen vor. Aus diesem Grund wurde das 6,5 Zoll Display in eine adäquate Bedienposition gesetzt und ist deutlich tiefer und näher am Fahrer positioniert als bei vergleichbaren FIS mit Trennung von Anzeige und Bedienung. Neben dem Touchscreen kann das RNS 510 über feste Hauptmenütasten und zwei Drehregler gesteuert werden (Abbildung 2.12). Innerhalb der Menüs wird durch Direktmanipulation auf dem Bildschirm bedient. Die alphanumerische Eingabe erfolgt über die On-Screen-Tastatur des Touchscreens.

Direkte Manipulation als Interaktionsart erleichtert in erster Linie den Erstkontakt mit einem System. Eine Benutzeroberfläche für einen Touchscreen zeichnet sich durch direkt mit dem Finger aktivierbare Schaltflächen aus. Auch hier sind die ergonomischen Vorgaben für die Bildschirmgestaltung limitierend, da die Schaltflächen in ihrer Größe so dargestellt werden müssen, dass sie bequem mit dem Finger bedient werden können. Dabei dürfen zusätzlich keine allzu großen Einschränkungen der Sichtbarkeit der Schaltflächen auftreten. Der Vorteil dieses Bedienkonzepts liegt darin, dass ein Nutzer in seinem mentalen Modell der Bedienung des Systems kein zusätzliches Modell für ein Eingabegerät aufbauen muss, vgl. Broy [2007].

Abb. 2.12.: VW RNS 510 mit Touchscreen, 2009 (Quelle: VW).

2.4.2. Anforderungen an FIS

Für den Entwurf von FIS gelten die in Abschnitt 2.2 aufgeführten Vorgaben zur Gestaltung interaktiver Systeme. Bei der Entwicklung von FIS liegt ein besonderer Fokus darauf, dass die Systeme gleichzeitig neben der Ausführung der sicherheitsrelevanten Primäraufgabe bedient werden können und von dieser so wenig wie möglich ablenken. Diese spezielle Situation hat für die Entwicklung von FIS zusätzlich Richtlinien und Empfehlungen hervorgebracht, die von vielen OEM[2] der Fahrzeugindustrie in Form von Selbstverpflichtungserklärungen eingehalten werden. Diese Richtlinien besitzen landes- bzw. kontinentspezifische Gültigkeit und beziehen sich hauptsächlich auf Design, Installation, Darstellung, Interaktion, Verhalten und Dokumentation von FIS. Für Europa gelten beispielsweise die Empfehlungen des *European Statement of Principles (ESoP)* (CoEC [2006]), wohingegen für den nordamerikanischen Markt das *Statement of Principles, Criteria and Verification Procedures on Driver Interactions with Advanced In Vehicle Information and Communication Systems* der AAM[3] (AAM [2003]) Anwendung findet. Empfehlungen für Japan sind in der *Guideline for In-vehicle Display Systems* der JAMA[4] zu finden (JAMA [2004]).

Die Inhalte der Empfehlungskataloge werden hier nicht im Detail sondern auszugsweise wiedergegeben.

---

[2]Original Equipment Manufacturer
[3]Alliance of Automobile Manufacturers
[4]Japan Automobile Manufacturers Association

ESoP

- Die Gestaltung der Systeme muss eine Unterstützung des Fahrers während der Fahrt gewährleisten und darf kein potentiell gefährdendes Verhalten hervorrufen.

- Von FIS darf keine gezielte Ablenkung oder visuelle Unterhaltung (Laufschrift, Filme) ausgehen.

- Die Anordnung der Anzeige und Bedienelemente von FIS darf keine Einschränkung oder Behinderung des Fahrers bei der Fahraufgabe mit sich bringen. Anzeigen müssen für den Fahrer gut ablesbar angebracht sein.

- Bei der Interaktion mit den Systemen muss die Einhandbedienbarkeit gewährleistet sein.

- Interaktionen müssen unterbrechbar gestaltet sein und eine Weiterführung an einem durch den Nutzer bestimmten Zeitpunkt, mit einer durch den Nutzer bestimmten Geschwindigkeit zulassen und angemessene Rückmeldung bieten.

- Die Eingaben für das FIS dürfen nicht in Konflikt mit der primären Fahraufgabe geraten.

- Die Darstellung von Informationen muss dem Fahrer eine schnelle und präzise Informationsaufnahme ermöglichen. Dies gilt vor allem bei Informationen, welche für die Fahraufgabe relevant sind.

- Systemfunktionen, die nicht zur Bedienung während der Fahrt gedacht sind, sollen während der Fahrt nicht zur Verfügung stehen oder müssen Warnhinweise vorausschicken. Eventuell sicherheitsrelevante Systemstörungen müssen dem Fahrer kenntlich gemacht werden, bei völligem Systemausfall muss das Beherrschen des Fahrzeugs sowie ein sicheres Anhalten dennoch gewährleistet sein.

AAM Guideline Die in der AAM Guideline enthaltenen Richtlinien sind ähnlich wie die des ESoP, beinhalten aber noch einen zusätzlichen Teil über objektive Angaben zur Prüfbarkeit der Tauglichkeit eines Systems als FIS. Für die Nutzbarkeit von FIS sind zwei überprüfbare Kriterien angegeben. Für die Erfüllung der AAM-Vorgaben muss die Einhaltung von lediglich einem der beiden Kriterien sichergestellt sein. Diese Anforderungen werden in den in Kapitel 7 vorgestellten Fahrsimulationsuntersuchungen überprüft.

1. Die visuelle Ablenkung darf bei der Bedienung von FIS nicht zu groß sein, um der Fahraufgabe einen maximalen kognitiven Anteil der Aufmerksamkeit zukommen zu lassen. Dafür ist die Unterbrechbarkeit der FIS-Bedienung eine wichtige Anforderung. Zudem muss die Bedienung effizient möglich sein.

   - Eine Bedienhandlung einer Aufgabe darf nur kurze, unterbrochene Aktionen und Blicksequenzen enthalten. Die AAM-Guideline verlangt, dass 85 % der Blicke (85-Perzentil), die zum Erledigen einer Aufgabe benötigt werden, unter 2 s liegen.

   - Die Länge einer Bediensequenz darf eine kumulierte Blickdauer von 20 s nicht überschreiten.

2. Die Ablenkung bei der Bedienung einer Nebenaufgabe darf, bezogen auf die Fahrleistung (Spurhaltequalität), nicht schlechter sein als bei einer wissenschaftlich akzeptierten Referenzaufgabe[5].

Für ein gebrauchstaugliches Interaktionskonzept müssen Dialogstruktur, grafische Anzeige und die Bedienung über das zentrale Bedienelement möglichst gut zueinanderpassen. Die Erlernbarkeit des Systems hängt direkt mit der Passung dieser Elemente zusammen (siehe Abschnitt 2.2). Systeme mit einer Trennung von Anzeige und Bedienung müssen das Zusammenspiel von Bedienelement und Oberfläche möglichst intuitiv und für den Nutzer transparent halten. Nur dann wird die Bildung eines guten mentalen Modells unterstützt, mit dem der Nutzer die Folgen einer Bedienhandlung präzise vorherbestimmen kann. Bei hierarchischen Menüstrukturen erleichtert ein haptisches Feedback des Controllers die Blindbedienung. Ein möglichst großer Anteil an Blindbedienbarkeit des Systems unterstützt die Anforderungen der minimalen visuellen Ablenkung von der Fahraufgabe.

Forschungsarbeiten befassen sich größtenteils mit der Anpassung von FIS an den Kontext Fahraufgabe. In diesem Zusammenhang wurden Kenntnisse über die Eignung multimodaler Bedienung für FIS erarbeitet (Gestik: Althoff u. a. [2005], Spracheingabe: Althoff [2004]). Zunehmend wird auch der Anzeigeort für FIS und eine damit verbunde-

---

[5] Als Referenzaufgabe wird in diesem Fall die Bedienung eines herkömmlichen FM/AM Radios gesehen (Senderwechsel)

ne Minimierung der kognitiven Belastung genauer untersucht, vgl. Milicic u. a. [2008]. Neben den Anzeige- und Bedienalternativen rückt die Untersuchung von alternativen Menüstrukturen in letzter Zeit weiter in den Vordergrund. Als Alternative zum klassischen, hierarchisch listenbasierten Aufbau des Menüs untersuchten Ablaßmeier u. a. [2004] das Potential einer stärker ineinander vernetzten Menüstruktur. Die Notwendigkeit der Suche nach einer neuen Struktur zeigt die Untersuchung von Rauch u. a. [2004]. Für die Breite und Tiefe hierarchischer Menübäume wurde festgestellt, dass möglichst flache Hierarchien sinnvoll sind. In der Breite sollte ein Menübaume dabei nicht mehr als sieben Einträge aufweisen. Erste neue Ansätze beziehen neben benutzerzentrierten Interaktionsmetaphern auch die dritte Dimension in der Anzeige von Informationen mit ein, vgl. Broy [2007]. Ebenso zeigen sich erste Untersuchungen im Bereich von Suchinterfaces in FIS, vgl. Ablaßmeier u. a. [2005].

Neben den Anforderungen für das Interaktionskonzept eines FIS müssen bei der Entwicklung weitere Einschränkungen berücksichtigt werden. Die Anordnung der Elemente eines FIS im Innenraum des Fahrzeugs wird hauptsächlich durch ergonomische, designerische und konstruktionstechnische Gründe bestimmt. Bedienelemente müssen vom Fahrersitz aus gut sichtbar und erreichbar sein. Die verbauten Anzeigen muss der Fahrer während der Fahrt ohne zu große Ablenkung ablesen können. Dazu muss sich das ABK harmonisch in die Gestaltung des Innenraums einfügen. Die Positionierung der Komponenten eines FIS ist aufgrund des begrenzten Bauraums im Fahrzeuginnenraum eine komplexe Aufgabe. Die Anforderungen sind je nach Fahrzeugmodell verschieden und wirken sich so auf alle physikalischen Komponenten eines FIS (Displays und Bedienelemente) aus. Dies erklärt, warum beispielsweise Anzeigeflächen für FIS nicht über eine bestimmte Größe hinaus (z.Zt. max. Zehn-Zoll Diagonale) in aktuellen Fahrzeugen verbaut werden.

2.4.3. Fazit: Probleme hierarchischer Menüstrukturen

In den letzten Abschnitten wurden die besonderen Anforderungen beim Entwurf interaktiver Systeme herausgestellt, die durch die Nutzungssituation im Fahrzeug entstehen. Beim Entwurf von FIS müssen diese kognitiven und motorischen Einschränkungen berücksichtigt werden. In den meisten Fällen bedienen sich FIS daher Dialogstrukturen, welche die Informationen und Funktionen in einem hierarchisch aufgebauten Menübaum zugänglich machen.

In hierarchischen Menüstrukturen wächst der Menübaum zwangsläufig in Breite und Tiefe, wenn zusätzliche Funktionen und Daten aufgenommen werden. Zukünftige Systeme müssen den steigenden Bedürfnissen ihrer Nutzer gerecht werden, um beispielsweise Funktion und Daten aus mobilen Endgeräten integrieren zu können. Bei dieser Integration gibt es zusätzlich zum Anstieg der Funktion und Daten noch eine weitere Herausforderung. Die Menüstruktur muss flexibel genug sein, um mit der temporär veränderlichen Anzahl an Funktionen aus mobilen Endgeräten umgehen zu können. Erschwerend kommt hinzu, dass aufgrund der schnellen Entwicklungszyklen mobiler Geräte Funktionen angeboten und genutzt werden, die zum Zeitpunkt der Entwicklung eines spezifischen FIS noch nicht bekannt sind. Der resultierenden dynamischen Veränderung der Menüstruktur muss in diesem Fall eine Anpassung des mentalen Modells des Nutzers folgen. Da heutige Systeme aus Nutzersicht zum Teil schon als zu komplex und schwer bedienbar empfunden werden (Norman [2004]), stellt sich die Frage, ob eine starre, hierarchische Menüstruktur diese Herausforderungen bewältigen kann.

2.5. Evaluationsmethoden für FIS

Das Forschungsgebiet des **Usability Engineering** oder Software-Ergonomie befasst sich mit der Entwicklung einfach zu benutzender Software. Nach Nielsen und Shneiderman kommen folgende Methoden zur Anwendung ([Nielsen, 1994, Kapitel 5-7]; [Shneiderman, 1986, Kapitel 4]):

- User testing - Nutzertest
- Akzeptanztest
- Observation - Nutzerbeobachtung
- Befragungen und Interviews
- Heuristische Expertenbefragung
- Konsistenzinspektion
- Cognitive Walkthrough - Kognitives Durchdenken

Interaktionskonzepte sollen so gut wie möglich an ihre Nutzer und das zur Interaktion vorgesehene Aufgabengebiet angepasst sein. Die Interaktion mit einem FIS darf, wie in Abschnitt 2.4.2 beschrieben, nicht zu sehr von der primären Fahraufgabe des Nutzers ablenken. Aus diesem Grund muss die Evaluierungsmethodik neben den oben aufgeführten Usability-Methoden zur Untersuchung von Erlernbarkeit, Effizienz oder Fehlbedienung stärker auf diesen Aspekt eingehen. Dabei reichen die Methoden von einfachen Tests, welche das Blickverhalten eines Fahrers nachbilden, bis hin zu Fahrsimulator- oder Felduntersuchungen. Im iterativen Entwicklungsprozess eines Konzepts stehen dadurch in jeder Iterationsstufe komplexe Evaluierungsmethoden zur Verfügung.

2.5.1. Methoden zur Erhebung objektiver Daten

Zur Evaluation von FIS stehen je nach Reifegrad des FIS unterschiedliche Evaluationsmethoden zur Erhebung objektiver Daten zur Verfügung. Eine Übersicht der gängigsten Verfahren zur Erfassung objektiver und subjektiver Daten, welche im automotiven Entwicklungsprozess Anwendung finden, ist in Abbildung 2.13 zu sehen. Im Folgenden werden die Methoden näher erläutert, welche bei der Entwicklung des Gesamtkonzepts in den unterschiedlichen Konzeptiterationen zum Einsatz kamen. Die Methode der Fahrsimulationsuntersuchung wird separat in Kapitel 7 aufgeführt. Andere existierende Verfahren sind weiterführender Literatur wie Vöhringer-Kuhnt [2011] zu entnehmen.

2.5.1.1. Okklusionsmethode

Die Okklusionsmethode wurde entworfen, um die Unterbrechbarkeit einer Aufgabe in dem zu untersuchenden Interaktionskonzept zu messen. Die Unterbrechbarkeit von Aufgaben ist ein wichtiges Entwicklungsziel von FIS-Konzepten. Das untermauern Untersuchungen, nach denen ein Fahrer aus Verkehrssicherheitsaspekten seine visuelle Aufmerksamkeit nicht zu lange von der Fahrszene abwenden sollte (Wierwille u. Tijerina [1998]). Ein Konzept, welches schlecht unterbrechbar ist, verlangt entweder lange Blickabwendungszeiten vom Fahrer oder erzwingt bei kurzen Blicken eine schlechte Erfolgsquote beim Bearbeiten einer Aufgabe.

Bei der Okklusionsmethode trägt der Proband eine Spezialbrille (Abbildung 2.14), welche in bestimmten Intervallen eine Intransparenz ihrer Gläser hervorrufen kann. Für

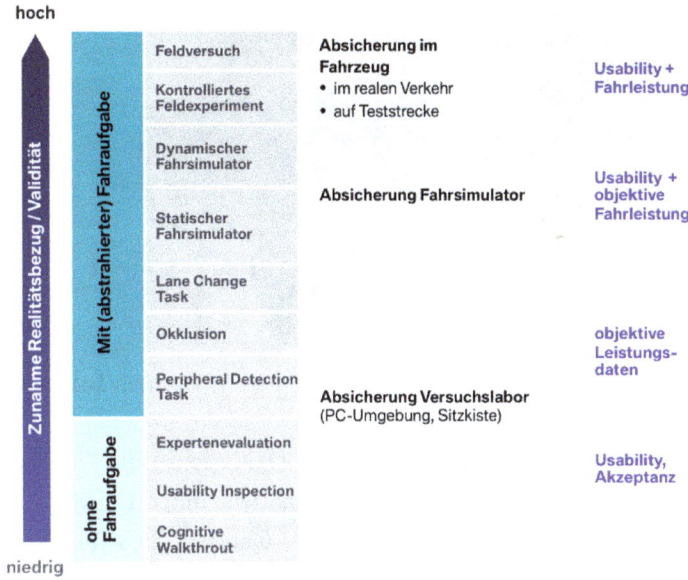

Abb. 2.13.: Evaluationsmethoden für FIS bei unterschiedlicher Validität, (Quelle: BMW Entwicklungsprozess).

eine Okklusionsmessung nach ISO-Standardisierung (ISO [2007]) muss die Zeit, in der die Brillengläser intransparent sind, auf 1,5 Sekunden begrenzt sein. Dieses Zeitintervall simuliert den Blick des Fahrers auf die Strasse. Bei der Aufgabendurchführung kann in dieser Zeit die Bearbeitung der gestellten Aufgabe fortgeführt werden. Das Intervall der Blickdurchlässigkeit der Gläser beträgt nach ISO-Norm ebenfalls 1,5 Sekunden. In dieser Zeit widmet sich der Proband uneingeschränkt der gestellten Versuchsaufgabe. Die Zeitspanne der ISO-Norm bezogen auf die Blickzuwendung liegt deutlich unter der in der AAM-Guideline geforderten Blickzuwendungszeiten (siehe Abschnitt 2.4.2).

Die Okklusionsmethode ermittelt nach der ISO-Standardisierung 16673 zwei zum Vergleich geeignete Werte. Zum einen wird die Summe über alle Zeitintervalle mit transparenten Brillengläsern während der Aufgabenbearbeitung gemessen (TSOT[6]). Der Mittelwert der TSOT ermöglicht den Vergleich unterschiedlicher Konzepte.

Zum anderen kann der sogenannte R-Quotient über alle Versuchspersonen und Aufgaben errechnet werden. Ein einzelner R-Quotient ergibt sich aus dem Verhältnis von

---

[6]TotalShutterOpenTime

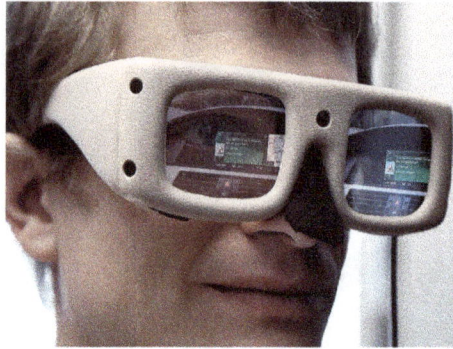

Abb. 2.14.: Proband mit Okklusionsbrille bei transparenten Brillengläsern.

TSOT und der Aufgabenbearbeitungsdauer ohne Okklusionsbrille ($\text{TTT}_{\text{Unoccl}}$[7]; nähere Angaben siehe ISO [2007]). Ein gemittelter R-Quotient unter 1,0 weist dem Konzept eine allgemein gute Unterbrechbarkeit aus. Der R-Quotient dient in dieser Arbeit als erster grober Richtwert, um Konzepte in einer frühen Phase miteinander zu vergleichen.

2.5.1.2. Lane Change Task

Zur Messung der Fahrerablenkung während der Bedienung von Nebenaufgaben wurde der Lane Change Task (LCT, Mattes [2003]) entwickelt. In der PC-basierten Simulationssoftware wird eine rudimentäre Fahraufgabe dargeboten, in der der Fahrer wiederholt Spurwechsel auf einer dreispurigen geraden Fahrstrecke bewältigen muss. Während des LCT werden die Probanden visuell über entsprechende Schilder zum Wechsel in die entsprechende Spur aufgefordert (siehe Abbildung 2.15). Die Probanden durchfahren den LCT mit einer konstanten Geschwindigkeit von 60 km/h und erhalten ca. alle 150 m eine Spurwechselaufforderung (insgesamt 18 Schilder; Abstände werden variiert).

Die Fahrleistungen der Probanden werden im LCT durch die Abweichung zwischen einer Ideallinie und der tatsächlich vom Probanden gefahrenen Fahrspur ermittelt. Die Fahrleistung ist damit abhängig von der Reaktion des Probanden auf ein Spurwechselschild sowie von der Spurhaltegüte während der Geradeausfahrt. Dieser Zusammenhang wird in Abbildung 2.16 deutlich. Durch frühere Studien konnte die Sensibilität des LCT gegenüber visueller und kognitiver Ablenkungen von der Fahraufgabe nachgewiesen werden (Mattes [2003, 2006]; ISO [2000]).

---

[7]TotalTaskTime

Abb. 2.15.: Ansicht des LCT aus der Perspektive des Fahrers. Dargestellt sind die drei Fahrspuren und die Schilder, welche zum Fahrspurwechsel auffordern.

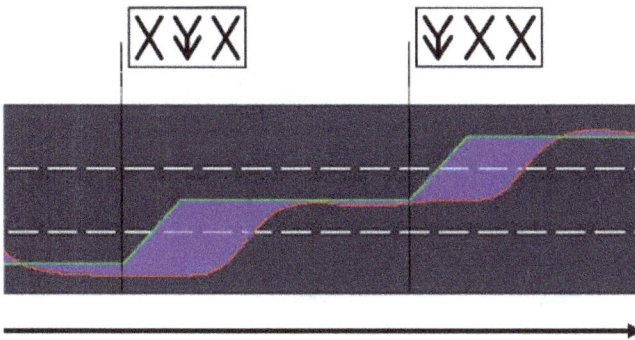

Abb. 2.16.: Das Prinzip der Erfassung der Fahrleistung des LCT. Gemessen wird der Abstand (blau) zwischen der tatsächlich gefahrenen Spur (rot) und der Ideallinie (grün).

Der LCT simuliert eine stark vereinfachte, abstrakte Fahrsituation. Daraus wird ersichtlich, dass durch den LCT gewonnene Ergebnisse der Spurhaltegüte nicht uneingeschränkt auf die Realität übertragen werden können. Dennoch kann durch die Methode eine der realen Fahraufgabe sehr ähnliche kognitive und motorische Beanspruchung erzeugt werden (Schwalm [2009]).

2.5.1.3. Blickbewegungserfassung

Die Blickbewegungserfassung erlaubt es, die tatsächliche Verteilung der visuellen Aufmerksamkeit während der Bedienung eines Interaktionskonzepts zu messen. Eine Messung zur Blickbewegungserfassung gibt Aufschluss über die Blickzuwendungsdauern zu einem Objekt sowie über die Blickverteilung zwischen unterschiedlichen Objekten des betrachteten Versuchsraumes. Dadurch kann in einer Fahrumgebung direkt die Dauer der Ablenkung von der Fahraufgabe ermittelt werden, weshalb sich Blickbewegungserfassungssysteme sehr gut zur Evaluation von Interaktionssystemen während der Fahrt eignen.

Aus diesem Grund erlauben die Testkriterien der AAM-Guideline neben der Untersuchung des Fahrverhaltens auch die Messung des Blickverhaltens während der Interaktion mit einem FIS (vgl. Abschnitt 2.4.2). Bei der Auswertung der Fahrsimulatoruntersuchung in Abschnitt 7.2 wird für die Erfüllung der AAM-Guideline nur das Blickverhalten ausgewertet.

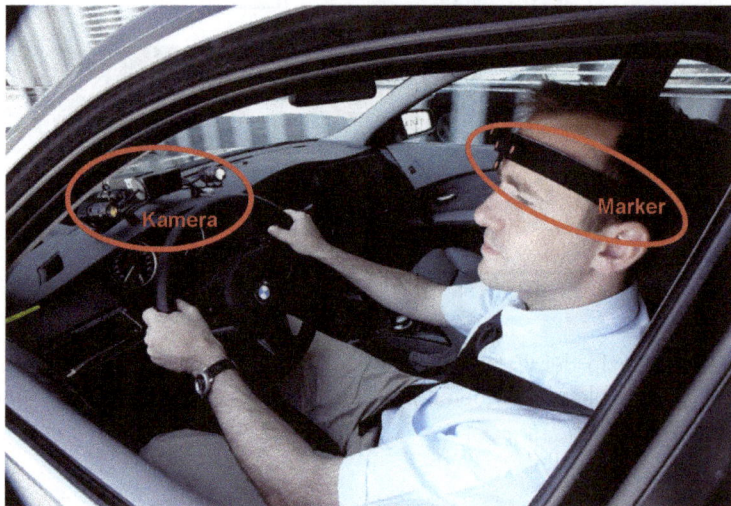

Abb. 2.17.: Blickbewegungserfassungssystem und Proband mit Markerband im Fahrzeug (Quelle: Hoch [2009]).

In der in Abschnitt 7.2 beschriebenen Untersuchung kam das Blickbewegungserfassungssytem der Firma Sensor Motoric Instruments (SMI) zum Einsatz (siehe Abbildung 2.17). Das System ermittelt mit Hilfe eines Markerbandes am Kopf des Probanden ein komplexes 3D-Kopfmodell, die Blickrichtung des Probanden sowie detaillierte Lidschlagdaten. Genauere technische Details dieses Systems sind der Veröffentlichung von Cudalbu u. a. [2005] zu entnehmen.

2.5.1.4. Pupillometrie

Dieses Verfahren stellt eine Messmethode zur Bestimmung mentaler Beanspruchung dar. Die Grundlage dieses Verfahrens basiert auf der Größenänderung menschlichen Pupille bei mentaler Beanspruchung. Eine Veränderung der Pupille wird beim Menschen anatomisch durch zwei antagonistische Muskelgruppen (Dilator und Sphincter) hervorgerufen. Das Auge reagiert mit diesen Muskeln auf unterschiedliche Stimuli. Die Reaktionen treten einerseits aufgrund optischer Anforderungen auf: Über die Pupillengröße reagiert das Auge auf unterschiedliche einfallende Lichtmengen („Pupillometrischer Lichtreflex"). Eine weitere Veränderung der Pupille, die sich zum Teil in einer Größenänderung ausdrückt, wird durch die „Akkomodations Reaktion" („Nähe-Reflex") hervorgerufen. Dabei wird die Krümmung der Pupille reguliert und damit die Brechkraft der Linse verändert, um einen fixierten Gegenstand im Raum auf der Retina scharf abzubilden.

Andererseits werden durch die Verarbeitung sensorischer, mentaler oder emotionaler Informationen Phänomene hervorgerufen, welche ebenso zu einer Größenänderung der Pupille führen. Durch mentale Beanspruchung weitet sich die Pupille (Beatty u. a. [2000]). Die Literatur bezeichnet dies als „psychosensorischen Reflex", vgl. Loewenfeld [1999]. Die psychosensorischen Veränderungen, welche eine Aufmerksamkeitszuwendung oder eine mentale Aktivität darstellen (Kahneman [1973]), überlagern die optisch bedingten Reflexe (Beatty u. a. [2000]) und müssen bei einer Messung der mentalen Beanspruchung von diesen getrennt betrachtet werden.

Die Pupillometrie bietet die Möglichkeit, mentale Beanspruchung durch ein physiologisches Messverfahren objektiv und störungsfrei zu erfassen (vgl. Tsai u. a. [2007]; Rößger [1996]; de Waard [1996]). Zudem kann durch das in dieser Arbeit verwendete Verfahren der Vorteil einer hohen zeitlichen Genauigkeit der Messung genutzt werden (Latenzzeit der Größenänderung: 100 - 200 ms, vgl. Beatty [1982]). Diese hohe zeitliche Auflösung bietet bei der Erfassung der mentalen Beanspruchung eines Fahrers bei einer Fahraufgabe enorme Vorteile, da potentielle Gefahren bei der Bedienung genauer bestimmt werden können. Ein stark einschränkender Faktor bei der Nutzung des pupillometrischen Messverfahrens in einer realen Versuchsumgebung liegt jedoch in der Konfundierung der gemessen Pupillengröße mit den optisch bedingten Reflexen (Schwalm [2009]) vor. Die Elimination der Störung durch Akkomodations-Reaktionen konnte durch einen entsprechenden Versuchsaufbau gewährleistet werden (relevante Stimuli wurden auf einer Ebene mit konstanter Entfernung zum Beobachter präsentiert). Die durch Beleuchtungseinflüsse hervorgerufenen Störgrößen im Signal der Pupillengröße wurden durch das zur Anwendung gekommene Verfahren des „Index of Cognitive Activity" (ICA nach Marshall u. a. [2004]; Marshall [2000, 2005, 2007]) eliminiert. Dieses sucht nach bestimmten charakteristischen Veränderungen der Pupillengröße. Diese Veränderungen zeigen sich im Signal durch eine kurzfristige, unregelmäßige, starke und schnelle Weitung der Pupillengröße, womit nur spezifische hochfrequente Anteile des Signales für die Bestimmung der mentalen Beanspruchung herangezogen werden.

Die Messung der Pupillengröße erfolgt beim ICA-Verfahren durch einen kopfbasierten, aktiven Infrarot Eyetracker, welcher getrennt für das linke und rechte Auge aufzeichnet (siehe Abbildung 2.18). Zur Bestimmung der Beanspruchung wird die Anzahl der charakteristischen Veränderungen der Pupillengröße innerhalb einer Sekunde ermittelt. Die Datenaufzeichnungsrate des Eyetrackers beträgt dabei 250 Hz. Daraus ergibt sich, dass ein ICA-Wert prinzipiell zwischen 0 und 250 in dem betrachteten Zeitraum einer Sekunde liegen kann. Eine genauere Beschreibung über die Ermittlung des ICA-Wertes aus dem Pupillensignal ist Marshall [2000] oder Schwalm [2009] zu entnehmen.

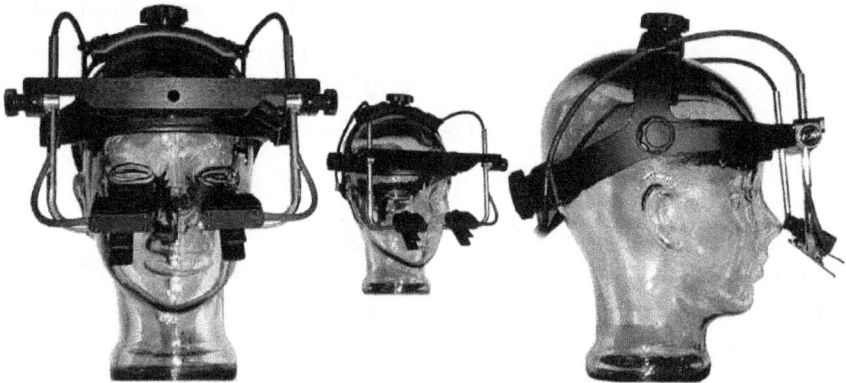

Abb. 2.18.: Blickerfassungssystem Eyelink 2 zur Erfassung der ICA-Werte (Quelle: Schwalm [2009]).

Die Verwendung des ICA als Maß für eine mentale Beanspruchung konnte in verschiedenen Untersuchungen nachgewiesen werden (Marshall u. a. [2004]; Marshall [2007]; Schwalm [2009]). In dieser Arbeit wird ICA wegen seiner hohen zeitlichen Auflösung für die Untersuchungen von Differenzierungen zwischen einzelnen Interaktionskonzepten sowie zur Suche nach einzelnen Beanspruchungsspitzen eines Konzepts eingesetzt.

2.5.2. Methoden zur Erhebung subjektiver Daten

Neben den objektiven Daten zur Messung der Gebrauchstauglichkeit von FIS wurden in den Untersuchungen auch subjektive Daten der Probanden bezüglich der Qualität der Konzepte erhoben. Dabei bieten sich im Allgemeinen Fragebogentechniken an. Die wichtigsten, welche in der Arbeit Verwendung fanden, werden im Folgenden kurz vorgestellt.

2.5.2.1. System Usability Scale

John Brooke entwickelte die System Usability Scale (SUS), um eine einfache und schnelle Möglichkeit zu schaffen, die Usability eines Systems durch subjektive Beurteilung zu messen, vgl. Brooke [1996]. Die SUS umfasst zehn Fragen, die auf einer fünfstufigen Likert-Skala beantwortet werden müssen. Durch die SUS wird von den Probanden eine Einschätzung zur Effektivität, Effizienz und Erlernbarkeit des untersuchten Systems abgegeben, wobei der maximale Wert der SUS bei 100 Punkten liegt.

2.5.2.2. AttrakDiff 2

Um neben der Usability eines Systems Aussagen über die Attraktivität eines Systems in Hinblick auf Bedienbarkeit und Aussehen zu erhalten, wird in dieser Arbeit die Befragungsmethode des AttrakDiff 2 verwendet. Mit Hilfe des AttrakDiff 2 können Probanden FIS beurteilen. Der Fragebogen basiert auf dem Prinzip des semantischen Differentials, bei dem durch entgegengesetzte Wortpaare eine Einschätzung des Benutzers zur Attraktivität eines Testsystems erfasst wird. Insgesamt werden durch 28 gegensätzliche Adjektivpaare vier Beurteilungsdimensionen erhoben, vgl. Hassenzahl u. a. [2003, 2008].

Pragmatische Qualität (PQ): Die wahrgenommene Fähigkeit eines Produkts, Handlungsziele zu erreichen, indem es nützliche und benutzbare Funktionen bereit stellt.

Hedonische Qualität - Stimulation (HQ-S): Die Fähigkeit eines Produkts, das Bedürfnis nach Verbesserung der eignen Fähigkeiten und Fertigkeiten zu befriedigen. Dazu sollte das System kreative, originelle oder herausfordernde Funktionen, Inhalte, Interaktions- und Präsentationsstile bereit stellen.

Hedonische Qualität - Identität (HQ-I): Die Fähigkeit eines Produkts, relevanten Anderen selbstwertdienliche Botschaften zu kommunizieren.

Attraktivität (ATT): Globale, positiv negativ Bewertung des Systems.

Aus den Untersuchungen von Hassenzahl geht hervor, dass pragmatische und hedonische Qualität unabhängig voneinander sind und in etwa zu gleichen Teilen am Attraktivitätsurteil des Systems beteiligt sind.

2.6. Merkmale mobiler Endgeräte

Dieser Abschnitt widmet sich den Grundlagen mobiler Endgeräte, deren Einfluss auf das private und auch berufliche Leben in den letzten Jahren stark an Bedeutung gewonnen hat. Waren nach Analysten der Gartner Group im Jahre 2002 erst 423 Millionen Endgeräte im Einsatz (Heise Online [b]), wurden nach Gartner im Jahr 2009 ca. 1,2 Milliarden Mobilfunk-Telefone weltweit verkauft (Heise Online [a]).

Die Zahl der Mobiltelefonnutzer lag nach Marktforschern von EMC zur Mitte des Jahres 2004 erstmals über 1,5 Milliarden (ChannelPartner). Zu diesem Zeitpunkt wurde für das Jahr 2009 eine Gesamtnutzerzahl von ca. 2,5 Milliarden Nutzern weltweit prognostiziert. Tatsächlich nutzen nach den Angaben des European Information Technology Observatory (EITO) im Jahre 2009 rund 4,4 Milliarden Menschen und damit rechnerisch rund zwei Drittel der Weltbevölkerung ein Mobiltelefon. In der Europäischen Union werden von der EITO 2009 rund 641 Millionen Mobilfunkanschlüsse prognostiziert. Dies bedeutet für das Jahr 2009 rein rechnerisch eine Marktdurchdringung von rund 130 %, vgl. BITKOM [2009].

Neben Mobiltelefonen werden zu den mobilen Endgeräten viele Produktgruppen aus dem Markt der Consumer Electronics gezählt. Die Entwicklung der letzten Jahre hin zu Smartphones verwischt allerdings die Grenze zwischen den Produkten des Informations- und Telekommunikationsmarktes und denen der Consumer Electronics zunehmend. Eine genaue Klassendefinition wird im nachfolgenden Abschnitt gegeben.

2.6.1. Definition und Klassifikation mobiler Endgeräte

Unter dem Begriff „mobile Endgeräte" werden Produkte aus dem Informations- und Telekommunikationsmarkt sowie aus dem Bereich der Consumer Electronics gezählt, die in erster Linie Informations- und Kommunikationszwecken dienen. Aufgrund ihres geringen Gewichts und ihrer kompakten Bauform sowie einer integrierten Stromversorgung eignen sie sich zum mobilen, ortsunabhängigen Gebrauch. Eckert [2003] zählte im Jahre 2003 in erster Linie Laptops, Mobiltelefone, Organizer und Persönliche Digitale Assistenten (PDA) zur Gruppe mobiler Endgeräte. Zu dieser Zeit wurden für mobile Endgeräte auch Begriffe wie Handheld, Palmtop oder Pocket Computer verwendet. Eine Definition, die neuere Entwicklungen im Bereich der mobilen Endgeräte berücksichtigt, wird in Wikipedia [2010a] gegeben:

- Im allgemeinen Sprachgebrauch werden unter mobilen Endgeräten (Mobilgeräten) Mobiltelefone, Smartphones (Handys) und Personal Digital Assistants (PDA) zusammengefasst (Mobile Communication, Portable Communication). Solche Mobilgeräte zeichnen sich durch die ortsunabhängige Verfügbarkeit von PIM[8]-Daten und auf stationären Endgeräten nutzbaren Anwendungen sowie die gleichzeitige Nutzungsmöglichkeit von Funk-, Mobilfunk- (GSM[9], GPRS[10], UMTS[11], EDGE[12]) und anderen Telekommunikationsdiensten aus.

- Notebooks, Subnotebooks und Spielekonsolen können ebenfalls der Gruppe der Mobilgeräte zugeordnet werden.

- Weiter umfasst der Begriff Walk- und Discmans, MP3-Player, Taschenfernseher (Portable TVs), E-Book Lesegeräte und andere tragbare Ausgabegeräte für elektronische Medien.

- Zu den Mobilgeräten zählt man außerdem GPS-Geräte (PND[13]) und andere tragbare Schnittstellengeräte der Satellitenkommunikation.

Die angeführte Definition mobiler Endgeräte zeigt die große Bandbreite unterschiedlicher mobiler Endgeräte. Eine eindeutige Klassifikation mobiler Endgeräte kann daraus

---

[8]Personal Information Management: Umfasst Kalender, Email, Aufgaben und Notizen
[9]Global System for Mobile Communications
[10]General Packet Radio Service
[11]Universal Mobile Telecommunications System
[12]Enhanced Data Rates for GSM Evolution
[13]Personal Navigation Device

nicht angegeben werden. Klassifikationen können nach unterschiedlichen Kriterien aufgestellt werden. Eine Ordnung könnte z. B. anhand der Bildschirmgröße, des verwendeten Betriebssystems oder der Vernetzungstechnologie erfolgen. Für diese Arbeit wird eine Ordnung der mobilen Endgeräte anhand ihrer Hauptfunktionalität herbeigeführt. Die dadurch entstehenden Endgeräteklassen ermöglichen eine detailliertere Betrachtung bei der Integration in FIS (siehe Abschnitt 3.1) und werden im folgenden vorgestellt:

Mobiltelefone umfassen Geräte, deren Hauptfunktionen die Telefonie (GSM/UMTS) sowie Kurznachrichten (SMS[14]) ermöglichen. Je nach Ausstattungsklasse werden auch Musikabspielfunktionen, Kamerafunktionen (Photo/Video), Spiele, Internetbrowser und Organizerfunktionen unterstützt. Der drahtlose Datenaustausch wird über GPRS/UMTS oder Bluetooth vollzogen, die Datenspeicherung entweder über internen Speicher oder optionale Speicherkarten gewährleistet. Haupteingabegerät ist ein 12er Telefontastenblock sowie ein herstellerspezifisches Eingabegerät zur Menünavigation (meist Vierfachwippe oder Joystick). Informationen werden, neben dem akustischen Kanal, über Farbdisplays ausgegeben.

Betriebssysteme: Symbian OS und herstellerspezifische Betriebssysteme.

Typische Displaygrößen: Zwischen 1,5 Zoll und 2,6 Zoll.

Hersteller: Nokia, Samsung, LG, Motorola, SonyEricsson etc.

Produktabbildung: Nokia C5-00 (Quelle: Nokia GmbH)

Personal Digital Assistant (PDA) unterstützen primär Organizerfunktionen, Adressverwaltung und E-Mail. Des Weiteren werden Textverarbeitung, Tabellenkalkulation und Spiele dargeboten. Der Datenaustausch erfolgt meist kabelgebunden (USB oder serielle Schnittstelle), bei älteren Geräten über eine Infrarotschnittstelle. Bei neueren Geräten werden Daten kabellos über WLAN oder Bluetooth übertragen. Die Datenspeicherung erfolgt auf internen Speichern oder optionalen Speicherkarten. Haupteingabegerät ist ein Touchscreen mit Stiftbedienung, das Display des Touchscreens dient dementsprechend zur Informationsausgabe.

Betriebssysteme: Windows CE / Windows Mobile, Palm OS, EPOC, Linux etc.

Typische Displaygrößen: Zwischen 3,5 Zoll und 4,0 Zoll.

Hersteller: Palm, HP (iPAQ), Sharp (Zaurus), Psion (Serie 5), etc.

Produktabbildung: HP iPAQ 214 (2003 – 2010, Quelle: Hewlett-Packard GmbH)

---

[14]Short Message Service

Mobile Navigationsgeräte (PND) sind mit einer GPS-Empfangs-einheit, spezifischem Kartenmaterial und einem Navigationsrechner aus-gestattet. Die primäre Aufgabe von PND ist die Zielführung zu einem bestimmten Ort. Zunehmend werden in PND aber auch Musik- und Fotofunktionen, TV-Empfänger oder Freisprecheinrichtungen integriert. Die Datenspeicherung erfolgt zumeist über Speicherkarten, seltener über integrierte Festplatten. Das Haupteingabe-gerät ist ein Touchscreen. Zur Ausgabe der Navigationsanweisungen wird neben dem Display auch Sprachausgabe (aufgenomme Prompts oder TextToSpeech) verwendet.

Typische Displaygrößen: Zwischen 3,0 Zoll und 5,0 Zoll.

Hersteller: TomTom, Garmin, Navigon, Becker, Blaupunkt etc.

*Produktabbildung:*TomTom 820 (Quelle: TomTom International BV)

Smartphones integrieren die meisten Funktionen eines Mobiltelefons, eines PDA und eines PND. Die Datenschnittstellen entsprechen denen von Mobiltelefonen und PND (GSM / GPRS / UMTS / Bluetooth / WLAN / GPS). Die Datenspeicherung wird entweder auf internen Speichern oder optionalen Speicherkarten gewährleistet. Als Eingabegerät werden hauptsäch-lich Touchscreen-Technologien verwendet. Zum Teil werden zusätzlich noch komplette QWERTY-Tastaturen verbaut. Die Informationsausgabe erfolgt dementsprechend über das Display des Touchscreens und sinngemäß über den akustischen Kanal.

Betriebssysteme: Symbian OS, Windows Mobile, BlackBerry, Mac OS X, Android, etc.

Typische Displaygrößen: Zwischen 2,6 Zoll und 4,0 Zoll.

Hersteller: Apple (iPhone), BlackBerry, Nokia (Lumia), HTC, Samsung etc.

Produktabbildung: Apple iPhone (Quelle: Apple Inc.)

Musik-/Videoplayer werden zur Wiedergabe digitaler Unterhaltungsme-dien für Musik, Bilder und Videos eingesetzt. Daten werden per USB-Schnittstelle übertragen. Die Datenspeicherung erfolgt auf integrierten Fest-platten, Flashspeichern oder auf Speicherkarten. Als Eingabegeräte werden herstellerspezifische Tasten oder Touch-Technologien verwendet, wohingegen die Infor-mationsausgabe neben dem akustischen Kanal zumeist auf Farbdisplays stattfindet.

Typische Displaygrößen: Zwischen 1,0 Zoll und 3,0 Zoll.

Hersteller: Apple (iPod), Archos (604), Samsung, Sony, Creative Labs, Thomson etc.

Produktabbildung: Apple iPod Nano (Quelle: Apple Inc.)

Mobile Spielekonsolen   sind tragbare Spielecontroller mit Farbdisplay (zum Teil mit 3D-Beschleunigung) und Akustikausgabe. Der Datenaustausch erfolgt mittels herstellerspezifischen Speichermedien und zum Teil über WLAN (für Internetzugang/Mehrspielermodus). Als Eingabegeräte werden herstellerspezifische Tasten (Controller, Joystick etc.) oder Touch-Technologien verwendet.

Typische Displaygrößen: Zwischen 3,5 Zoll und 4,0 Zoll.

Hersteller: Sony (PlayStationPortable), Nintendo (Gameboy, Nintendo DS) etc.

Produktabbildung: Nintendo DS Lite (Quelle: Nintendo of Europe GmbH)

(Sub-) Notebook, TabletPC, Ultra Mobile PC, Netbook   sind kleine, leichte Notebooks mit vollwertigem Betriebssytem. Die Schnittstellen entsprechen denen normaler Notebooks, wobei teilweise auf optische Medien verzichtet wird. Die Datenspeicherung erfolgt auf Festplatten. Als Eingabegeräte dienen Tastatur und Maus bzw. Touchpad. Die Ausgabe erfolgt über das Display, zusätzlich werden oftmals Touchscreen-Technologien mit verbaut (Tablets).

Betriebssysteme: Windows XP/Vista/7, Apple OS X, Linux.

Typische Displaygrößen: Zwischen 7,0 Zoll und 11,0 Zoll.

Hersteller: Asus (Eee PC), Samsung (Q1), Apple (iPad), etc.

Produktabbildung: Apple iPad (Quelle: Apple Inc.)

2.6.2. Integrationen mobiler Endgeräte ins Fahrzeug – Stand der Technik

Die ortsunabhängige Verfügbarkeit von Telekommunikations- und Informationsdiensten weckt bei Besitzern mobiler Endgeräte den Wunsch nach Nutzung der Geräte während der Fahrt in einem Automobil. Wie frühere Untersuchungen bestätigen (u.a. Strayer u. a. [2003], Hosking u. a. [2007]), wirkt sich die Nutzung der Endgeräte während der Fahrt demgegenüber negativ auf die Aufmerksamkeit des Fahrers und damit auf die Verkehrssicherheit aus. Aus diesem Grund ist in den meisten Ländern der EU das Telefonieren am Steuer ohne Freisprecheinrichtung gesetzlich verboten (vgl. StVO §23 Abs. 1a). Daraus wird die Notwendigkeit einer geeigneten Integrationslösung ersichtlich.

Unter Integration soll in dieser Arbeit die Nutzung der Funktionen und Daten aus mobilen Endgeräten im FIS des Fahrzeuges verstanden werden, wobei die eigentliche Funktion auf dem Endgerät verbleibt. Dies eröffnet die Bandbreite von einfachen mechanischen Lösungen mit Steckverbindungen bis hin zu einer vollen semantischen Integration der Gerätefunktionen in das FIS. Eine systematische Aufstellung über die mechanischen, physikalischen und logischen Integrationsmöglichkeiten wird in Abschnitt 3.1.4 gegeben. Im Fokus der Entwicklung von Integrationslösungen der Automobilhersteller stehen neben der technischen Integrationsmöglichkeit auch Sicherheits- und Ergonomieaspekte. Diese sind aus den in Abschnitt 2.4.2 dargestellten Anforderungen abgeleitet.

Neben den Fahrzeugherstellern befasst sich das EU-Projekt **AIDE**[15] damit, Methoden und Technologien zu entwickeln, um mobile Endgeräte nutzerfreundlich und sicher in Fahrzeuge zu integrieren. Im Vordergrund des Projektes steht die Minimierung der mentalen Beanspruchung des Fahrers, welche durch eine Ablenkung bei der Bedienung von mobilen Endgeräten während der Fahrt entsteht.

Im Folgenden werden existierende Integrationslösungen exemplarisch aufgeführt:

— **BMW**: Als Beispiel für eine proprietäre Integration existiert seit 2004 der BMW *iPod-Connector*. Dieser verbindet den iPod der Firma Apple mit dem FIS, um die Musikdaten des Gerätes über die Fahrzeugbedienelemente steuern zu können. Diese Schnittstelle wurde sukzessive ausgebaut und ermöglicht heute ebenfalls die Integration der Audiodaten des iPhones. Das Gerät wird dabei im Handschuhfach verstaut und die Bedienung erfolgt entweder über das Multifunktionslenkrad oder über die Bedienelemente für den CD-Wechsler. Bei der Anbindung der Telefoniefunktionen des iPhones wie auch aller anderen Mobiltelefone nutzt BMW die existierende Bluetooth-Technologie zur Integration in das aktuelle FIS. Dabei können neben der Telefonie auch PIM-Daten mit dem Fahrzeug ausgetauscht werden.

— **Fiat** bietet 2006 die Integrationslösung *Blue&Me™* an. Das System wurde mit Microsoft zusammen auf Windows CE-Basis entwickelt. Hierbei werden über eine Bluetooth-Schnittstelle Mobiltelefone und Musikplayer mit dem FIS verbunden und können per Sprachsteuerung oder Multifunktionslenkrad bedient werden. Die Musikdatenintegration kann optional auch über einen USB-Anschluss vor sich gehen. Zudem verfügt das System über eine Text-to-Speech Technologie, welche zum Beispiel das Vorlesen von SMS während der Fahrt ermöglicht.

---

[15]**A**daptive **I**ntegrated **D**river-vehicle Interfac**E**

– Das von **Ford** entwickelte „in-car communication and entertainment system" *Sync®* basiert auch auf der Basis der Microsoft automotive CE-Plattform. Neben den bei *Blue&Me* beschriebenen Funktionen wurde Sync 3.0 um eine serverbasierte externe Navigation und Notfallhilfe-Funkionen erweitert.

Neben diesen Lösungen existiert eine große Zahl von proprietären Adapterlösungen, die für einzelne Geräte oder Funktionen eine Nutzung während der Fahrt ermöglichen (Saugnapf, FM-Transmitter, AUX-In[16]-Schnittstelle, etc).

Die oben vorgestellten Systeme beschränken sich zumeist auf gängige Standards in Bezug auf ihre Schnittstellentechnologie, wodurch heutzutage nur die gängigen Funktionen wie etwa Telefonie oder Audiofunktionen genutzt werden können. Eine ganzheitliche Nutzung aller auf einem mobilen Endgerät enthaltenen Daten und Funktionen ist damit nicht möglich.

2.7. Objektorientierung als Methode

Objektorientierter Entwurf beruht in seiner einfachsten Form auf einer bemerkenswert elementaren Idee. EDV-Systeme führen Operationen auf bestimmten Objekten aus; um flexible und wiederverwendbare Systeme zu erhalten, ist es geschickter, die Softwarestruktur auf die Objekte statt auf die Operationen zu gründen (Meyer [1990]).

Das Ziel von Software Engineering ist es, Regeln für die Produktion qualitativ hochwertiger Software bereitzustellen. Zum Erreichen dieses Ziels muss die Software zahlreiche Qualitätsfaktoren erfüllen. Von Meyer [1990] werden die Faktoren Korrektheit, Robustheit, Erweiterbarkeit, Wiederverwendbarkeit und Kompatibilität als äußere Qualitätsfaktoren definiert, welche am meisten von den Verfahren eines objektorientierten Softwareentwurfs profitieren. Aus historischer Sicht waren Softwarelösungen ohne diesen objektorientierten Entwurf sehr spezifisch, unflexibel, schwer änderbar und bauten in der Entwicklung nicht aufeinander auf. Die Systemarchitektur einer Software kann entweder von den Funktionen oder von den Daten abgeleitet werden. Nach Meyer ist es mit dem Ansatz, die Systemstruktur nach den Funktionen aufzubauen, nicht sicher-

---

[16] *Auxiliary-In* Hilfs-Eingang in vielen FIS oder Autoradios, welche eine Audiowiedergabe über die Fahrzeuglautsprecher ermöglicht (Hochpegel-Eingang)

zustellen, dass „eine Weiterentwicklung des Systems ebenso gleitend vor sich geht, wie die Weiterentwicklungen der Anforderungen". Dies dient Meyer als Schlüsselargument, warum ein Softwareentwurf eher auf Daten(objekten) als auf Funktionen beruhen soll. Weiter argumentiert Meyer, dass Datenstrukturen demnach (auf entsprechendem Abstraktionsniveau) über die Zeit betrachtet der wirklich stabile und stetige Teil eines Systems sind.

Systemarchitekturen, welche nach einem objektorientierten Entwurf entstanden sind, folgen nach Meyer dem Motto:

> *Frag nicht zuerst, was das System tut: Frag, WORAN es etwas tut.*

Dieses Motto, wonach nicht der unmittelbare Zweck eines Systems im Vordergrund der Betrachtung steht, dient als Basis der Überlegungen zur objektorientierten Bedienung von FIS, welche in Abschnitt 4.2 eingeführt wird.

Im Folgenden werden Begriffe aus dem Bereich des objektorientierten Systementwurfs definiert (Wikipedia [2010b]), welche in der Konzeption der objektorientierten Bedienung von FIS häufiger Gebrauch finden.

Objekt: Ein durch Abstraktion entstandener Verbund einzelner Komponenten. Ein Objekt kann spezifische Funktionen, Eigenschaften und Methoden besitzen und wird als Instanz einer Klasse bezeichnet.

Klasse: Eine Menge von Objekten, die gleiches Verhalten aufweisen. Klassen gelten als Konstruktionspläne für Objekte.

Methoden: Die einem Objekt zugeordneten Algorithmen. Sie legen das Verhalten des Objektes fest.

Funktion: Die Implementierung einer Methode.

Attribute: Die Eigenschaften einer Klasse.

2.8. Grundlagen des Pareto-Prinzips

Der Ansatz dieser Arbeit zur Integration mobiler Endgeräte in FIS bedient sich einer adaptiven Menüstruktur. Zur Erstellung einer adaptiven Menüstruktur in FIS sind unterschiedliche Ansätze denkbar. Die Menüstruktur könnte in einfacher Form Regeln zur Änderung befolgen, nach denen z. B. gewisse Menübereiche nur verfügbar sind, wenn bestimmte mobile Geräte angeschlossen sind. Ein weiteres gängiges Prinzip wäre eine Adaption des Menüs aufgrund der zuletzt genutzten Daten und Funktionen. Die Vorteile, welche sich durch einen Ansatz zur Adaption des Menüs nach dem Pareto-Prinzip ergeben, sind in Abschnitt 4.1.1 beschrieben. Nachfolgend werden die Grundlagen des Pareto-Prinzips eingeführt.

Der italienische Ökonom Vilfredo Pareto suchte 1897 nach auffälligen Mustern in der Vermögens- und Einkommensverteilung der englischen Gesellschaft des 19. Jahrhunderts. Er fand heraus, dass die Mehrheit von Reichtum und Einkommen lediglich einer Minderheit der von ihm untersuchten Gesellschaft zukam. Dabei fand er eine mathematische Beziehung zwischen der Anzahl von Menschen in einer Gruppe und dem Betrag des Einkommens, den diese Gruppe genießt. Pareto ermittelte eine logarithmische Beziehung, welche durch Konstanten an die jeweiligen untersuchten Gruppen angepasst werden konnte. In Formel 2.1 ist N die Anzahl der Personen, die ein höheres Einkommen als X haben. A und a sind die Konstanten zur Anpassung an die Versuchsgruppe (Pareto [1896]).

$$\log N = \log A - a \log X \qquad \text{bzw.} \qquad N = \frac{A}{X^a} \qquad (2.1)$$

Pareto verglich damit als einer der Ersten die Verteilung zweier in Beziehung stehender Datensätze miteinander. Er fand dieses Muster der Disbalance zwischen Anzahl der Menschen und Betrag des Einkommens in weiteren von ihm untersuchten Datensätzen, die sich sowohl im Betrachtungszeitpunkt wie auch im Betrachtungsort unterschieden.

Diese Disbalance in der Verteilung von Ursache und Wirkung ist ein empirisches Gesetz, welches in vielen Gebieten beobachtbar ist (Steindl [1965]). Mitte des 20. Jahrhunderts erfuhr die Anwendung des Pareto-Prinzips durch die Arbeiten von Zipf [1972] und Juran [1962] eine Ausbreitung im Bereich von Arbeitseffizienz (Zipf: „Principle of last effort") und Produktqualität (Juran: „the vital few and the useful many").

In dieser Zeit entstand auch die Vereinfachung des Pareto-Prinzips auf den Term „80/20 Regel". Dies ist eine legitime Vereinfachung des Pareto-Prinzips und besagt, dass 80 % der Ergebnisse durch 20 % der Ursachen erzeugt werden können. Womit durch eine Minderheit an Ursachen, Einsatz oder Aufwand eine Mehrheit der Ergebnisse, des Erfolgs oder der Belohnung erzielt werden kann. Damit wird herausgestellt, dass manche Dinge wichtiger sind als andere. Diese Disbalance konnte im Wirschaftsleben, in der Gesellschaft und im privaten Leben vielfach bestätigt werden (siehe Koch [1999]). Die Zahlen 80 % und 20 % sind bei realen Verteilungen natürlich nur ein beispielhaftes Betragspaar, wobei genau diese Auslegung der Beträge der Pareto-Wahrscheinlichkeitsverteilung ihren Namen gab.

Anwendung findet das Pareto-Prinzip heutzutage durch die Kenntnis, dass es in einem System immer Elemente gibt, die das System oder den Nutzen des Systems mehr beeinflussen als andere. Diese Faktoren gilt es zu identifizieren und zu optimieren.

2.9. Suche als Bedienphilosophie

Mit der ständig wachsenden Speicherkapazität von Daten geht ein Zuwachs an elektronischen Datenmengen einher. Jegliches elektronische System benötigt aus diesem Grund eine Möglichkeit, um Daten, welche sich innerhalb des Systems befinden, wieder zugänglich zu machen. Historisch gesehen wurden Daten auf Computersystemen zu diesem Zweck zuerst in eine gewisse Datenstruktur oder besser Ordnerstruktur gebracht, um somit für den Nutzer besser memorierbar und auffindbar zu sein. Mit der zunehmenden Vernetzung von Computern und der Verbreitung des World Wide Webs kam die Bedienbarkeit dieser hierarchischen Ordnerstrukturen an ihre Grenzen. Es entwickelten sich, ausgehend von zunehmender Nutzung im Internet, unterschiedliche Suchmaschinen für das Auffinden einzelner Daten in großen Datenmengen. Die Notwendigkeit einer Suche als Interaktionsform bei der Intgeration mobiler Endgeräte ins Fahrzeug wird in Abschnitt 3.1 ausführlich erläutert.

Bei Suchsystemen müssen Suchanfragen nach der Absicht des Nutzers unterschieden werden. Eine Nutzerabsicht liegt in der gezielten Suche nach einer bestimmten Information. Die dabei auftretenden Suchanfragen sollen für den Nutzer ein klar umschriebenes Suchergebnis zurückliefern, im besten Fall exakt die gesuchte Information. Als Alltagsvergleich könnte dafür das Nachschlagen eines Wortes in einem Wörterbuch angeführt werden, weshalb in Abbildung 2.19 dieser entsprechende Teil einer Such-Interaktion mit *Lookup* bezeichnet wurde. Die andere Absicht bei einer Informationssuche hat die Eigenschaft, dass bei der Formulierung der Suchanfrage das exakte Suchergebnis für den Nutzer noch unklar ist. In Abbildung 2.19 steht *Exploratory Search* für Such-Interaktionen mit dem Ziel, sich neues Wissen anzueignen oder den Suchraum zu erkunden (*"brow-sen"*). Dabei wird einem Nutzer ermöglicht, nach Informationen zu suchen, welche erst beim Betrachten der Ergebnisse das Interesse des Nutzers wecken.

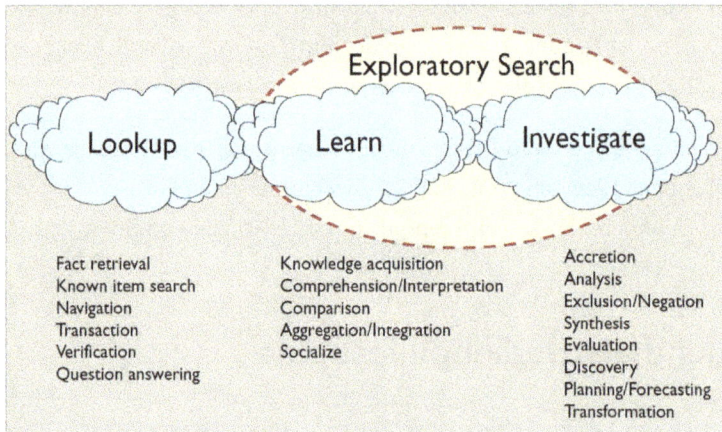

Abb. 2.19.: Motivationen und Ziele durch Suchaktivitäten verschiedener Suchformen, aus Marchionini [2006].

Im Folgenden werden Grundlagen und Ausprägungen von Suchmaschinen in unterschiedlichen Domänen kurz vorgestellt. Aus den daraus ersichtlichen Eigenschaften einer Suchmaschine wird in Abschnitt 4.3 eine Ableitung für den Einsatz in einem FIS vorgenommen.

2.9.1. Aufbau einer Suchmaschine

Als Suchmaschine wird ein Programm zur Recherche von Dokumenten und Dateien bezeichnet. Suchmaschinen sind an die Anforderungen ihres Einsatzortes angepasst, weswegen es unterschiedlich strukturierte Suchmaschinen für Desktopsysteme, das Internet oder Mobile Endgeräte gibt. Nach Arasu u. a. [2001] ist eine gemeinsame Grundstruktur in allen Systemen zu finden, welche im Folgenden anhand einer Internet-Suchmaschine erklärt wird (siehe Abbildung 2.20).

Crawler: Ein Crawler (auch Web Spider oder Robot) lädt selbständig Dokumente aus dem Internet herunter. Dazu nutzt er die im *Crawl Control* vorliegende Liste aller bekannten URL[17]. Beim Durchsuchen des Internets findet der Crawler Webseiten,

---

[17]Uniform Ressource Locators

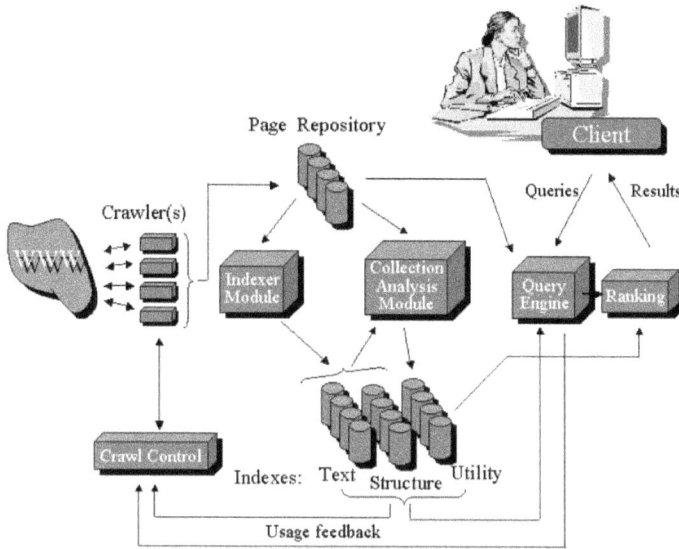

Abb. 2.20.: Allgemeiner Aufbau einer Internetsuchmaschine, aus Arasu u. a. [2001].

Dokumente und andere textuelle Inhalte, die vom Crawler in das *Page Repository* abgelegt werden. Zudem erkennt der Crawler auch Verlinkungen zu neuen URL, welche wiederum der Liste der bekannten URL hinzugefügt werden.

Indexer: Diese Komponente einer Suchmaschine liest die vom Crawler gefundenen Webseiten und deren Inhalte aus dem Page Repository aus und indiziert die darin enthaltenen Wörter. Zu jedem Wort wird im *Index* („look up" Tabelle) die URL mit gespeichert. Indizes weisen spezifische Strukturen auf, mit denen sie auf das gewünschte Einsatzgebiet beziehungsweise den Anwendungsfall angepasst werden.

Benutzeroberfläche: Die Nutzerschnittstelle, wodurch der Benutzer Anfragen (*Queries*) an die Suchmaschine (*Query Engine*) richten kann. Auf einige unterschiedliche Sucheingabeverfahren wird im folgenden Abschnitt intensiver eingegangen.

Query engine: Sie ermittelt mit Hilfe der erstellten Indizes die Ergebnismenge für eine Suchanfrage. Hierzu werden im Allgemeinen Methoden des Information Retrievals angewandt. Die verwendeten Suchalgorithmen bestimmen die Performanz der Query Engine.

Ergebnisliste: Der chronologisch letzte Teil einer Suchanfrage ist die Aufbereitung der Ergebnismenge zu einer nutzerfreundlichen Ergebnisliste. Die Strategien für die Sortierung (*Ranking*) der Suchergebnisse differieren je nach Anwendungsfall. In den meisten Fällen sollen die Ergebnisse aufgrund der umfangreichen Ergebnismenge nach höchster Relevanz für den Anwendungsfall angezeigt werden. Im Beispiel der in Abbildung 2.20 gezeigten Internetsuchmaschine kommt hierfür ein Ranking-Algorithmus zum Einsatz. Ein möglicher Algorithmus könnte diejenigen Seiten an den Anfang der Ergebnisliste stellen, welche bei gegebenem Suchwort von den Nutzern der Suchmaschine am häufigsten ausgewählt wurden. Bei der Internetsuchmaschine von Google sorgt der so genannte „Page Rank"-Algorithmus für die Sortierung der Suchergebnisse (vgl. Page u. a. [1999]).

2.9.1.1. Ausprägungen von Benutzeroberflächen bei Such-Interaktionen

Dieser Abschnitt stellt kurz die Merkmale textbasierter Benutzeroberflächen zur Such-Interaktion vor. Auszugehen ist dabei immer von der Eingabe von Suchstrings[18], mit denen eine Suchanfrage an die Suchmaschine vorgenommen wird.

Formularsuche Bei der Formularsuche erfolgt die Suchbegriffeingabe über spezifische Felder. Diese Suchfelder helfen dabei, den Suchraum für die Suchanfrage entsprechend einzuschränken, da nur in denjenigen Indizes gesucht werden muss, in denen auch ein Suchstring eingegeben wurde. Das kommt einer Vorfilterung des Suchraums gleich. Nachteilig an Formularsuchen ist, dass die Suchbegriffe in die korrespondierenden Suchfelder eingetragen werden müssen, da sonst die implizite Zuordnung der Feldvorgabe zu den Suchgebriffen verloren geht (vgl. Abbildung 2.21).

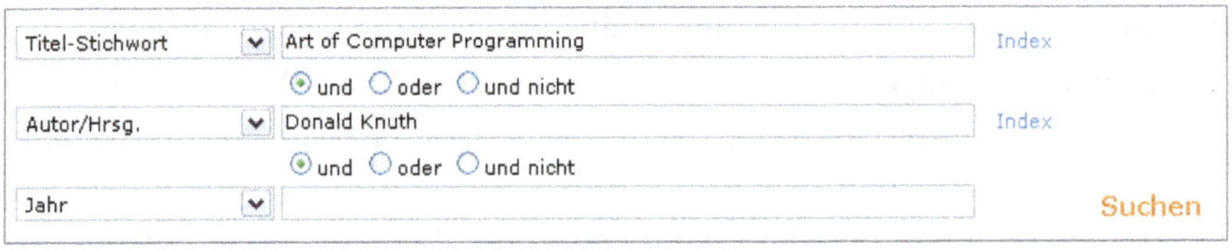

Abb. 2.21.: Beispiel einer Formularsuche (Quelle: Spießl [2007])

---

[18]string=Zeichenkette

Formularsuchen kommen hauptsächlich bei katalogbasierten Suchen wie Online-Kataloge oder bei großen semantisch strukturierten Datenbeständen (z. B. Bibliotheken, Telefonbücher, Zeitungsarchive) zum Einsatz. In FIS werden Formularsuchen als häufigste Benutzeroberfläche verwendet (siehe Abbildung 2.26a).

Freie Schlagwortsuche Auf den Nachteil von vorgegebenen Formularfeldern verzichten Such-Interaktionen mit freier Suchworteingabe. Der implizite Vorteil der Suchraumeinschränkung durch das Formular muss in dieser Such-Interaktion, sofern nötig, durch andere Filtertechniken herbeigeführt werden. Ohne die Einschränkung eignen sich diese Suchverfahren für das Finden von unstrukturierten Informationen mit Hilfe eines Volltextindexes. Dazu wird der gesamte Text auf das Vorhandensein aller eingegebenen Suchwörter überprüft. Als Suchergebnis werden nur Textabschnitte zurückgeliefert, in denen alle Begriffe gefunden wurden. Durch die Möglichkeit der Suche in eher unstrukturierten Informationen ist die Ergebnisdarstellung in hohem Maße von einem geeigneten Ranking-Algorithmus abhängig, um die relevantesten Ergebnisse am Anfang der Ergebnisliste zu präsentieren. Die freie Schlagwortsuche wird hauptsächlich bei Internet-Suchmaschinen verwendet.

Spezifischere Suchanfragen können bei freier Schlagwortsuche häufig mittels einer speziellen Such-Syntax eingegeben werden. Eine häufig genutzte Methode ist die Eingabe mehrerer Suchbegriffe innerhalb von Anführungszeichen. Damit werden nur Ergebnisse gefunden, welche eine exakte Übereinstimmung mit dem Suchstring innerhalb der Anführungszeichen aufweisen. Die meisten Syntaxen erlauben die Beachtung von optionalen (z. B. Verknüpfung mit OR) oder verpflichtenden und erwünschten Suchworten (z. B. mit + und -) (vgl. Abbildung 2.22).

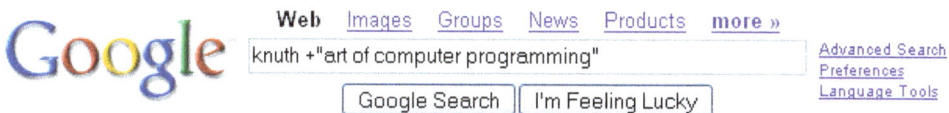

Abb. 2.22.: Freie Schlagwortsuche mit eigener Syntax (Quelle: Google).

Live Suche Auf Desktopsystemen und mobilen Endgeräten wird häufig eine Live Suche eingesetzt. Entgegen der Suchworteingabe bei Formular- oder Schlagwortsuchen, welche durch das explizite „Drücken" eines Suchknopfes gestartet werden, kommen

Suchergebnisse bei der Live Suche bereits während der Eingabe der Suchbegriffe zur Anzeige. Jeder weitere eingegebene Buchstabe schränkt die bei der vorigen Buchstabeneingabe entstandene Ergebnisliste weiter ein und kann somit als Filter für die Gesamtmenge der Suche angesehen werden. Dadurch wird quasi eine Suche mit unvollständig ausgeschriebenen Suchworten ermöglicht. Zwingend notwenig für die Live Suche ist eine Indizierung des gesamten Datenbestands, um die nötige Performanz bei der zur Suchworteingabe simultanen Ergebnisdarstellung zu erreichen. Hauptvertreter der Live Suche sind alle neueren Desktopsuchsysteme (siehe Abschnitt 2.9.3).

2.9.1.2. Robustheit bei Suchanfragen

Eines der größten Probleme bei Such-Interaktionen für Nutzer und Suchmaschine stellt die Formulierung der Suchanfrage dar. Der wichtigste Erfolgsfaktor dabei kommt der Wahl des richtigen Suchwortes zu. Nach der Wahl des richtigen Suchwortes stellt sich das Problem der Orthografie des Suchwortes. Für diesen Fall müssen Suchsysteme eine gewisse Robustheit aufweisen und somit eine Unschärfe in den Suchanfragen zulassen (*unscharfe Suche*). Zum einen kann damit der Unwissenheit der exakten Schreibweise entgegnet und zum anderen können dadurch Rechtschreibfehler korrigiert werden. Verfahren zum Umgang mit ähnlicher Schreibweise stellen zum Beispiel phonetische Suchen zur Verfügung, wohingegen Rechtschreibfehler eher durch Algorithmen, welche die Distanz zwischen zwei Suchworten berechnen, korrigiert werden können.

Phonetische Suche   Das Merkmal einer phonetischen Suche ist die Auslegung der Suche nach Phonemen[19] und damit nach gleich klingenden Begriffen. Der Vorteil ist, dass die exakte Schreibweise eines Suchwortes eine untergeordnete Rolle beim Finden des Begriffes spielt. Dies ermöglicht eine bessere Kompensation einer mangelnden Kenntnis der Orthographie von Suchbegriffen. Die phonetischen Suchverfahren stellen eine Suche auf Ähnlichkeitsbeziehungen dar und werden deshalb zu den *Fuzzy Search* Verfahren gezählt („unscharfe Suche").

Russell u. Odell [1918] entwickelten den ersten phonetischen Algorithmus zur Indexierung von Wörtern und Phrasen nach ihrem Klang in der englischen Sprache. Beim

---

[19]alle Laute (Phone), die in einer gesprochenen Sprache die gleiche bedeutungsunterscheidende Funktion haben

Soundex-Algorithmus wird aus einem Wort ein vierstelliger Code gebildet. Dazu wird der Anfangsbuchstabe des zu codierenden Wortes übernommen. Im restlichen Wort werden nachfolgende Vokale und einige Konsonanten zur Codewortgenerierung nicht beachtet. Aus den verbleibenden Konsonanten werden die Zahlencodes der restlichen drei Codestellen nach Tabelle 2.2 abgeleitet. Mehrfach hintereinander auftretende Konsonanten werden bei der Codewortgenerierung ignoriert. Ein Auffüllen mit Nullen ermöglicht auch für sehr kurze Wörter einen vierstelligen Soundex-Code. Zum gleichen Zweck werden langen Wörtern überzählige Konsonanten ignoriert. Damit umfasst der Code „M600" zum Beispiel alle Schreibweisen der Namen „Maier", „Meier", „Mayer", „Meyer" und „Mayr". Daran wird deutlich, dass ähnliche Laute mit Hilfe des Soundex Algorithmus demselben Code zugeordnet werden.

Buchstaben	Codierung
B, F, P, V	1
C, G, J, K, Q, S, X, Z	2
D, T	3
L	4
M, N	5
R	6

Tab. 2.2.: Codierungstabelle des Soundex-Algorithmus

Der Soundex-Algorithmus trifft viele Vereinfachungen, womit sich eine eher undifferenzierte Codierung einzelner Wörter ergibt. Probleme mit dem Algorithmus entstehen wegen der starken Abhängigkeit der Codewörter vom ersten Buchstaben. Wörter, die mit verschiedenen Buchstaben beginnen, werden nicht als gleich erkannt (*Corbin* mit *Korbin*). Die Intoleranz gegenüber Tippfehlern (*Misth* für *Smith*) zeigt weitere Einschränkungen des Algorithmus (Fischer).

Spätere Weiterentwicklungen, wie Metaphone, Double Metaphone oder die Kölner Phonetik bauen allerdings auf den Soundex Grundlagen auf. Generell lässt eine Codierung nach Vorbild des Soundex Algorithmus keine Ähnlichkeitsanalyse zu. Das bedeutet, dass Begriffe häufig als gleich angesehen werden, die tatsächlich sehr unähnlich sind. Ebenso häufig entstehen Fehler, indem relativ ähnliche Begriffe als ungleich angesehen werden.

Verfahren, die einen kontinuierlichen Übergang von nicht-passend zu passend ermöglichen, sind für Ähnlichkeitsbeziehungen von Wörtern und damit für die Korrektur von Rechtschreibfehlern besser geeignet. Distanzfunktionen besitzen diese Eigenschaften.

Distanzfunktionen Im mathematischen Sinn beschreiben Distanzfunktionen den Grad der Übereinstimmung von Vektoren. Bei einer unscharfen Suche wird der Grad der Übereinstimmung, also die Distanz zwischen zwei Strings berechnet. Meist wird dabei die Anzahl der Fehler beim Vergleich zwischen den Strings angegeben. Eine genaue Definition einer unscharfen Suche mittels Distanzfunktionen ist Navarro [2001] zu entnehmen. Beispiele für Distanzfunktionen sind die *Levensthein-Distanz*, *Hamming Abstand*, *Episodenabstand* oder die *Longest Common Subsequence Distanz*.

2.9.1.3. Qualitätsfaktoren für Suchmaschinen

In der informationswissenschaftlichen Forschung wird zur Messung der Qualität von Suchmaschinen hauptsächlich die Qualität der Treffer betrachtet (Lewandowski [2007]). Dafür verwendet werden die klassischen Maße des Information-Retrievals. Nach Lewandowski [2007] lassen sich die Ergebnisse dazu in relevante und nicht relevante Treffer unterscheiden. Darüber hinaus können relevante und nicht relevante Treffer unterteilt werden, ob sie auf eine Suchanfrage hin vom Suchsystem ausgegeben werden oder nicht. Daraus ergeben sich folgende Messgrößen:

Precision: Der Anteil der relevanten ausgegeben Treffer an der Gesamtheit aller ausgegeben Treffer.

Recall: Der Anteil der relevanten ausgegebenen Treffer an der Gesamtheit der insgesamt vorhandenen relevanten Treffer.

Fallout: Der Anteil der ausgegebenen, aber nicht relevanten Treffer an der Gesamtzahl der nicht relevanten Treffer im Datenbestand.

Generality: Der Anteil der relevanten Treffer im zugrunde liegenden Datenbestand

Diese Maße ermöglichen eine Einschätzung wie gut die zurückgelieferten Ergebnisse einer Suchanfrage an ein Suchsystem sind. Zur Nutzung des Suchsystems in einem Automobil ist jedoch die Qualität der Treffer erst in zweiter Linie relevant. Für die

Interaktion im Fahrzeug sind vorab zunächst die Fragen nach der Systemantwortzeit sowie der Darstellbarkeit der Ergebnismenge auf einem Fahrzeugdisplay mit begrenzter Anzeigefläche ($\leq$12 Zeilen) relevant. Diesen Fragen widmet sich die Untersuchung zur Darstellbarkeit von Daten mobiler Endgeräte in FIS in Abschnitt 3.2.

2.9.2. Suche im Internet

Im Internet helfen Suchmaschinen bei der Suche nach Inhalten von Webseiten. Im Jahr 2009 nutzten 66 % der Internetnutzer in Deutschland regelmäßig eine Internetsuchmaschine. Weitere 29 % gaben an, mit einer Suchmaschine ab und zu oder selten zu recherchieren. Ein relativ kleiner Anteil von 5 % der Befragten nutzen nie eine Suchmaschine während ihrer Internetnutzung (IFD [2009]). Dies zeigt die starke Verbreitung von Suchsystemen, um aus den verteilten Daten des Internets nutzerrelevante Daten zu finden.

Zur Indexerstellung durchsuchen bei Internetsuchmaschinen sogenannte *Webcrawler* automatisch Adressbereiche im Internet. Mit diesem Index können Schlüsselwörter gefunden und in einer nach Relevanz sortierten Trefferliste dargestellt werden. Die bekannteste Suchmaschine im Internet ist Google (siehe Abbildung 2.23).

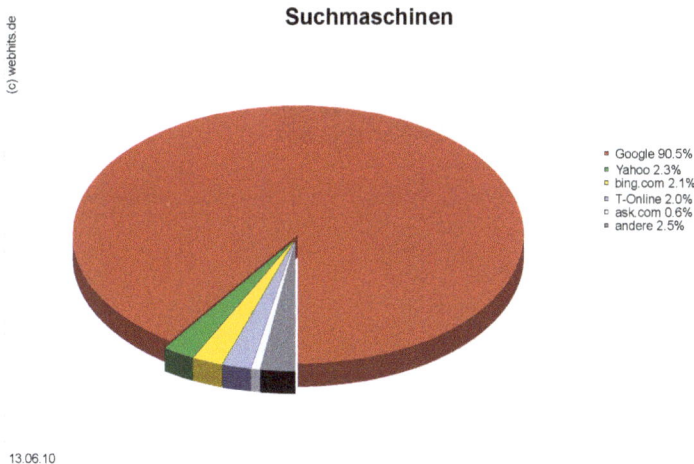

Abb. 2.23.: Marktanteile von Suchmaschinen in Deutschland, (Quelle: Webhits.de [2010]).

Die Benutzeroberfläche von Google ist sehr einfach gestaltet und bietet lediglich ein Sucheingabefeld sowie zwei Buttons zum Starten der Suche (siehe Abbildung 2.24). Der eine Button (*Auf gut Glück*) ruft immer automatisch die URL des im Google Index geführten relevantesten Treffers auf. Der zweite Button (*Google Suche*) zeigt die Ergebnisliste zum eingegebenen Suchwort an. Über dem Eingabefeld kann der Suchraum vor der Suche auf andere Kategorien (Bilder, Videos, Karten oder Nachrichten) beschränkt werden. Zur Darstellung der Ergebnisliste nutzt Google den von Lawrence Page entwickelten PageRank-Algorithmus (siehe Page u. a. [1999]) ohne weitere Möglichkeit, die Ergebnisse nachträglich einzuschränken, zu filtern oder zu sortieren. Google bietet jedoch zur Einschränkung des Suchraumes und zur Eingabe spezifischerer Suchworte eine *erweiterte Suche* an. Nach Machill u. Welp [2003] kennen aber nur wenige Nutzer diese Suchform und unter den Anwendern die sie kennen, findet sie nur selten Anwendung.

Google bietet bei der Suchworteingabe einen Dienst zur Autovervollständigung des Suchwortes an (*Google Suggest*). Dem Nutzer werden dabei nur diejenigen Begriffe vorgeschlagen, welche bei einer eingegebenen Zeichenkombination am häufigsten von allen Nutzern eingegeben wurden. Damit wird ein Verhalten ähnlich einer Live-Suche dem Nutzer präsentiert.

Abb. 2.24.: Google Benutzeroberfläche mit Google Suggest für die Buchstabenkombination *tum*, (Quelle:Google).

2.9.3. Suche in Desktopsystemen

Die Suche in Desktopsystemen unterscheidet sich hauptsächlich durch die andere Form der Suchergebnisanzeige. Während bei internetbasierten Suchdiensten die Suche erst startet, wenn ein expliziter Such-Knopf gedrückt wurde (siehe Abbildung 2.22), zeigen Desktopsuchmaschinen die Ergebnisse meist schon direkt nach der Eingabe jedes einzelnen alphanumerischen Zeichens[20] (siehe Live Suche im Abschnitt 2.9.1.1). Die erste Desktopsuchmaschine dieser Art wurde von Apple 2005 im Mac OS X mit dem Namen *Spotlight* eingeführt (siehe Abbildung 2.25).

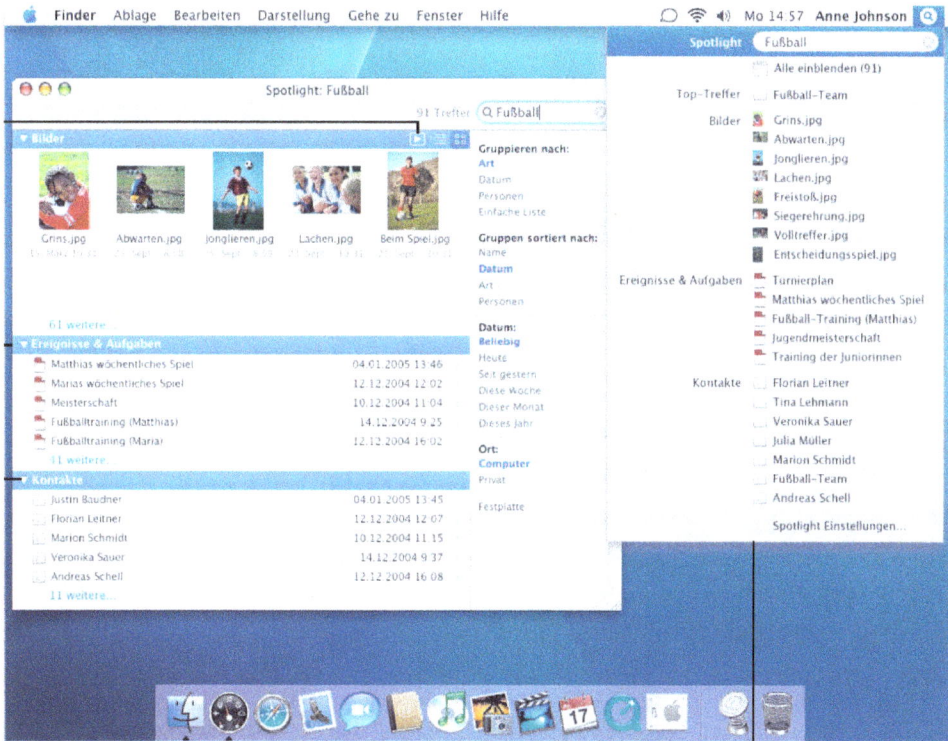

Abb. 2.25.: Benutzeroberfläche und Ergebispräsentation von Apples Spotlight.

In Desktopsystemen erfolgt die Erstellung des Indexes über die gesamten Daten der Festplatte. Mit den meisten Systemen können einerseits Datei- und Ordnernamen, aber auch Inhalte von Dateien gesucht werden. Damit können Inhalte von Dokumenten, E-Mails oder PDF-Dateien gefunden werden. Die Ergebnispräsentation erfolgt ebenfalls

---

[20]Bei Windowssystemen erst ab Windows Vista

über Ergebnislisten, welche meist kategorisiert aufbereitet dargestellt werden. Zudem können zusätzliche Filter vom Nutzer gesetzt werden, um den Suchraum auf gewisse Bereiche des Gesamtsystems einzuschränken. Die wichtigsten Vertreter dieser Suchsysteme sind Apples Spotlight, Google Desktop Search, Windows Suche und Beagle für Unix-basierte Systeme.

Neben den systemweiten Desktopsuchen enthalten viele eigenständige Programme separate Suchmöglichkeiten, welche im Kontext des jeweiligen Programms suchen. So können zum Beispiel neben den reinen Musiktiteln in der Suche von Apples *iTunes* auch Playlisten, Komponenten, Albentitel und andere Metadaten gesucht werden.

2.9.4. Suche im Fahrzeug

In heutigen FIS werden Daten in hierarchischen Menüstrukturen hauptsächlich mit Hilfe von Formularfeldern gesucht. Zudem werden Suchverfahren zur Reduktion der Einträge in langen Listen verwendet. Die durchsuchbare Datenmenge wurde in bisherigen Ansätzen auf Daten aus einzelnen Funktionen beschränkt (Abbildung 2.26a). Für den Nutzer bedeutet dies, dass separate Suchvorgänge in den unterschiedlichen Datensätzen nötig sind. Ergebnislisten für ein eingegebenes Suchwort zeigen lediglich Treffer aus einem Teilbereich des FIS (z. B. Namen aus Kontaktdaten oder Städte aus Navigationsdaten), nicht aber aus dem gesamten Datenbestand. Die Eingabe alphanumerischer Zeichen ist abhängig vom gewählten Bedienkonzept des jeweiligen FIS. Hauptsächlich kommen Eingaben über Spellersysteme (siehe Abbildung 2.26b) oder Touchscreen-Tastaturen zum Einsatz. Da Suchsysteme im Fahrzeug bisher nur Suchergebnisse anzeigen, die in den Kontext der Bedienung fallen, sind Ergebnislisten grafisch sehr einfach gehalten (Abbildung 2.26c).

Poitschke [2004] und Ablaßmeier [2008] zeigen erste Ansätze von Suchsystemen im Fahrzeug, welche mehrere Datenbestände gleichzeitig durchsuchen. Der Gedanke einer systemweiten Suche stellt die Grundlage für die in Abschnitt 4.3 konzipierten Benutzeroberflächen dar. Ablaßmeier weist darauf hin, dass Suchmaschinen im Fahrzeug „eine gewisse Robustheit beim Formulieren der Suchanfrage aufwarten und auch unscharfe Eingaben interpretieren" sollten. Bei der Konzeption einer textbasierten Suchmaschine im Fahrzeug muss darauf geachtet werden, den Aufwand für den Fahrer bei der Eingabe alphanumerischer Zeichen so gering wie möglich zu halten. Für reale Systeme in Fahrzeugen ist es von Vorteil, wenn neben einer geeigneten Eingabemethode auch Methoden zur Autovervollständigung von Suchwörtern (ähnlich Google Suggest, siehe Abbildung 2.24), Korrektur von Schreibfehlern sowie ähnlichen Suchwörtern (unscharfe Suche) innerhalb des Suchsystems zur Verfügung stehen. Da diese Gebiete jeweils eigene Forschungsfelder abdecken, kommen sie in den Konzepten dieser Arbeit nicht zum Einsatz.

(a) Navigationszieleingabe mit Hilfe von Formularfeldern.

(b) Alphanumerikeingabe mit Hilfe eines Speller-systems.

(c) Ergebnisliste einer Stadtsuche bei eingegebenem Suchwort *MÜNCH*

Abb. 2.26.: Navigationszieleingabedialog des BMW iDrive-Systems als Beispiel für eine FIS Suche.

3. Klassifikation von Integrationslösungen und Verifikation des Integrationsansatzes

In diesem Kapitel werden Vorgehensweisen zur Integration von Daten, Funktionen und Interaktionskonzepten aus mobilen Endgeräten in ein FIS erläutert. Die Integration ist keineswegs als eindimensionaler Vorgang zu verstehen. Es bedarf unterschiedlicher Betrachtungsweisen, um alle Aspekte der Integrationsmöglichkeiten zu bestimmen. Die Orientierung an Nutzerwünschen definiert die meisten Anforderungen an die Integrationslösung. Den Nutzerwünschen werden restriktive Rahmenbedingungen gegenüber gestellt, da gesetzliche Bestimmungen und Gestaltungsrichtlinien für FIS einbezogen werden müssen. Die Beachtung dieser Bedingungen und Vorgaben ist wichtig, um eine Interaktion während der Fahrt zu erreichen, die für den Fahrer ein geringes Ablenkungspotential aufweist. Weitere Faktoren, die bei der Integration zu beachten sind, treten durch unterschiedliche Aspekte technischer Schnittstellentechnologien oder mechanischer Verbindungsmöglichkeiten auf. Je nach gewünschtem Einsatzszenario erlaubt der Definitionsraum für eine Integration aufgrund der unterschiedlichen Ausprägungen der Integration mehrere Lösungsmöglichkeiten. Aus diesem Grund werden in diesem Kapitel unterschiedliche Integrationsszenarien definiert und diskutiert sowie die Auswahl des in dieser Arbeit weiterverfolgten Integrationsszenarios abgeleitet.

Neben den Integrationsszenarien ist zu klären, ob ein Integrationsansatz, welcher Daten und Funktionen mobiler Endgeräte in FIS bereitstellt, aufgrund der Randbedingungen in einem Fahrzeug überhaupt realisiert werden kann. Dieses Kapitel beinhaltet eine Untersuchung von Datenmengen realistischer Größen aus mobilen Endgeräten. Die Ergebnisse der Untersuchung geben Aufschluss darüber, wie groß der Aufwand, bezogen auf die Eingabe und die Anzeige der Daten, für eine Suche einzelner Daten in der zu integrierenden Datenmenge ist. Die Ergebnisse legen den Grundstein für eine Verwendung eines Such-Interaktion-Ansatzes im Fahrzeug (Abschnitt 3.2).

3.1. Lösungsansätze zur Integration mobiler Endgeräte

In Abschnitt 2.6.2 wurde die Notwendigkeit einer Integration mobiler Endgeräte in das FIS aufgezeigt. Bei der Integration können verschiedenen Randbedingungen, wie Ausstattung, geometrische oder ergonomische Beschaffenheit des Innenraums oder der bereits im FIS befindliche Funktionsumfang des Fahrzeugs, unterschiedliche Prioritäten zukommen. Im Folgenden wird unter diesen Randbedingungen eine formale Aufstellung unterschiedlicher Intergrationsszenarien hergeleitet.

Als Ausgangssituation wird für die folgenden Überlegungen angenommen, dass der Fahrer ein oder mehrere Geräte mit sich führt. Für die Interaktion mit den Geräten muss er, ohne eine Integrationslösung, während der Fahrt deren Funktionen direkt am mobilen Endgerät bedienen. Vor diesem Hintergrund muss eine Integration eine Verbesserung der Fahrsicherheit gegenüber dieser Ausgangssituation und eine Erhöhung des Anzeige- und Bedienkomforts für den Nutzer zum Ziel haben.

3.1.1. Anforderungsanalyse aus Nutzersicht

Die Erwartungshaltung des Nutzers stellt einen wichtigen Aspekt bei der Integration von Funktionalitäten aus mobilen Endgeräten dar. Die Funktionsvielfalt, die sich auf modernen mobilen Endgeräten etabliert hat (siehe Abschnitt 2.6), wirft die Frage nach dem Nutzungsgrad dieser Funktionen im Fahrzeug auf. Es kann vorausgesetzt werden, dass der Nutzer nicht jede Funktion, die auf seinem Endgerät zur mobilen Nutzung implementiert ist, in einem Fahrkontext explizit benötigt. Aus der Gesamtmenge an angebotenen Funktionen lassen sich über alle Nutzer hinweg die wichtigsten fahrrelevanten Daten und Funktionen bestimmen (siehe Kap. 4.2.1). Allerdings ist ein zunehmendes Bedürfnis an Individualisierbarkeit auf Seiten der Nutzer zu erkennen (vgl. 800 Mio. Downloads bei 25.000 Applikationen in Apples AppStore innerhalb des ersten acht Monate nach Eröffnung, Joswiak [2009]). Diese Individualisierbarkeit und die damit in Verbindung stehende Updatefähigkeit mobiler Endgeräte legitimiert Integrationsansätze für das Fahrzeug. Dadurch kann ein Nutzer im Fahrzeug Funktionen und Daten verwenden, die er sonst aufgrund der unterschiedlichen Produktentwicklungszeiten von mobilen Endgeräten und Automobilen erst sehr viel später in einem FIS zur Verfügung gestellt bekommen hätte. Gleiches gilt für die Updatefähigkeit von Funktionen auf mobilen Endgeräten und FIS-Funktionen.

Eine weitere Nutzeranforderung ist eine nahtlose Integration bzw. ein unmerklicher Übergang von der „mobilen Welt" ins Fahrzeug und wieder zurück („seemless Integration"). Technologische Aspekte sollten dabei nicht als Grenzen einer Integration für den Nutzer spürbar werden. Für ihn ist es diesbezüglich von Vorteil, wenn die bereits gelernten Interaktionsprinzipien der mobilen Endgeräte bei einer Integration in FIS übernommen werden. Ein solches Vorgehen ist in den meisten Fällen aufgrund der unterschiedlichen Entwicklungsziele der beiden Domänen jedoch nicht ratsam. In der Welt mobiler Endgeräte steht vor allem die Attraktivität der Benutzerschnittstelle im Vordergrund und es kann davon ausgegangen werden, dass der Nutzer während der Bedienung seine gesamte Aufmerksamkeit der jeweiligen Funktion widmen kann. Aufgrund der Bewältigung der Fahraufgabe können diese Eigenschaften bei der Entwicklung von FIS nur bedingt Beachtung finden. Eine Integrationslösung steht diesbezüglich in Konflikt mit den Nutzeransprüchen und kann daher in den seltensten Fällen eine direkte Übernahme des gesamten Interaktionskonzepts des mobilen Endgerätes ermöglichen. Ein Ziel einer Integration besteht jedoch in der Übernahme oder Adaption einfacher, etablierter Teile von Interaktionskonzepten mobiler Endgeräte.

Neben den beiden Integrationsansprüchen muss eine Schnittstelle aus Nutzersicht einen möglichst hohen Mehrwert gegenüber der Nutzung des mobilen Gerätes ohne diese Schnittstelle schaffen. Der Mehrwert kann durch eine Kombination mehrerer Faktoren erreicht werden. Generell erlauben hardwarespezifische Faktoren Nachteile zu beheben, die bei der Nutzung von mobilen Endgeräten während der Fahrt auftreten. Die im Fahrzeug verwendeten Displays stellen diesbezüglich einen der wichtigsten hardwarespezifischen Faktoren dar. Mobile Endgeräte ordnen sich einem gewissen Formfaktor unter (typische Displaydiagonalen 1,0 – 5,0 Zoll, siehe Abschnitt 2.6.1), welcher aus dem Mobilitätsanspruch der Endgeräte hervorgeht. Diese kleineren Displays erschweren eine adäquate Informationsaufnahme im Kontext einer Nebenaufgabenbedienung während der Fahrt. Die in Fahrzeugen verwendeten Displays für FIS sind, da stationär verbaut, meist sehr viel größer (7,0 – 10,0 Zoll, siehe Abschnitt 2.4.1) und eignen sich somit besser zur Darstellung von Informationen während der Fahrt. Ein weiterer hardwarespezifischer Aspekt findet sich in der Verwendung geeigneter Bedienelemente, welche beispielsweise eine Funktionsbedienung ohne ein Ablösen der Hände vom Lenkrad ermöglichen. Neben der Sicherheit während der Bedienung wird durch geeignete Bedienelemente der Bedienkomfort erhöht.

Eine weitere Möglichkeit, einen Mehrwert durch eine Integration mobiler Endgeräte zu erlangen, stellt die Vernetzung von Fahrzeugdaten mit Diensten und Funktionen der mobilen Endgeräte dar. Das Spektrum der dafür nutzbaren Fahrzeuginformationen ist sehr groß. Es reicht von einfachen Informationen über den Fahrzeugstatus (Motor an/aus, momentane Geschwindigkeit, Schließzustand, Restreichweite, Standort des Fahrzeugs, etc.) bis hin zu komplexen, das Fahrzeug oder den Fahrer analysierenden Funktionen (Fahrerzustand, Fahrzeug-Fehlerdiagnosen, Serviceplanung, interaktive Betriebsanleitungen).

Bei der Integration ist eine Anpassung des verfügbaren Funktionsangebots an die Fahrsituation ratsam. In Fahrsituationen, in denen der Fahrer seine Aufmerksamkeit auf das Fahren gelegt hat, wird er andere Funktionen nutzen wollen als bei Fahrten, bei denen er durch hohes Verkehrsaufkommen und Stau zu einem längeren Aufenthalt im Fahrzeug gezwungen wird. Für den Fahrer und alle weiteren Insassen steht eine optimale Nutzung ihrer im Fahrzeug verbrachten Zeit im Vordergrund. Neben individuellen physischen Bedürfnissen wie Entspannen oder Wohlfühlen sind hier Unterhaltungsbedürfnisse zu beachten, die vor allem durch eine enge Vernetzung von Fahrzeug und mobilem Gerät erreichbar sind.

3.1.2. Gesetzliche Rahmenbedingungen der Integration in FIS

Neben den in Abschnitt 2.2 vorgestellten Richtlinien zur Gestaltung interaktiver Systeme und in Abschnitt 2.4.2 aufgeführten Anforderungen für ABK im Fahrzeug gelten für die Integration mobiler Endgeräte zusätzlich gesetzliche Rahmenbedingungen. Diese stehen diametral zu den Anforderungen aus Nutzersicht, da sie die Nutzung der mobilen Endgeräte während der Fahrt einschränken. Erschwerend für deren Einhaltung ist, dass sie keine globale Gültigkeit haben, sondern national und föderal unterschiedliche Ausprägungen berücksichtigt werden müssen. In diesem Zusammenhang sind gesetzmäßige Beschränkungen wie die Fahrzeugzulassung (Homologation, z. B. StVZO[1]) und das Fahrerverhaltensrecht (z. B. StVO[2]) zu beachten. Bau- und Betriebsvorschriften, welche

---

[1]Straßenverkehrs-Zulassungs-Ordnung
[2]Straßenverkehrs-Ordnung

z. B. Crash-Verhalten, Emissionen oder EMV[3] der Fahrzeuge regeln, sind Elemente, die für die Fahrzeugzulassung erfüllt werden müssen. Im Bereich des Fahrerverhaltensrechts sind die Unterschiede in den Regulationen deutlich stärker. Hier reichen die Einschränkungen von Verboten von Bewegtbildern (Filme) während der Fahrt über Gesetze zur Nutzung mobiler Endgeräte (vgl. Telefonie-Verbot in Deutschland, Handheld-Verbot in Großbritannien) bis hin zu Verboten von Saugnapflösungen[4] in einzelnen Ländern.

Für die Integration der Funktionalität aus mobilen Endgeräten in das Fahrzeug müssen bei der Entwicklung der Schnittstellen und der zu integrierenden Interaktionskonzepte dieselben Anforderungen wie bei der Entwicklung von FIS (siehe Abschnitt 2.4.2) angewandt werden. Dabei gelten neben den gesetzlichen Regelungen die Bestimmungen aus den Guidelines des ESoP, der AAM sowie der JAMA. Diese Regeln helfen in den geltenden Ländern bei der Entwicklung von fahrtauglichen FIS und definieren unter anderem Bestimmungen zur Sichtbarkeit (z. B. Sichtlinie, vgl. CoEC [2006]), Schriftgrößen, Kontrast, Interaktionslogik und Systemverhalten.

Die Relevanz dieser Rahmenbedingungen für die Integration mobiler Endgeräte in das Fahrzeug bringt für die Hersteller von Automobilen einen entscheidenden Nachteil mit sich. Durch Erfüllung der Fahrzeugzulassungsbestimmungen sowie der Gestaltungsrichtlinien für FIS entsteht die Notwendigkeit, die Funktionalitäten aus mobilen Endgeräten nach diesen Anforderungen zu testen. Für Endgeräte-Hersteller und Anbieter von Nachrüstlösungen besteht die Notwendigkeit einer Absicherung bzw. Einhaltung der Anforderungen nicht.

3.1.3. Entkopplung der Produktlebenszyklen

Die Integration der Funktionen mobiler Endgeräte ins Fahrzeug hat unter anderem das Ziel, dem Nutzer interessante und neuartige Funktionen auch im Fahrzeug zur Verfügung zu stellen. Eine Integration bietet daher die Möglichkeit einer Entkopplung der Lebenszyklen von Automobil- und Endgeräteindustrie. In Bezug auf die technische Schnittstelle stellt sich die Frage, ob standardisierte Lösungen oder proprietäre Schnittstellen geeigneter für die Bereitstellung der Funktionalität aus mobilen Endgeräten sind. Um schnell eine möglichst hohe Anzahl der Geräte mit all ihren Funktionen integrieren zu können,

---

[3]Elektromagentische Verträglichkeit
[4]Dabei wird eine Halterung für das mobile Endgerät mittels Saugnapf an der Windschutzscheibe des Fahrzeugs befestigt.

müsste aufgrund fehlender Standards die erste Wahl auf proprietäre Lösungen fallen. Folgende kurze Überlegung (nach Morich u. Matheus [2005]) zeigt, dass dies ein nicht sinnvolles Vorgehen darstellt:

Ein Fahrzeug wird in der Regel drei bis vier Jahre entwickelt, sieben Jahre produziert und kann über weitere zehn Jahre gefahren werden. Die Entwicklungsdauer eines Mobiltelefons beträgt im Vergleich dazu rund zehn Monate, verkauft und benutzt wird es durchschnittlich 18 bis 24 Monate. Zieht man in Betracht, dass ein Teil der Fahrzeuge noch mehrmals den Besitzer wechselt und ein Besitzer zudem ca. alle 2 Jahre seine mobilen Endgeräte erneuert, ist es ersichtlich, dass bei der Unterstützung jeweils proprietärer Schnittstellen spätestens der zweite Besitzer die im Fahrzeug implementierte Schnittstelle nicht mehr verwenden kann.

Das Problem der unterschiedlichen Lebenszyklen erlaubt für eine dauerhafte Lösung nur die Verwendung von zeitlich stabilen, funktional geeigneten Schnittstellen, die somit nicht proprietär sein können. Demnach müssen frühzeitig Anforderungen an Standardisierungsgremien wie z. B. die Bluetooth SIG[5] gestellt werden, damit eine geeignete Schnittstelle nach und nach die zur Integration gewünschten, neuen Funktionen bereitstellen kann. Ziel ist es, eine möglichst von der spezifischen Funktion unabhängige Schnittstelle zu finden, welche eine einfache Erweiterung des Funktionsangebotes über die Zeit erlaubt und ältere bestehende Lösungen weiterhin unterstützt.

3.1.4. Dimensionen der Integration

In den vorherigen Abschnitten wurde die Integration mobiler Endgeräte durch Nutzerwünsche hergeleitet und die geltenden gesetzlichen Rahmenbedingungen den Nutzerwünschen gegenübergestellt. Eine Integration ist zudem aus technischer Sicht zu beleuchten. Der Grund für diese genauere Betrachtung liegt in der inhomogenen ABK-Infrastruktur der Fahrzeuge sowie der dynamischen Anzahl an zu integrierenden Geräten bzw. Geräteklassen. Die Bandbreite der Fahrzeugausstattungen reicht von Fahrzeugen mit einfacher FIS-Ausrüstung (lediglich Radio und Lautsprecher) bis hin zu voll ausgestatteten FIS mit LC-Displays, Navigationsfunktion und Internetanschluss. Daran wird deutlich, dass es je nach Randbedingungen im jeweiligen Fahrzeug zu unterschiedlichen Integrationslösungen kommen muss. Zudem müssen die unterschiedlichen Nutzer-

---

[5]Special Interest Group

und Nutzungsprofile der mobilen Endgeräte berücksichtigt werden. Im Detail ergeben sich daraus Herausforderungen im Umgang mit mehreren Endgeräten, zeitlich variablen Funktionen, unterschiedlichen Datenmengen und personalisierten Inhalten auf Endgeräten. Für die weitere Betrachtung wird deshalb auf unterschiedliche Integrationsszenarien übergegangen, welche sich jeweils durch ihre adressierten Nutzeranforderungen und die im Fahrzeug benötigte Infrastruktur unterscheiden. Die Szenarien werden in dieser Arbeit als Ordnungskriterium der Integration verwendet.

Für die Einteilung in Integrationsszenarien werden im Folgenden unterschiedliche Integrationsdimensionen herangezogen. Eine geeignete Aufteilung lässt sich durch die Betrachtung anhand von drei Dimensionen (elektrisch, mechanisch und logisch) herbeiführen, siehe Tabelle 3.1. Die Bandbreite einer Integration von Audio-Daten erstreckt sich beispielsweise von der reinen Audiowiedergabe von Musik-Daten über die Fahrzeuglautsprecher bis hin zur umfangreichen, bildschirmgestützten Verwaltung ganzer Musikarchive aus MP3-Playern. Wird dazu noch die Möglichkeit einer Online-Recherche oder eines Online-Shops zum Kaufen neuer oder ähnlicher Musik in Betracht gezogen, müssen neben der reinen „AUX-In"-Lösung eine Vielzahl weiterer Komponenten oder Schnittstellen im Fahrzeug vorhanden sein.

Ein Vorteil der definierten Dimensionen besteht darin, dass für jede Dimension eine Ordnung aufgestellt werden kann, anhand derer sich eine Integrationstiefe ableiten lässt. Für jede Dimension kann eine Integrationstiefe von „nicht integriert" bis „voll integriert" angeben werden. „Nicht integriert" bedeutet, dass die Interaktion mit der Funktion weiterhin auf dem mobilen Endgerät stattfindet bzw. sich keine Veränderung zu der in Abschnitt 3.1.5 getätigten Annahmen ergibt. Tiefere Integrationsstufen einer Dimension entstehen entweder durch Hinzunahme eines neuen Aspektes oder durch eine Kombination von weniger tiefen Integrationsstufen. Beispielsweise benötigt die logische Integrationsstufe „Semantische Dienstebeschreibung" mindestens die Stufen „Fahrzeugeigenes FIS" und „Steuerung von Einzelfunktionen" (vgl. Tabelle 3.1). Nach dieser Einteilung bedeutet eine tiefere Integration einen höheren Integrationsaufwand in der jeweiligen Dimension.

Dimension	Ausprägung und *Beispiele*

elektrisch	• keine elektrische Schnittstelle (nicht integriert)
	• Versorgungsschnittstelle
	  Strom, Antenne
	• Audioschnittstelle
	  AUX-Buchse, Mikrophon, Lautsprecher
	• Bordnetzanschluss
	  proprietär, standard (Bluetooth)
	• Videoschnittstelle
	• Semantische Schnittstelle (voll integriert)

mechanisch	• Ablagefach (nicht integriert) • Steckverbindung • Halterung für mobiles Endgerät • Bedienelemente im Fahrzeug • Display im Fahrzeug (voll integriert)

logisch	• keine logische Schnittstelle (nicht integriert)
	• Prioritätensteuerung
	• Steuerung von Einzelfunktionen
	  proprietär, standard (Bluetooth)
	• Fernsteuerung des mobilen Endgerätes
	• Fahrzeugeigenes FIS
	  Dialogstruktur
	• Datenklassifikation
	• Semantische Dienstebeschreibung (voll integriert)

Tab. 3.1.: Integrationsdimensionen für mobile Endgeräte im Fahrzeug.

3.1.5. Klassifikation der Integration mit Hilfe von Integrationsszenarien

Die in dieser Arbeit klassifizierten Integrationsszenarien zeigen den Lösungsraum einer Integration mobiler Endgeräte im Fahrzeug und legen sich nicht auf singuläre, proprietäre Lösungen fest. Für die Erstellung der Integrationsszenarien wurden folgende Annahmen getroffen:

- Die Anforderungen für den mobilen Einsatz bestimmen den Formfaktor mobiler Endgeräte → Displaygröße und Bedienelemente der Mobilgeräte werden nicht signifikant größer.

- Eine Verschmelzung unterschiedlicher Klassen mobiler Endgeräte (Navigation, Telekommunikation, Entertainment, Photo) ist je nach Nutzerprofil von Vorteil → Notwendigkeit für ein „All-in-One" Gerät (Smartphone) ist ersichtlich.

- Standardschnittstellen im Bereich Telekommunikation und Audio sind durch Bluetooth-Protokolle etabliert.

- Bei einer Integration neuer Funktionalität wird die Applikation selbst immer auf dem mobilen Endgerät ausgeführt.

Die folgenden Integrationsszenarien werden durch eine Kombination der Integrationsdimensionen hergeleitet. Die Beurteilung der Nutzervorteile erfolgt relativ zur Ausgangssituation eines nicht integrierten mobilen Gerätes und zu den vorangegangenen Integrationsszenarien. Die Aufstellung erlaubt eine Ableitung eines Integrationsaufwandes bzw. einer Integrationstiefe. Über alle Integrationsdimensionen zusammen steigt der Aufwand für eine Integration mit steigender Ziffer des Integrationsszenarios.

1. Cradle-Integration

Bei der Cradle-Integration wird das mobile Endgerät über eine fest integrierte Halterung an einem für den Fahrer gut sichtbaren Ort mit dem Fahrzeug verbunden. Funktionalitäten, Anzeige der Informationen sowie Bedienung der Funktionalität verbleiben auf bzw. am mobilen Endgerät. Es werden keine visuellen Informationen in fahrzeugeigene Systeme (Radio, FIS) integriert. Eine beispielhafte Darstellung einer Cradle-Integration zeigt Abbildung 3.1. Die Kopplung des Audiosignals aus dem mobilen Endgerät mit dem Audiosystem des Fahrzeugs ist vorgesehen und erfordert eine Prioritätensteuerung des akustischen Kanals im Fahrzeug. Zudem wird eine Grundversorgung des mobilen Endgerätes mit Strom oder Antennenanschluss gewährleistet. Die mechanische Komponente dieses Szenarios ist sehr anspruchsvoll, da auf die unterschiedlichen Formfaktoren der Geräte sowie deren elektrische Anschlussmöglichkeiten eingegangen werden muss.

Abb. 3.1.: Beispiel einer „Cradle-Integration". Rot gekennzeichnet ist der Ein- und Ausgabeort für die Interaktion mit dem mobilen Endgerät.

Die Platzverhältnisse für eine geometrische Integration in die Instrumententafel der meisten Fahrzeuge sind wegen des dortigen Verbaus fahrzeugeigener Funktionen sehr begrenzt. Aus diesem Grund wird in der Realität nur die Möglichkeit bestehen, maximal ein Cradle an dieser Stelle zu integrieren. Dies erschwert die gleichzeitige Nutzung mehrerer Geräte in diesem Szenario.

Aus Nutzersicht ergibt sich dennoch der Vorteil, dass Funktionen während der Fahrt über das gewohnte Interaktionskonzept des Mobilgerätes bedient werden können. Die Risiken dieses Szenarios liegen im ABK der mobilen Endgeräte. Die Nutzerinteraktion erfolgt über ein Bedienkonzept, welches nicht für den Einsatz während der Fahrt entwickelt wurde.

Weitere Vorteile gegenüber der Ausgangssituation liegen im Verschwinden von störenden Kabeln und in der Lademöglichkeit des Device. Die Bedienung des Mobilgerätes in einer speziellen Halterung bringt ergonomische Nachteile mit sich, da für die Platzierung der Halterung ein Kompromiss zwischen guter Sichtbarkeit und guter Erreichbarkeit des Gerätes zur Bedienung eingegangen werden muss.

Dieses Szenario wird teilweise (da föderal differierend) durch gesetzliche Bestimmungen untersagt. Die genauen Parameter der Integrationsdimensionen sind in Tabelle 3.2 zusammengefasst.

elektrisch	**mechanisch**	**logisch**
Versorgungsschnittstelle Audioschnittstelle	Steckverbindung Halterung für mobiles Endgerät	Prioritätensteuerung

Tab. 3.2.: Integrationsdimensionen „Cradle-Integration".

2. Steuerung von Grundfunktionalität

In diesem Szenario ermöglicht eine Integrationslösung die Bedienung einfacher Grundfunktionen des mobilen Endgerätes über Bedienelemente des Fahrzeugs. Dabei werden Funktionalitäten aus den Bereichen Entertainment und Kommunikation mit Hilfe von fahrzeugeigenen Bedienelementen fernbedient. Durch Übertragung von Steuerbefehlen wird eine rudimentäre Steuerung von Basisfunktionen aus einem Funktionsbereich erreicht. Die Anzeige der Informationen sowie die Bedienung der restlichen Funktionalität verbleiben auf dem mobilen Endgerät. In diesem Szenario wird bewusst auf eine Integration von visuellen Informationen verzichtet, da dadurch eine weniger tiefe logische und elektrische Schnittstelle notwendig ist. Die Funktionsweise dieses Integrationsszenarios ist in Abbildung 3.2 zu sehen.

Die auftretenden, einfachen Steuerbefehle an das mobile Endgerät können durch standardisierte Schnittstellen-Technologien realisiert werden (z. B. Bluetooth-Profile). Als Beispiel können Befehle wie „Play/Pause" oder „Skip forward/backward" an einen MP3-Player übertragen oder eingehende Anrufe eines Mobiltelefons angenommen werden. Die geringe Anzahl an Steuerbefehlen ermöglicht die Zuordnung dieser auf fahrzeugeigene Bedienelemente (Hardkeys; z. B. Tasten am Lenkrad). Dieses Szenario benötigt weiterhin einen geeigneten Platz für das Endgerät in der Instrumenten-Tafel des Fahrzeugs, um visuelle Informationen des Mobilgerätes dem Nutzer zugänglich zu machen. Der Teil der Funktionen, der nicht ferngesteuert werden kann, bedient der Nutzer wie bei der Cradle-Integration.

Für den Nutzer ergibt sich der ergonomische Vorteil, dass Grundfunktionalitäten durch fahrzeugeigene Bedienelemente zugänglich gemacht werden. Dies steigert den Bedienkomfort und es besteht während der Bedienung dieser Funktionen ein geringeres Ablenkungspotential von der Fahraufgabe. Das nicht automotive Anzeigekonzept des mobilen Endgerätes ist, wie schon bei der Cradle-Integration, kritisch zu sehen. Zudem müssen Funktionen, die nicht in den Grundfunktionen enthalten sind, am Mobilgerät selbst bedient werden. Beides birgt für den Nutzer ein erhöhtes Ablenkungspotential, vor allem, wenn das ABK des mobilen Endgerätes sehr aufmerksamkeitsbindend ist. Die Ausprägungen der einzelnen Integrationsdimensionen sind Tabelle 3.3 zu entnehmen.

Abb. 3.2.: Beispiel einer „Integration von Grundfunktionen". Rot gekennzeichnet sind die Ein- und Ausgabeorte für die Interaktion mit dem mobilen Endgerät. Funktionen mit orange-schwarzem Rahmen werden sowohl am Endgerät wie auch über Bedienelemente des Fahrzeugs bedient.

elektrisch	mechanisch	logisch
Versorgungsschnittstelle	Steckverbindung	Prioritätensteuerung
Audioschnittstelle	Halterung für mobiles	Steuerung von Einzel-
Bordnetzanschluss	Endgerät	funktionen
(Standard)	Bedienelemente im	
	Fahrzeug	

Tab. 3.3.: Integrationsdimensionen „Steuerung von Grundfunktionalität".

3. Integration der Standardfunktionen

Anders als in den beiden vorangegangen Szenarien werden auf dieser Integrationsstufe Inhalte des mobilen Endgerätes visuell über das FIS ausgegeben. Die heutige Schnittstellentechnologie (z. B. unterschiedliche Bluetooth-Profile) unterstützt dies bereits für Standardfunktionen der Telefonie, des Audioplayers oder des PIM. Wie schon bei der „Integration von Grundfunktionalität" führt dies dazu, dass nicht die gesamte Funktionalität des mobilen Endgerätes in ein FIS integriert werden kann. Die integrierbare Funktionsmenge ist im Gegensatz zum vorherigen Szenario nicht mehr an die Anzahl belegbarer Bedienelemente gebunden, sondern kann durch die vollständige Integration (visuell und logisch) in das FIS die gesamte Bandbreite der Standardschnittstellen ausnutzen. Damit können Informationen der Mobilgeräte auf fahrzeugeigenen Displays angezeigt und über automotive Bedienelemente gesteuert werden. Es ist unerheblich, ob die Funktionen weiterhin auf dem Gerät selbst laufen oder ob lediglich bereits im Fahrzeug vorhandene Funktionen mit Daten des mobilen Endgerätes angereichert werden. Für die Integration der Funktionen in das FIS zeigt sich die Bereitstellung von Standardfunktionen als großer Vorteil für die Komplexität der Menüstruktur des FIS. Da lediglich Elemente aus Funktionsbereichen wie Telefonie, MP3-Audio, SMS oder Email integriert werden, muss die Menüstruktur des FIS keine Funktionalitäten aufnehmen, welche bei der Konzeption des FIS noch nicht bekannt waren (siehe Abschnitt 3.1.3).

In diesem Szenario wird dem Nutzer die Funktionalität des Endgerätes erstmalig über das FIS des Fahrzeugs angezeigt und die Bedienung erfolgt mit FIS Bedienelementen. Dadurch ist es unumgänglich, dass der Nutzer sein mentales Modell des FIS um die Funktionalität des mobilen Endgerätes erweitern muss. Dies ist aufgrund der nicht sichergestellten Automotive-Tauglichkeit der Interaktionskonzepte auf mobilen Endgeräten im Sinne der Fahrerablenkung legitim. Damit erhält der Nutzer ein einheitliches ABK für Funktionen des Fahrzeugs ebenso wie für Funktionen mobiler Endgeräte. Dies bedeutet gegenüber den zuvor beschriebenen Szenarien einen Gewinn an Anzeige- und Bedienkomfort. Des Weiteren können erstmalig Vernetzungsaspekte zwischen Fahrzeugfunktionen und Funktionen aus mobilen Geräten in Betracht gezogen werden. Die Nutzung von Standardschnittstellen ermöglicht eine hohe Abdeckung von mobilen Geräten, schließt aber gleichzeitig die Integration proprietärer Funktionen aus. Nach heutigem Technikstand sind Standardschnittstellen mit Hilfe der Bluetooth-Technologie realisiert und damit nicht kabelgebunden, was den Entfall einer elektrischen Versorgungsschnittstelle zur Folge hat. Durch die Nutzung von Bluetooth-Schnittstellen sind die Anforderungen an die Displaygröße zur Darstellung von Informationen gering, da zur Übertragung großer visueller Inhalte für automotive Funktionen (z. B. Navigationskarten) bisher keine Schnittstellen-Profile existieren. Für Funktionalitäten, die über keine Standardschnittstellen verfügen, gilt in diesem Szenario dasselbe Rückfallszenario wie bei der „Steuerung von Grundfunktionalität". Die Werte der einzelnen Integrationsdimensionen sind in Tabelle 3.4 zu sehen, eine skizzierte Realisierung des Szenarios zeigt Abbildung 3.3.

elektrisch	mechanisch	logisch
Audioschnittstelle	Bedienelemente im	Prioritätensteuerung
Bordnetzanschluss	Fahrzeug	Steuerung von Einzel-
(Standard)	Display im Fahrzeug	funktionen
		Fahrzeugeigenes FIS

Tab. 3.4.: Integrationsdimensionen „Integration der Standardfunktionen".

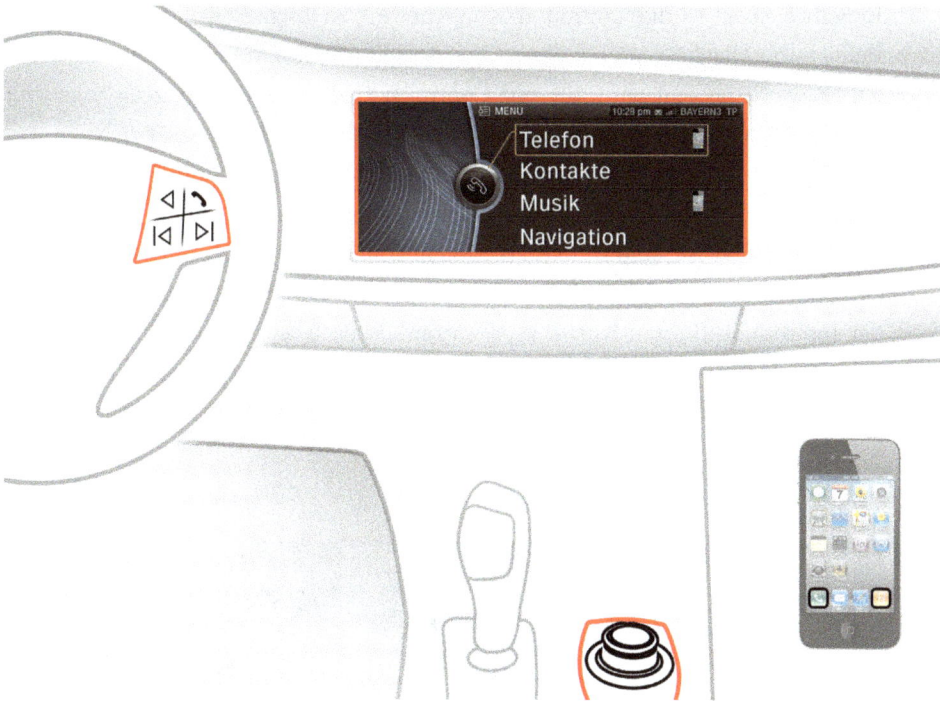

Abb. 3.3.: Beispiel einer „Integration von Standardfunktionen". Rot gekennzeichnet sind die Ein- und Ausgabeorte für die Interaktion mit dem mobilen Endgerät. Funktionen mit schwarzem Rahmen werden über das FIS des Fahrzeugs angezeigt und bedient.

4. Terminal-Modus

Beim Terminal-Modus werden visuelle Informationen des mobilen Endgerätes direkt auf einem Fahrzeug-Bildschirm dargestellt. Dazu muss die grafische Benutzerschnittstelle (GUI) über ein Videosignal im Fahrzeug dupliziert werden. Die Bedienung erfolgt über fahrzeugeigene Bedienelemente, worin die größte Schwierigkeit dieses Szenarios liegt. Es muss eine geeignete Zuordnung (Mapping) zwischen dem Interaktionskonzept des Endgerätes und den im Fahrzeug zur Verfügung stehenden Eingabeelementen realisiert werden. An der großen Anzahl unterschiedlicher Interaktionskonzepte auf Mobilgeräten wird die Komplexität dieser Mapping-Aufgabe deutlich. Für gewisse Kombinationen von mobilem Gerät und Fahrzeug-

Eingabeelement ist dies nur mit großem Aufwand zu lösen. Beispielsweise muss die Benutzeroberfläche, die über einen Touchscreen (direkte Manipulation) am mobilen Endgerät bedient wird, für eine Controller-Bedienung im Fahrzeug angepasst werden. Dazu müsste beispielsweise auf der Benutzeroberfläche zusätzlich ein Auswahlfokus bereitgestellt und eine Änderung der Dialoglogik vorgenommen werden. Da die Entwicklung des Interaktionskonzepts eng an das verwendete Eingabeelement gebunden ist, sind durch das Mapping eines Fahrzeug-Bedienelements auf ein bestehendes Interaktionskonzept des mobilen Endgerätes logische Einbußen der Interaktion für den Nutzer zu erwarten. Je nach Ausstattung des Fahrzeugs muss ein Nutzer in diesem Ansatz unterschiedliche Interaktionskonzepte bei der Nutzung des FIS und der Funktionalitäten der Endgeräte in Kauf nehmen.

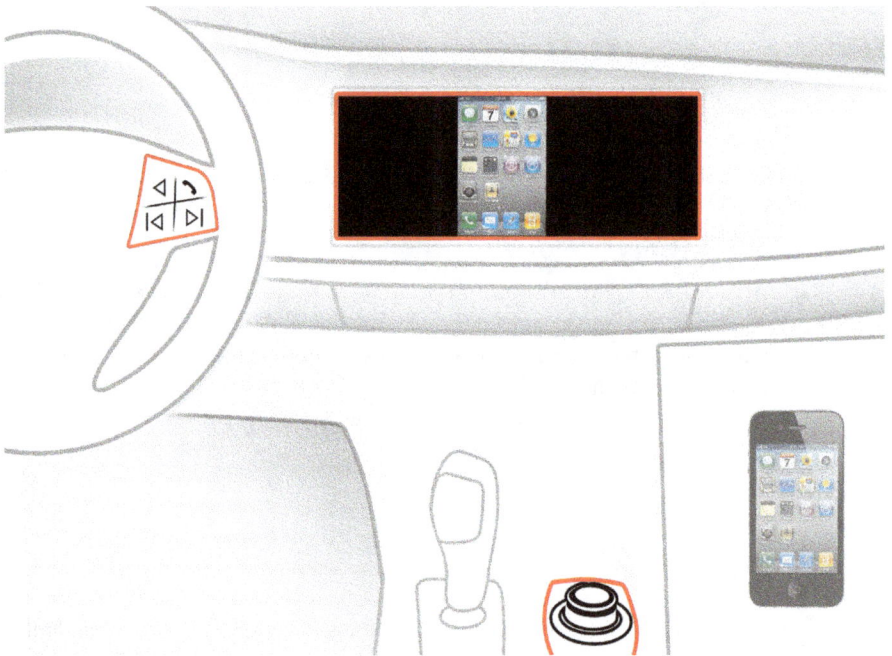

Abb. 3.4.: Beispiel einer Terminal-Modus Integration. Rot gekennzeichnet sind die Ein- und Ausgabeorte für die Interaktion mit dem mobilen Endgerät.

Der scheinbare Vorteil für den Nutzer bei Verwendung des „Terminal-Modus" liegt in der vollständigen Verwendbarkeit jeglicher Funktionalität aus mobilen Geräten. Scheinbar deshalb, weil sich der Nutzer für die bekannten Funktionen aus den Endgeräten kein neues mentales Modell für die Nutzung im Fahrzeug aneignen muss. Allerdings muss das mentale Modell, durch die oben beschriebene

Mapping-Aufgabe, eine Adaption an die veränderte Bedienung erfahren. Darüber hinaus birgt das Interaktionskonzept des mobilen Gerätes große Risiken in diesem Szenario. Viele mobile Endgeräte wurden nicht für eine Nutzung während der Fahrt bzw. nicht nach den Anforderungen für FIS (siehe Abschnitt 2.4.2) entwickelt. Für den Nutzer ergibt sich daraus, gerade bei komplexeren Funktionen, ein hohes Ablenkungspotential von der Fahraufgabe. Trotz des Mappings auf automotive Bedienelemente wird dieser Nachteil nicht immer vollständig kompensiert werden können.

Für die Steuerung und die Anzeige der Informationen muss beim Terminal-Modus in den meisten Fällen eine proprietäre Schnittstelle entwickelt werden. Die rechtlichen Randbedingungen machen es bei diesem Szenario erforderlich, dass der Fahrzeughersteller die Verantwortung für die über das Display angezeigten Informationen und durchzuführenden Interaktionen übernimmt („Produkthaftung"). Dies erfordert somit auch eine Prüfung der dargestellten Informationen und Interaktionskonzepte der mobilen Endgeräte nach automotiven Vorgaben, zum Beispiel auf Grundlage der AAM-Kriterien (siehe Abschnitt 2.4.2). Tabelle 3.5 zeigt, welche Ausprägungen die einzelnen Integrationsdimensionen für den Terminal-Modus annehmen. Abbildung 3.4 skizziert den Aufbau des Szenarios im Fahrzeug.

elektrisch	mechanisch	logisch
Audioschnittstelle	Bedienelemente im	Prioritätensteuerung
Bordnetzanschluss	Fahrzeug	Fernsteuerung des
Videoschnittstelle	Display im Fahrzeug	mobilen Endgerätes

Tab. 3.5.: Integrationsdimensionen „Terminal-Modus".

5. Content-Integration

Abbildung 3.5 zeigt eine Content-Integration, bei der lediglich Daten mobiler Endgeräte in bestehende FIS-Funktionen übernommen werden. Dabei existiert die Funktionalität bereits im Fahrzeug und die Daten der mitgebrachten Endgeräte werden entweder im Fahrzeug dupliziert oder nur temporär ins Fahrzeug übertragen. Der Unterschied zu Szenario 3 und 4 ist, dass bei der Content-Integration das FIS nicht durch zusätzliche Funktionen aus mobilen Endgeräten erweitert wird. Eine notwendige Voraussetzung für dieses Szenario ist ein FIS und die zugehörigen Anzeige- und Bedienelemente, wodurch ein einheitliches ABK für den Nutzer während der Fahrt gewährleistet wird. Falls die Datenhaltung auf dem mobilen Endgerät gewählt wurde, muss für die Übertragung der Daten ausreichend Übertragungsbandbreite zur Verfügung stehen. Für den Fall, dass die Daten im Fahrzeug gespeichert werden, liegen die Herausforderungen in der Datensynchronisation und der Speicherkapazität. Die Parameter der Integrationsdimensionen sind in Tabelle 3.6 zusammengefasst.

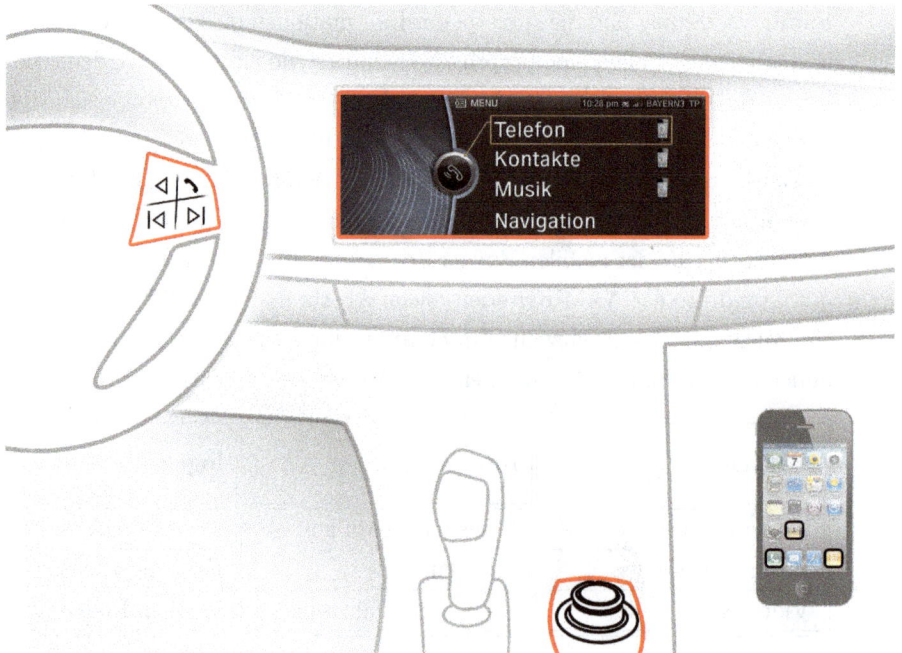

Abb. 3.5.: Beispiel einer „Content-Integration". Rot gekennzeichnet sind die Ein- und Ausgabeorte für die Interaktion mit dem mobilen Endgerät. Daten von Funktionen mit schwarzem Rahmen werden in das FIS des Fahrzeugs übernommen.

elektrisch	mechanisch	logisch
Bordnetzanschluss (Standard)	Steckverbindung	Fahrzeugeigenes FIS
	Bedienelemente im Fahrzeug	Datenklassifikation
	Display im Fahrzeug	

Tab. 3.6.: Integrationsdimensionen „Content-Integration".

6. Branded Approach

Das Szenario des „Branded Approach" ist eine Kombination der Szenarien „Cradle-Integration" und „Terminal-Modus". Das mobile Endgerät wird wie bei der „Cradle-Integration" mechanisch mit der Instrumententafel des Fahrzeugs verbunden, allerdings wird zur Integration eine Steuerung des mobilen Endgerätes nach Vorgaben des „Terminal-Modus" ergänzt. Die Benutzeroberfläche des Endgerätes wird über fahrzeugeigene Bedienelemente ferngesteuert. Daten und Funktionen werden direkt auf dem Mobilgerät bedient, weswegen keine Integration in das FIS im eigentlichen Sinne erfolgt. In diesem Szenario gelten dieselben gesetzlichen Randbedingungen für den Fahrzeughersteller wie im Szenario „Terminal-Modus". Aus diesem Grund ist die Tauglichkeit des Interaktionskonzepts des mobilen Endgerätes für eine Bedienung während der Fahrt eine notwendige Bedingung. Zudem stellt sich wie schon beim „Terminal-Modus" die Aufgabe des Mappings der Fahrzeugbedienelemente auf das Interaktionskonzept des mobilen Endgerätes. Vorteilhaft sind in diesem Szenario Endgeräte mit Touchscreen Interaktionskonzepten, da hierfür nur wenig oder auch gar keine fahrzeugeigenen Bedienlemente zur Interaktion genutzt werden müssen. Die Aufgabe besteht dann in der Optimierung der ergonomischen Aspekte, welche die Erreichbarkeit und die Ablesbarkeit bzw. Sichtbarkeit des Displays während der Fahrt bedingen sowie im Sicherstellen eines automotiven ABK des mobilen Endgerätes. Eine mögliche Realisierung des „Branded Approach" ist in Abbildung 3.6 zu sehen.

Für den Kunden ergibt sich in diesem Szenario der Vorteil, dass die meisten Funktionen des Mobilgerätes während der Fahrt genutzt werden können. Er muss sich jedoch mit einer veränderten Bedienung und einem unterschiedlichen Auftreten der Funktionen auf dem Gerät zurechtfinden, je nachdem ob er das Gerät im

Abb. 3.6.: Beispiel einer „Branded Approach" Integration. Rot gekennzeichnet sind die Ein- und Ausgabeorte für die Interaktion mit dem mobilen Endgerät.

oder ausserhalb des Fahrzeugs verwendet. Die Integrationsdimensionen nehmen im Szenario „Branded Approach" folgende Werte an, siehe Tabelle 3.7.

elektrisch	mechanisch	logisch
Versorgungsschnittstelle	Steckverbindung	Prioritätensteuerung
Audioschnittstelle	Halterung für mobiles	Fernsteuerung des
Bordnetzanschluss	Endgerät	mobilen Endgerätes
(Standard)	Bedienelemente im	
	Fahrzeug	

Tab. 3.7.: Integrationsdimensionen „Branded Approach".

7. Freie Auswahlmöglichkeit aus Daten und Funktionen (Plug & Play)

Dieses Szenario beschreibt die Integration der gesamten Funktionalität mobiler Endgeräte in das FIS. Das FIS wird dynamisch erweitert und Funktionen aus mobilen Endgeräten zeigen das gleiche „Look & Feel" wie die permanent im System befindlichen FIS-Funktionen. Um ein solches Verhalten zu ermöglichen, sind in erster Linie zwei Voraussetzungen nötig. Auf der Seite des mobilen Endgerätes muss eine semantische Beschreibung der Funktionen und Dienste vorliegen, welche mit dem FIS ausgetauscht werden kann. Auf Seiten des FIS muss die Möglichkeit vorliegen, die Menü- und Interaktionsstruktur des FIS dynamisch zu verändern, um die beim Entwurf des FIS unbekannten Funktionen und Dienste des mobilen Endgerätes integrieren zu können. Um die Integration in das FIS zu realisieren, muss dem FIS neben der semantischen Beschreibung der Funktion auch der Ablauf der Interaktion auf dem Mobilgerät bekannt sein.

Damit sich Funktionen in das FIS integrieren können, müssen sowohl das FIS als auch das mobile Endgerät über einen ABK-Regelsatz verfügen, welcher zum einen die Funktionen in die FIS-Menüstruktur einbindet und andererseits die innerhalb des FIS genutzten Darstellungsmöglichkeiten beinhaltet. Durch die semantische Beschreibung der Funktionen und Dienste des Mobilgerätes ist es möglich, die prinzipielle Nutzbarkeit der Funktion anhand eines vorher festzulegenden FIS-Regelwerks zu prüfen (fahrtauglich oder nicht, Prüfung siehe Abschnitt 2.4.2) und bei erfolgreicher Prüfung durch die im FIS verwendeten Grundelemente einzubinden. Die Grundelemente sind die für das Fahrzeug-Anzeigekonzept genutzten Buttons, Listen- oder Textelemente. Zudem müssen auch Zustandsübergänge beschrieben werden. Erst dadurch können sich Funktionen aus mobilen Geräten dynamisch in das FIS einfügen. Wird in einem Interaktionsschritt auf einem touchscreenbasierten mobilen Endgerät zum Beispiel eine Matrix mit auswählbaren Buttons angezeigt, kann diese bei einem FIS-Interaktionskonzept mit Controller in eine fokussierbare Liste umgesetzt werden. Die Ausprägungen der einzelnen Integrationsdimensionen sind Tabelle 3.8 zu entnehmen. Eine mögliche Realisierung des Szenarios ist in Abbildung 3.7 zu sehen.

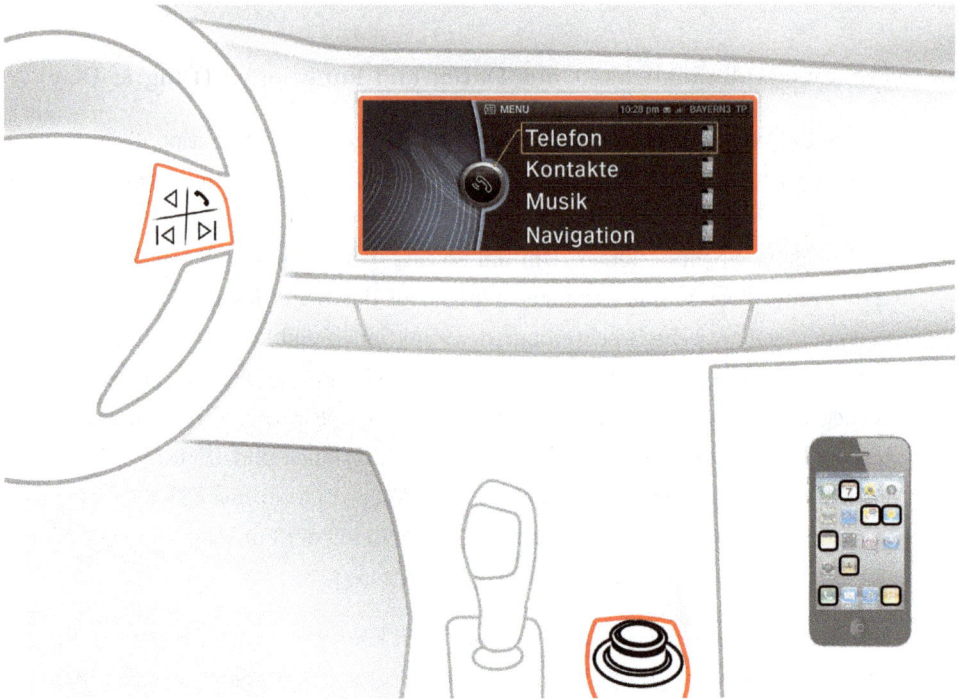

Abb. 3.7.: Beispiel einer Integration mit „freier Auswahlmöglichkeit aus Daten und Funktionen". Rot gekennzeichnet sind die Ein- und Ausgabeorte für die Interaktion mit dem mobilen Endgerät. Funktionen mit schwarzem Rahmen werden über das FIS des Fahrzeugs angezeigt und bedient.

elektrisch	mechanisch	logisch
Bordnetzanschluss (Standard)	Bedienelemente im Fahrzeug	Fahrzeugeigenes FIS Datenklassifikation
Semantische Schnittstelle	Display im Fahrzeug	Semantische Dienstebeschreibung

Tab. 3.8.: Integrationsdimensionen „Freie Auswahlmöglichkeit aus Daten und Funktionen".

Für den Nutzer entsteht ein konsistentes FIS, welches jede im Fahrzeug zugelassene Funktion des mobilen Endgerätes beinhaltet, ohne einen logischen Bruch in der Bedienung aufzuweisen. Nach heutigem Stand steht eine solche Schnittstelle nicht zur Verfügung, wobei erste dahingehende Entwicklungen unternommen werden, vgl. Stolle u. a. [2007] und Hildisch u. a. [2007]. Bei der „freien Auswahlmöglichkeit von Daten und Funktionen" muss die Struktur des FIS dynamisch auf unbekannte Funktionen reagieren können. Hierarchische Menüstrukturen sind dazu zwar prinzipiell in der Lage (durch Erweiterung in Breite und Tiefe der Struktur), gelangen aber aufgrund der schlechter werdenden Bedienbarkeit an ihre Grenzen, vgl. Abschnitt 2.4.3. Für zukünftige Funktionen müssen daher dynamisch veränderbare Interaktionskonzepte in FIS geschaffen werden. In dieser Arbeit werden erste Ansätze dafür erarbeitet (siehe Abschnitt 4 und 6).

Fazit: Einige der vorgestellten Szenarien zeigen sich in Ausprägungen heute schon im aktuellen Stand der Technik (siehe Abschnitt 2.6.2). Diese Arbeit verfolgt das Ziel einer umfassenden Integration mobiler Endgeräte in FIS. Eine vollständige Integration wird deshalb angestrebt, da nur damit eine möglichst nicht ablenkende Nutzung aller Funktionen des mobilen Endgerätes während der Fahrt gewährleistet werden kann. Dieses Ziel kann nur mit einer Integration nach dem Szenario „Freie Auswahlmöglichkeit aus Daten und Funktionen" erreicht werden.

Die semantische Beschreibung von Funktionen und Daten der Endgeräte, welche das Szenario „Freie Auswahlmöglichkeit aus Daten und Funktionen" fordert, erlaubt eine Klassifikation der Daten und schafft dadurch die Voraussetzungen, sie mit Fahrzeugdaten zu vernetzen. Damit wird es möglich, die Daten und Funktionen aus mobilem Gerät und Fahrzeug in einer gemeinsamen Datenbank zu verwalten und für Suchanfragen zur Verfügung zu stellen. Dies ist eine wesentliche Voraussetzung für die Machbarkeit einer Such-Interaktion als Bedienkonzept (siehe Abschnitt 4.3). Die Such-Interaktion wird in den Konzepten in Kapitel 4 als zentraler Bestandteil für ein dynamisch veränderbares Interaktionskonzept für FIS eingeführt.

3.2. Verifikation der Darstellbarkeit von Daten mobiler Endgeräte in FIS

Die Grundlage der in Kapitel 4 und Kapitel 6 vorgestellten Interaktions-Konzepte zur Integration mobiler Endgeräte ins Fahrzeug bildet die Entscheidung für eines der im vorherigen Abschnitt definierten Integrationsszenarien. Für diese Arbeit gehen alle weiteren Überlegungen vom Szenario „Freie Auswahlmöglichkeit aus Daten und Funktionen" aus. Für eine praktische Anwendung des Szenarios muss eine entsprechende semantische Schnittstelle noch definiert werden. Sie wird für die weiteren Überlegungen jedoch als gegeben vorausgesetzt. Der erste Schritt zu einem Interaktionskonzept, welches Daten und Funktionen aus mobilen Endgeräten in ein FIS integriert, ist die Prüfung, ob die Datenmengen aus beiden Welten (mobiles Endgerät und Fahrzeug) in einem gemeinsamen System bedienbar sind. Diese Arbeit verfolgt den Weg einer Such-Interaktion zur Lösung des Problems (siehe Abschnitt 4.3). Dafür muss allerdings sichergestellt sein, dass mit den durch die Integration mobiler Endgeräte hinzugefügten Daten im Fahrzeug eine Suche in einer Datenbank – bei einer vertretbaren[6] Anzahl an einzugebenden alphanumerischen Zeichen – zu einer sinnvollen Anzahl an Suchtreffern gelangt. Eine sinnvolle Anzahl an Suchtreffern ergibt sich aus dem Ablenkungspotential der Auswahl des Treffers in der Ergebnisliste. Da beide Elemente bei der Interaktion zusammenspielen und in den Untersuchungen zur Tauglichkeit eines Bedienkonzepts während der Fahrt nach AAM-Kriterien immer ein gesamter Usecase in einem Interaktionskonzept getestet werden muss, ist es leider nicht möglich, für beide Eigenschaften einen gesonderten Grenzwert zu ermitteln. Implizit geben die Untersuchungen in Abschnitt 7.2 Aufschluss darüber, wie hoch das Ablenkungspotential - bestehend aus Anzahl eingegebener Zeichen und anschließender Trefferauswahl - bei Standardanwendungsfällen für die gewählte Such-Interaktion ist. Die Grundlage dafür wird im Folgenden durch eine Datenbankuntersuchung von realen Daten aus mobilen Endgeräten erbracht.

Die wichtigsten Maße für die Tauglichkeit im Fahrzeug, bezogen auf Suchanfragen an eine Datenbank, sind die Laufzeit und die Trefferanzahl einer Suchanfrage. Der Grundsatzkatalog der AAM schreibt für eine akzeptable Antwortzeit bei FIS 250 Millisekunden vor (vgl. [AAM, 2003, S.53, Abschnitt 3.5]). Um die Beherrschbarkeit der Datenmengen zu gewährleisten, wird die Analyse der Laufzeiten und Treffermengen in Abhängigkeit

---

[6]Mit der Fahraufgabe verträgliche visuelle und kognitive Ablenkung

der einzugebenden Zeichen durchgeführt. Genauere Erläuterungen der verwendeten Methodik und der Formen der Suche ist in [Spießl, 2007, Kapitel 4–5] nachzulesen.

3.2.1. Testdesign

Für die Suche in der erstellten Datenbank wurden unterschiedliche Suchmethoden konzipiert. Eine detaillierte Aufstellung aller Suchmethoden ist in Abschnitt 4.4 beschrieben. Für die Laufzeit- und Trefferuntersuchung wird nach Substrings am Wortanfang gesucht und jedes gefundene Ergebnis zurückgeliefert, ohne eine Gruppierung von Suchergebnissen zu erzeugen. Eine Gruppierung würde sich bei einem gesuchten Album im Bereich Musik anbieten und in diesem Fall nur einen Treffer zurückliefern. Die verwendete Suchmethode findet für diesen Fall, neben dem Treffer für das gesuchte Album (z.B. „Thriller" von Michael Jackson) zusätzlich die im Album enthaltenen Titel (z.B. neun Einzeltitel im Album „Thriller"). Eine Suche mit vollständigen Suchwörtern wäre für die Untersuchung ebenfalls ungeeignet, da Laufzeit und Trefferzahl abhängig von der Zahl der eingegebenen Zeichen bestimmt werden sollen. Somit findet die Suche über mehrere Felder (z. B. Albumname, Titel etc.) und jeweils in einer Kategorie (z. B. Musik) statt.

Die Definitionsmenge der Suchanfragen ergibt sich aus der Kombination der 26 Buchstaben des deutschen Alphabets (ohne Umlaute und Sonderzeichen), die durch Aneinanderreihen von einem bis fünf Buchstaben entstehen kann. Zudem wird eine Variante in Bezug auf Unterschiede in Laufzeit und Trefferbild zwischen einem Suchwort mit vier Zeichen und zwei Suchwörtern mit jeweils zwei Zeichen sowie einem Suchwort mit fünf Zeichen und zwei Suchwörtern mit einmal drei und einmal zwei Zeichen ermittelt. Laufzeitschwankungen werden durch fünfmaliges Durchlaufen der Testreihen ausgeglichen.

Datenbasis Es werden drei unterschiedliche große Datenbestände verwendet, um deren Unterschiede in Laufzeit, Trefferbild und Suchstrategie zu ermitteln. Die ausgewählten Datenkategorien der Datenbestände beziehen sich auf die relevantesten Daten, welche bei einer Integration mobiler Endgeräte auftreten (vgl. Abschnitt 2.6.1 und 4.2.1). Durch sie ergeben sich bei einer Annahme von realen, von Nutzern in mobilen Endgeräten mitgeführten Daten, folgende Zusammensetzung des Datenbestandes:

- ca. 700 Kontakte

- ca. 26.000 Musiktitel

- ca. 900.000 POI[7]

Bei diesem Datenbestand kann von einem hinreichenden Größenunterschied zwischen Kontakten und Musik sowie Musik und POI ausgegangen werden (jeweils ca. das 35-fache). Die Suche in den Kontaktdaten wird über die Felder „Name", „Vorname" und assoziierter „Ort" (falls vorhanden) ausgeführt. Bei Musikdaten werden „Titel", „Künstler", „Album" und „Genre" durchsucht und bei POI werden „Name" des POI, „Ort" und „Kategorie" betrachtet.

Testumgebung Die Ausführungsgeschwindigkeit einer Datenbankabfragen ergibt die Laufzeit der Suchanfrage. Diese ist an das Hardwaresetup des Rechners gekoppelt. In Tabelle 3.9 ist die Hardwareausstattung des Rechners aufgeführt, welcher zur Laufzeit- und Trefferanalyse verwendet wurde.

System	Samsung X20 XVM 1600 III
Prozessor	Intel Pentium Mobile 730 Singlecore
Front Side Bus	533 MHz
Hauptspeicher	1280 MB PC2-4200 200-DDR2 SDRAM

Tab. 3.9.: Hardware-Setup für die Laufzeit- und Trefferuntersuchung.

Die Auswahl der Systemkomponenten ist hinreichend, da für die nächste Fahrzeuggeneration davon ausgegangen werden kann, dass die momentan vorherrschende Systemleistung von Desktopsystemen bis dahin in Fahrzeugen verfügbar sein wird.

Die Untersuchung wurde mit Hilfe einer Apache-Serverumgebung durchgeführt, welche den in PHP[8] geschriebenen Programmcodes ausführte. Die bereits erwähnten Datenbestände (Kontakte, Musik, POI) wurden mittels einer MySQL[9]-Datenbank bereitgestellt. Nähere Angaben zur Softwareumgebung sowie zum verwendeten Versuchssetup sind in Spießl [2007] erläutert.

---

[7]Points Of Interest
[8]Hypertext Preprocessor; http://www.php.net
[9]SQL: Structured Query Language

3.2.2. Vorbereitung

Die Datenbank wird nach Suchwörtern mit ein bis fünf Buchstaben sowie nach Kombinationen aus zwei Suchwörtern mit jeweils zwei Buchstaben bzw. mit zwei und drei Buchstaben durchsucht. Damit werden letztlich sieben Ergebnislisten für jede der drei Kategorien ermittelt.

Die Untersuchung erstreckt sich nur über Zeichenkombinationen, welche aus der Datenbank mindestens einen Treffer zurückliefern, die mit Hilfe eines iterativen Vorgehens ermittelt werden. Dazu werden im ersten Schritt für die 26 Buchstaben des Alphabets je eine Abfrage an die Datenbank erstellt. Alle Abfragen, die mindestens einen Treffer finden, sind Teil der Ergebnismenge für die Anfrage mit einem Zeichen. Diese Ergebnismenge bildet die Definitionsmenge für die zweite Iteration. Im zweiten Durchlauf werden somit die Treffer für alle gültigen Kombinationen aus zwei Buchstaben ermittelt, was im Maximalfall $26 \times 26 = 676$ Suchwörter mit der Länge von zwei Zeichen ergeben kann. Nach der fünften Iteration sind die fünf Ergebnismengen aus dem Datensatz ermittelt.

Zudem wird ein Vergleich zwischen 4-Zeichen-Suchwörtern und zwei Suchwörtern mit einer Länge von jeweils 2 Zeichen durchgeführt. Diese entstehen durch Permutation aller erfolgreichen 2-Zeichen-Suchwörter. Ignoriert werden jedoch identischen Zeichenfolgen wie etwa „in" und „in". Die Abfrage für „in" und „in" würde zweimal dieselben Trefferkriterien überprüfen und damit dieselben Treffer zurückgeben. Auch in diesem Fall werden nur Kombinationen, die mindestens einen Treffer liefern, für die Analyse betrachtet. Ein ähnlicher Ablauf findet beim Vergleich zwischen 5-Zeichen-Suchwörtern und zwei Suchwörtern mit einer Länge von 3 und 2 Zeichen statt.

3.2.3. Ergebnisse

Im Folgenden werden die wichtigsten Ergebnisse der Analyse vorgestellt. Eine detaillierte Angabe der Datenwerte für die durchgeführten Testreihen findet sich im Anhang A. Nachfolgend wird zur Vereinfachung ein Suchwort der Länge „ein Zeichen" mit „1-Zeichen-Suchwort" bezeichnet, ebenso wird für 2 bis 5 Zeichen vorgegangen. Die Suchanfragen mit zwei Suchwörtern werden vereinfachend als „2+2-Zeichen-Suchwort" bzw. „3+2-Zeichen-Suchwort" bezeichnet.

3.2.3.1. Laufzeitanalyse

Bei der Laufzeitanalyse wurde zuerst der Mittelwert für jede Kombination aus den fünf Testdurchläufen ermittelt. Zum Vergleich der Suchwörter unterschiedlicher Länge wird der Mittelwert über alle Kombinationen einer Suchwortlänge angegeben sowie der korrespondierende Maximalwert. Dieser Maximalwert ergab sich aus allen getesteten Laufzeiten einer Suchwortlänge. Die Angabe der Ergebnisse erfolgt getrennt nach den jeweiligen Datenkategorien bzw. Datenmengen.

Kontaktdaten

Für die 700 Kontakt-Datensätze ergaben sich sehr kurze mittlere Laufzeiten für Suchanfragen. Die gemittelten Laufzeiten erreichten Werte für 1-Zeichen-Suchwörter bis 5-Zeichen-Suchwörter, die allesamt im niedrigen einstelligen Millisekunden-Bereich lagen. Ein Abfall der Laufzeit mit steigender Suchwortlänge war aus den Daten registrierbar. Die zugehörigen Maximalwerte zeigten in etwa einen doppelt so großen Betrag wie ihre korrespondierenden Durchschnittswerte. Dennoch sind die Maximalwerte als sehr kurz einzustufen ($\leq 3ms$; vgl. Abbildung 3.8).

Der Vergleich zwischen einem 4-Zeichen-Suchwort und 2+2-Zeichen-Suchwörtern ergab so gut wie keinen Unterschied in der Laufzeit ($= 2ms$). Ein größerer Unterschied zeigte sich beim Vergleich von 5-Zeichen-Suchwörtern mit 3+2-Zeichen-Suchwörtern. Die Suche mit zwei Suchwörtern dauerte in etwa 5 Millisekunden länger als mit einem Suchwort. Allerdings waren die absoluten Laufzeiten für 3+2-Zeichen-Suchwörter so gering, dass sie, bezogen auf eine merkliche Systemantwortzeit, nicht ins Gewicht fielen.

Insgesamt betrachtet ergaben sich für keine der Suchwortkombinationen kritsche Laufzeiten, welche die Systemantwortzeiten bei der Ergebnisanzeige in einer Such-Interaktion für den Nutzer merklich beeinflussen würden.

Musikdaten

Die mittlere Laufzeit bei Suchanfragen im Musikdatensatz (26.000 Elemente) zeigte einen deutlichen Rückgang der Laufzeit von der 1-Zeichen- zur 2-Zeichen-Testreihe (von 130 ms auf 9 ms). Bei zunehmender Suchwortlänge verringerte sich die mittlere Laufzeit nur noch im Zehntel-Millisekunden-Bereich. Bei den Maximalwerten war derselbe Verlauf mit starkem Rückgang der Laufzeit zwischen 1- und 2-Zeichen-Suchwörtern zu beobachten (vgl. Abbildung 3.9).

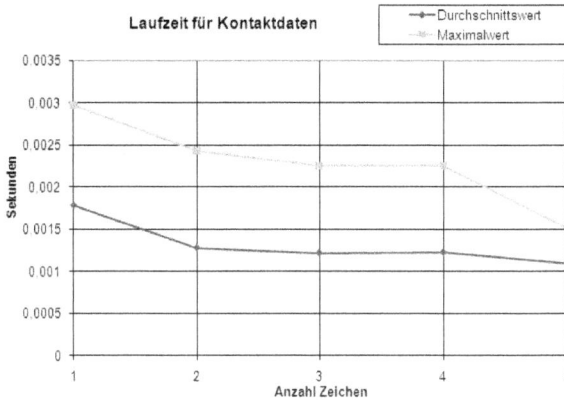

Abb. 3.8.: Laufzeitergebnisse für Kontaktdaten, lineare Darstellung.

Ein deutlicher Laufzeitunterschied war beim Vergleich zwischen 4-Zeichen bzw. 5-Zeichen Suchwörtern und 2+2- bzw. 3+2-Zeichen-Suchwörtern erkennbar. Anfragen mit 2 Suchwörtern dauerten im Schnitt 38 ms bzw. 13 ms, wohingegen die Laufzeiten mit einem Suchwort nur etwa 0,9 bzw. 0,6 Millisekunden (ms) lang waren. Nichts desto trotz lagen die Werte der Systemantwortzeit auf einem sehr niedrigen Niveau.

Auch in diesem Datenbestand waren die Verzögerungen, die durch die Laufzeiten der Suche entstehen, noch in Bereichen, die den Nutzer bei der Interaktion nicht merklich beeinflussen. Allerdings zeigte sich die zu erwartende Tendenz, dass Anfragen mit zwei Suchwörtern im Schnitt deutlich länger dauern als Anfragen mit einem Suchwort und äquivalenter Suchwortlänge.

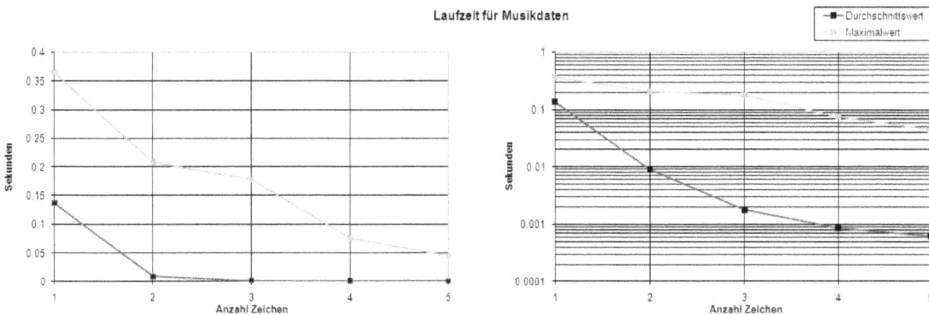

Abb. 3.9.: Laufzeitergebnisse für Musikdaten, lineare Darstellung (links) und logarithmische Darstellung (rechts).

POI-Daten

Die längsten Systemantwortzeiten der Laufzeituntersuchung entstanden bei Suchabfragen des größten Datenbestandes (ca. 900.000 Datensätze). Für 1-Zeichen-Suchwörter ergab sich eine sehr lange durchschnittliche Laufzeit (ca. 4 s). Die Laufzeit fiel aber mit zunehmender Zeichenanzahl sehr schnell in den Hundertstel- bzw. Tausendstelsekunden-Bereich ab. Das gleiche Verhalten wiesen die Maximalwerte auf (ca. 10 s für 1-Zeichen bis ca. 1 s ab 4-Zeichen; vgl. Abbildung 3.10).

Bei 4-Zeichen- und 2+2-Zeichen-Suchwörtern konnte ein erheblicher Laufzeitvorteil für Einwortsuchanfragen ermittelt werden. Die 4-Zeichen-Anfrage benötigte etwa 3 ms, die vergleichbare 2+2-Zeichen-Anfrage erreichte bereits 250 ms. Beim Vergleich von einer 5-Zeichen-Anfrage mit einer 3+2-Zeichen-Anfrage fiel der absolute Unterschied geringer aus (5-Zeichen: 1 ms; 3+2-Zeichen: 77 ms).

Für große Datenbestände zeigte sich, dass die Systemantwortzeiten bei kurzen Suchwörtern (1-Zeichen und 2-Zeichen) zu lang für eine nicht merkliche Verzögerung bei der Interaktion waren. Hier müssen reale Systeme Strategien bieten, um dieses Problem zu beheben. Eine mögliche Vorgehensweise stellt die Vorausberechnung der Ergebnisliste der 1-Zeichen Suchanfragen dar. Dabei sollten allerdings die relevantesten Treffer (am häufigsten verwendet, am wahrscheinlichsten etc.) an den Anfang der Ergebnisliste gestellt werden. Die beim Musikdatenbestand erkennbare Tendenz, dass Suchanfragen mit zwei Suchwörtern längere Laufzeiten aufweisen als Einwort-Suchanfragen äquivalenter Zeichenlänge setzte sich für den großen Datenbestand fort.

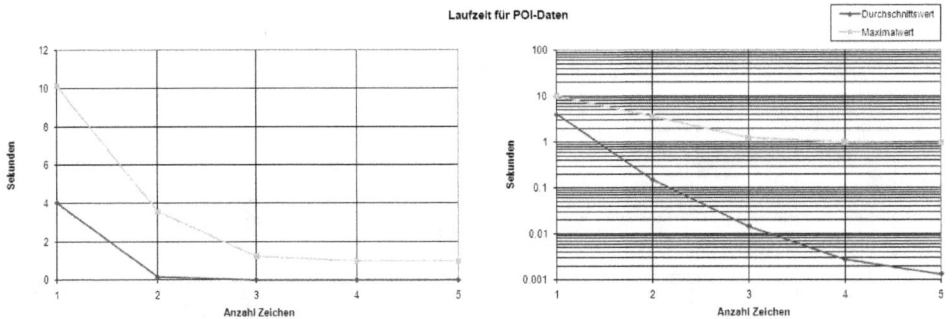

Abb. 3.10.: Laufzeitergebnisse für POI-Daten, lineare Darstellung (links) und logarithmische Darstellung (rechts).

3.2.3.2. Trefferanalyse

Die Trefferanalyse umfasste die Auswertung von vier Teilaspekten, deren Nomenklatur von Spießl [2007] zur Auswertung gewählt wurde:

1. Anzahl gültiger Kombinationen[10]

2. Gesamttrefferzahl

3. Trefferschnitt

4. Schwellwertwahrscheinlichkeit

Die *Gesamttrefferzahl* spiegelt die Summe aller Treffer über alle gültigen Kombinationen wider. In einem Datensatz können mehrere Treffer für eine gesuchte Kombination gefunden werden, da Datensätze über mehrere Felder verfügen und Einträge in diesen Feldern aus mehreren Wörtern bestehen können. Der *Trefferschnitt* wird aus dem Quotienten von Gesamttrefferzahl und der *Anzahl der gültigen Kombinationen* berechnet und gibt die durchschnittliche Trefferzahl pro vorkommender Buchstabenkombination an. Ein interessanter Aspekt bei der Trefferanalyse ist die *Schwellwertwahrscheinlichkeit*, da sich dadurch Aussagen bezüglich der Darstellbarkeit auf Displaygrößen[11] einer Ergebnismenge ableiten lassen. Die Schwellwertwahrscheinlichkeit gibt in Abhängigkeit der Zahl der eingegebenen Zeichen an, mit welcher Wahrscheinlichkeit Treffer über oder unter einem definierten Schwellwert liegen. Beispielsweise könnte bei einer Messung für weniger als 12 Treffer bei vier eingegebenen Zeichen die Schwellwertwahrscheinlichkeit bei 80 % liegen. Gängige Displays im Fahrzeug verfügen heute über einen Anzeigebereich von 2 bis maximal 12 Zeilen zur Trefferdarstellung. Das Maß der Schwellwertwahrscheinlichkeit wird betrachtet, um unabhängig von spezifischen Eingaben und Datenbeständen Aussagen über die generelle Machbarkeit einer Such-Interaktion im Fahrzeug treffen zu können.

Kontaktdaten

Die Daten für gültige Kombinationen, Gesamttrefferanzahl und Trefferschnitt für die Analyse der 700 Datensätze sind Tabelle A.1 zu entnehmen. Bei der Analyse von Suchwörtern mit Suchwortlängen bis zu fünf Zeichen zeigte sich die als trivial anzunehmende

---

[10]Anzahl Buchstabenkombinationen mit mindestens einem Treffer
[11]genauer: Darstellbarkeit in einer bestimmten Zeilenanzahl eines Displays

Zunahme der gültigen Kombination je mehr Zeichen das Suchwort hat. Ebenso war eine Abnahme der Gesamttreffer und damit eine Abnahme des Trefferschnitts mit steigender Suchwortlänge zu beobachten. Der Vergleich zwischen einem Suchwort mit 4- bzw. 5-Zeichen mit den korrespondierenden zwei Suchwörtern gleicher Länge zeigte, dass bei zwei Suchwörtern eine wesentlich stärkere Streuung zu verzeichnen war. Insgesamt ergaben sich mehr Kombinationen, die zu Treffern führten. Dies ergab insgesamt mehr Gesamttreffer, aber die Anzahl von Treffern pro Kombination war geringer. Die spezifischere Anfrage mit zwei Suchwörtern ergab demnach eine Verbreiterung des Ergebnisspektrums und eine punktuelle Ausdünnung der Resultate. Dies konnte lediglich für die Kontaktdaten nachgewiesen werden. Daraus lässt sich ableiten, dass für Kontaktdaten eine Suchstrategie mit der Eingabe von zwei getrennten Suchwörtern (z. B. erstes Wort: Vorname; zweites Wort: Nachname) eine höhere Trefferwahrscheinlichkeit hat als in den anderen beiden Datensätzen.

Die Analyse der Schwellwertwahrscheinlichkeit zeigte den Rückgang der Trefferzahl bei steigenden Eingabezeichen. Die Eingabe von 1-Zeichen-Suchwörtern lieferte bei jeder Kombination mehr als 12 Treffer, womit die Wahrscheinlichkeit, dass eine gültige Kombinationen ein Ergebnis ≤ 12 Treffer liefert bei 0 % lag. Bei der Eingabe von 2 Zeichen lag die Wahrscheinlichkeit, dass eine Eingabe weniger als 12 Treffer liefert, bereits bei knapp 60 %. Bei 3 eingegebenen Zeichen ergab der Wert für höchstens 12 Treffer bereits 92 %, für 4 und 5 Zeichen stieg die Schwellwertwahrscheinlichkeit auf 97 %. Für den Großteil der Kombinationen (80 %) wurden bei 3 eingegeben Zeichen weniger als 8 Treffer zurückgeliefert, bei 5 Zeichen sind dies sogar nur noch 4 Treffer.

Aus dem Vergleich der Suchstrategien (ein Suchwort vs. zwei Suchwörter) resultierte, dass, über alle erfassten maximalen Trefferzahlen hinweg, die Wahrscheinlichkeit für die Eingabe von zwei Suchwörtern über der für ein Suchwort äquivalenter Zeichenlänge lag (siehe Abbildung 3.11 rechts). Dies bestätigte die Hypothese, dass für Kontaktdaten die Eingabe von zwei Suchwörtern die bessere Eingabestrategie darstellt. Damit ist es möglich, bei der Eingabe der gleichen Anzahl an Zeichen, weniger Treffer in der Ergebnisliste anzuzeigen. Als Beispiel sei hier das Wertepaar für 4-Zeichen und 2+2-Zeichen bei maximal 2 Treffern herausgestellt. Während 4-Zeichen-Suchwörter eine Schwellwertwahrscheinlichkeit von 60 % aufwiesen, wurden bei 2+2-Zeichen-Suchwörtern bereits über 80 % der Kombinationen angezeigt. Die Schwellwertwahrscheinlichkeiten für Kontaktdaten unterschiedlicher Suchwortlängen ist in Abbildung 3.11 dargestellt.

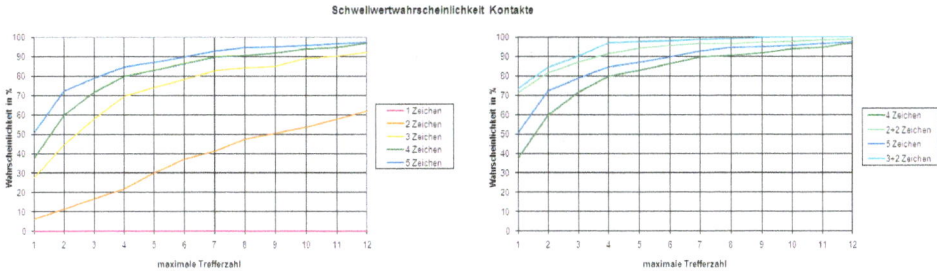

Abb. 3.11.: Schwellwertwahrscheinlichkeit Kontaktdaten.

Musikdaten

In den 26.000 Musik-Datensätzen konnte im Verlauf von einem Eingabezeichen bis hin zu fünf eingegebenen Zeichen ein mäßiger Rückgang der Gesamttrefferzahl ermittelt werden (1-Zeichen [26 Kombinationen] ∼ 300.000 Treffer; 5-Zeichen [8429 Kombinationen] ∼ 150.000 Treffer). Der Trefferschnitt reduzierte sich stark von ca. 11.000 bei 1-Zeichen-Anfragen auf 17,9 Treffer pro 5-Zeichen-Anfrage. Die 2-Wort-Anfragen zeigten einen deutlichen Anstieg der Gesamttrefferzahlen verglichen mit ihren korrespondierenden 1-Wort-Anfragen (2+2 ∼ 1,5 Mio. Treffer; 2+3 ∼ 2,8 Mio. Treffer). Dies ist durch den großen Anstieg der gültigen Kombinationen (2+2 ∼ 24.000; 2+3 ∼ 150.000) zu erklären. Daraus resultierte ein Trefferschnitt von 63,55 bzw. 17,85 pro gültiger Buchstabenkombination. Der Trefferschnitt von 2+2-Zeichen-Suchwörter-Anfragen war bei diesem Datensatz ungefähr doppelt so hoch wie der einer 4-Zeichen-Anfrage (31,87).

Die Schwellwertwahrscheinlichkeit der Musikdaten waren deutlich geringer als bei den Kontaktdaten, zeigten jedoch einen ähnlichen Verlauf bezogen auf die Suchwortlänge. Wie bei den Kontaktdaten konnte für Musikdaten mit einem Eingabezeichen keine der gültigen Kombinationen weniger als 12 Treffer erreichen. Dieser Wert erhöhte sich auf etwas mehr als 30 % bei der Eingabe von zwei Zeichen. Es konnte jedoch für keine der 5 Suchwortlängen mit einer Wahrscheinlichkeit von mehr als 80 % eine Trefferzahl von höchstens 12 Treffern nachgewiesen werden. Für eine 4-Zeicheneingaben wurden höchstens 8 Treffer bei mehr als 60 % der Kombinationen erreicht, bei 5 Zeichen waren es knapp über 70 %.

Ein Unterschied zu den Kontaktdaten wurde im Vergleich von 4-Zeichen-Suchwörtern und 2+2-Zeichen-Suchwörtern erkennbar. Bei derselben Anzahl an eingegebenen Buchstaben befanden sich die 2-Wort-Suchanfragen in etwa 10-15 % unterhalb dem Niveau der 1-Wort-Anfragen. Für maximal 12 Treffer lag die Schwellwertwahrscheinlichkeit bei 4-Zeichen-Anfragen bei ca. 66 %, für 2+2-Zeichen-Anfragen gerade noch bei etwa 52 %. Dieser Unterschied fiel für 5-Zeichen-Anfragen verglichen mit 3+2-Zeichen-Anfragen geringer aus. Bei der maximalen Anzahl von 6 Treffern betrug die Wahrscheinlichkeit 68 % für 1-Wort-Anfragen bzw. 61 % für 2-Wort-Anfragen, bei höchstens 12 Treffern verschwand der Unterschied beinahe. Die für Kontaktdaten sinnvolle Eingabestrategie von zwei Suchwörtern konnte für den Musikdatensatz nicht nachgewiesen werden. Abbildung 3.12 zeigt die Verläufe der Trefferwahrscheinlichkeit für Musikdaten.

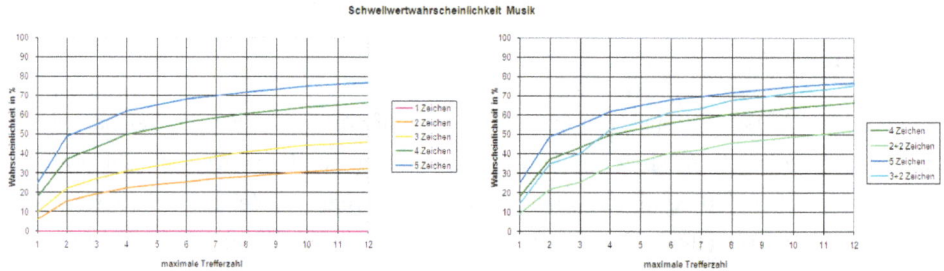

Abb. 3.12.: Schwellwertwahrscheinlichkeit Musikdaten.

POI-Daten

Die Werte für den POI-Datensatz mit 900.000 Einzelobjekten sind in Tabelle A.1 aufgelistet. Für diesen Datensatz ging die Gesamttrefferzahl ebenfalls mit Anstieg der eingegebenen Zeichenlänge zurück (1-Zeichen [26 Kombinationen] $\sim$ 4 Mio. Treffer; 5-Zeichen [93.000 Kombinationen] $\sim$ 2,7 Mio. Treffer). Der Trefferschnitt nahm dagegen stark von ca. 150.000 für 1-Zeichen auf 28,9 für 5-Zeichen ab. Bei 2-Wort-Suchanfragen zeigten Trefferzahl und Trefferschnitt denselben Verlauf wie ihre vergleichbaren 1-Wort-Anfragen (2+2-Zeichen $\sim$ 7,4 Mio. Treffer, 177 Trefferschnitt; 3+2-Zeichen $\sim$ 12,4 Mio. Treffer, 31,33 Trefferschnitt).

Trotz der größeren Datenmenge zeigte die Analyse der POI-Daten ein ähnliches Bild für die Schwellwertwahrscheinlichkeit wie bei den Musik-Daten. Auch hier konnten für kein 1-Zeichensuchwort weniger als 12 Treffer gefunden werden und keine Eingabe erreichte bei dieser Trefferzahl die 80 %-Grenze. Eine Wahrscheinlichkeit für maximal 12 Treffer von ca. 40 % zeigte sich bei der Eingabe von 3 Zeichen. Bei Suchwörtern mit 5 Buchstaben lieferte die Suche zu 77,% höchstens 12 Treffer zurück. Der Vergleich zwischen 4-Zeichen-Suchwörtern und 2+2-Zeichen-Suchwörtern ergab keine nennenswerten

Unterschiede für die Wahrscheinlichkeiten innerhalb der betrachteten Werte. Derselbe Schluss war beim Vergleich von 5-Zeichen- und 3+2-Zeichen-Suchanfragen zu ziehen. Der Wertunterschied betrug, wie in Abbildung 3.13 zu sehen, in beiden Fällen nur wenige Prozentpunkte.

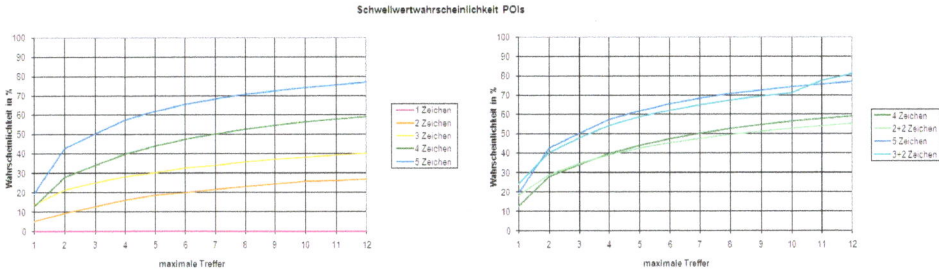

Abb. 3.13.: Schwellwertwahrscheinlichkeit POI-Daten.

3.2.4. Zusammenfassung, Interpretation und Empfehlungen

Durch die Analyse der Suchanfragen wurde deutlich, dass bei mittleren bis großen Datenbeständen die Ergebnisanzeige nach der Eingabe von nur einem Zeichen nicht sinnvoll ist. Dies ist einerseits durch die große Anzahl an Treffern und andererseits durch die langen Laufzeiten zu begründen. Für reguläre Anfragen mit einem Zeichen ist es von Vorteil, auf andere Anzeigestrategien zurückzugreifen. Dafür eignen sich beispielsweise heuristische Einschränkungen des Datenbestandes nach Häufigkeit oder Relevanz, was ein Anzeigen der am häufigsten gesuchten Begriffe mit einem spezifischen Zeichen zur Folge hätte. Diese Heuristiken müssten zwar zusätzlich in die Datenbank mit aufgenommen werden, hätten aber den Vorteil, dass Trefferzahl und Laufzeit bei einem Zeichen deutlich eingeschränkt würden. Die Analyse machte deutlich, dass bereits 2-Zeichen-Suchanfragen die Ergebnismenge bei vielen Kombinationen stark einschränken, teilweise bis zu 96 % im Vergleich zur 1-Zeichen-Anfrage (vgl. POI, Trefferdichte 1 vs. Trefferdichte 2 in Tabelle A.1). Eine Datenbanksuche erweist sich demnach ab zwei eingegebenen Zeichen als sinnvoll, da vor allem die Laufzeit aufgrund der spezifischeren Anfrage stetig abnimmt. Ab einer Suchwortlänge von 5 Buchstaben umfasste die Ergebnismenge auch bei großen Datensätzen durchschnittlich nicht mehr als 30 Elemente (siehe Tabelle A.1). In einer Ergebnisliste von 30 Treffern lässt sich auf einem 12 Zeilen Display das gesuchte Objekt bereits bequem auswählen.

Für den kleinen und mittleren Datenbestand konnten bei Suchanfragen durchschnittlich sehr gute Laufzeiten festgestellt werden. Beim großen Datenbestand war dies erst ab einer Suchwortlänge mit mehr als einem Zeichen zu erreichen. Die Betrachtung der Maximalwerte zeigte allerdings vereinzelte Überschreitungen der Grenze von 250 ms bei längeren Suchwörtern. Dies bedeutet, dass vor allem bei großen Datenbeständen spezielle Buchstabenkombinationen das Testsystem punktuell an kritische Laufzeitgrenzen bringen können. Eine Abhilfe dafür ist nur durch eine höhere Rechenleistung und eventuell in der Verwendung einer weniger rechenintensiven Suchmethode zu finden bzw. es muss in Kauf genommen werden, dass es zu Wartezeiten bei der Suche kommt.

Die Berechnung der Schwellwertwahrscheinlichkeit zeigte für den kleinen Datenbestand, dass ab einer Eingabe von drei Zeichen mit einer sehr hohen Wahrscheinlichkeit die gefundenen Ergebnisse auf einer Bildschirmseite von gängigen automotiven Displays angezeigt werden können. In 78 % der Fälle erzielte die Suche bei einer Eingabe von 3 Zeichen höchstens 6 Treffer. Für den mittleren und den großen Datenbestand konnten diese hohen Wahrscheinlichkeitswerte nicht erreicht werden (ca. 20 % niedriger). Dennoch erzielte bei diesen Datenbeständen eine Eingabe von 5 Buchstaben bei rund 77 % der Anfragen weniger als 12 Suchergebnisse.

Der Vergleich zwischen einem Suchwort bestimmter Zeichenanzahl und zwei Suchwörtern derselben Zeichenlänge ergab ein uneinheitliches Bild. Über die getesteten Kategorien hinweg war, bezogen auf die Schwellwertwahrscheinlichkeit, keine der beiden Suchstrategien der anderen überlegen. Die 2-Wort-Anfrage lieferte bei den untersuchten Kontaktdaten die höheren Wahrscheinlichkeiten, um zu einer vollständigen Ergebnisanzeige auf automotive Displays zu gelangen. Entgegengesetzt dazu brachte bei der Suche nach Musikdaten die Eingabe eines Suchwortes die größere Einschränkung des Datenbestandes. Bei POI-Daten hingegen war zwischen den beiden Strategien kein nennenswerter Unterschied auszumachen. Eine Hypothese zur Erklärung dieses Sachverhaltes stützt sich zum einen auf die Größe der Datenmenge zum anderen auf die Datenbeschaffenheit. So wurde bei der implementierten Suchalgorithmik bei Kontaktdaten und POI jeweils in drei Attributfelder, bei Musikdaten in vier Feldern gesucht. Eine ergänzende Untersuchung müsste die genaue Ursache klären und dadurch aufdecken, welche Eigenschaften eines Datenbestandes eher eine Ein- oder eine Mehr-Wort-Suchstrategie begünstigen.

Eine allgemeine Aussage lässt sich bezogen auf einen Strategiewechsel bei der Eingabe von Suchwörtern dennoch angeben. In Fällen, bei denen eine Eingabe eines weiteren Zeichens keine nennenswerte Einschränkung des Suchraums mehr leistet, bringt der Wechsel der Suchstrategie von einer Ein-Wort-Anfrage zu einer Mehr-Wort-Anfrage Vorteile. Dieser Strategiewechsel sollte als Anforderung in das Interfacedesign einfließen. Dabei muss auch die deutlich längere Laufzeit zur Ergebnisanzeige bei 2-Suchworteingaben vor allem für sehr kurze Suchwörter mit in Betracht gezogen werden.

Bezogen auf die Suchraumeinschränkung zeigte sich bei dieser Suchanalyse, dass möglichst spezifische Suchbegriffe den Datenbestand am effektivsten einschränken. Dieses Ergebnis ergibt sich aufgrund der Verwendungshäufigkeit einzelner Wörter in einer Sprache. Im Allgemeinen werden von einem Suchsystem weniger Treffer für Wörter gefunden, welche in einer Sprache nicht häufig verwendet werden. Für die Strategie bei der Suchworteingabe bedeutet dies, dass Suchwörter die nicht häufig verwendete Begriffe beinhalten, den Suchraum effektiver einschränken.

4. Konzeption eines FIS zur Integration mobiler Endgeräte

Die Integration mobiler Endgeräte in zukünftige FIS bringt für das Interaktionskonzept vor allem zwei Herausforderungen mit sich. In erster Linie muss ein Konzept mit der großen Variabilität der Funktionsmenge, welche auf mobilen Endgeräten vorherrscht, umgehen können. Erschwerend kommt hinzu, dass die Vielfalt der Funktionen volatil ist und damit bei der Konzeption des FIS ein unbekannter Funktionsumfang vorgehalten werden muss. Die zweite große Herausforderung liegt in den Daten aus mobilen Endgeräten. Sie sollen während der Fahrt nutzbar sein und somit muss das Interaktionskonzept dynamisch unterschiedliche Datenmengen integrieren. Falls diese beiden Schwerpunkte hinlänglich durch das System abgedeckt werden, so ist es letztlich von der Daten und Funktionen liefernden Quelle unabhängig (siehe Abschnitt 3.1.5 und 3.1.3).

In diesem Kapitel wird dargestellt, wie die Stärken einer hierarchischen Menüstruktur für die Lösung dieser Herausforderungen zu nutzen sind und wie im Zusammenspiel eine Such-Interaktion die Nachteile der hierarchischen Menüstruktur kompensieren kann. Abschnitt 4.3 gibt einen Auszug der konzeptuell erstellten Benutzeroberflächen für das Fahrzeug wieder. Da für die Ausprägung einer grafischen Benutzeroberfläche für eine Such-Interaktion in einem FIS bislang noch wenig wissenschaftliche Untersuchungen bekannt waren, wurde hier bewusst eine große Bandbreite unterschiedlichster Interface-Ideen generiert. Aus diesen Ideen wurden durch Experteninterviews die Stärken und Schwächen für eine Interaktion während der Fahrt extrahiert.

4.1. Hierarchische Menüstruktur - ein bewährtes Prinzip

In Abschnitt 2.4 wurden die Grundlagen über die Verwendung hierarchischer Menüstrukturen im Fahrzeug wurden erläutert. Die Problematik, dass derartige Ansätze durch eine

Funktions- und Datenmehrung mit einer für den Nutzer komplexen und schwer zu bedienenden Menüstruktur reagieren, wurde aufgezeigt (siehe Abschnitt 2.4.3). Sofern die Menüstruktur eine für den Nutzer beherrschbare Größe annimmt, bietet sich diese Interaktionsmöglichkeit für FIS dennoch an. Die Hierarchie-Struktur unterstützt gerade Prinzipien wie Erlernbarkeit, Unterbrechbarkeit sowie Blindbedienbarkeit.

Die Frage, die für die Nutzung der Hierarchie beantwortet werden muss, ist die nach der unter gebrauchstauglichen Gesichtspunkten annehmbaren Hierarchietiefe und -breite. Rauch u. a. [2004] erkannte zum Beispiel, dass möglichst flache Hierarchien bei maximaler Breite von etwa sieben Menüeinträgen von Vorteil sind. Einen Weg dazu stellt die Beschränkung der Funktions- und Datenmenge dar, welche über die hierarchische Struktur bedient werden kann. Als Hypothese wird davon ausgegangen, dass von allen Funktionen und Daten, die ein FIS beinhalten kann, die vom Nutzer am häufigsten genutzten bzw. bedienten Elemente Eingang in eine eingeschränkte Menüstruktur finden sollen. Diese Hypothese stellt ein Grundkonzept dieser Arbeit dar. Daraus resultieren für das Interface letztlich zwei weitere Fragestellungen. Erstens bedarf es einer Klärung, welche und wie viele Funktionen durch die Hierarchie bedienbar gemacht werden können (Abschnitt 4.1.1). Das impliziert die zweite essentielle Frage, wie mit dem Rest der Funktionen und Daten verfahren wird. Die einfache Lösung eines konsequenten Ausschlusses der am wenigsten genutzten Funktionen und Daten wird in diesem Ansatz nicht verfolgt. Zwar stellt dies in einer stringenten Verfolgung der Grundsätze zur Fahrsicherheit eine durchaus legitime Vorgehensweise dar, allerdings beeinflusst es die Komfortbedürfnisse der Nutzer negativ. Die nächsten Abschnitte beschreiben, wie die Funktionalität trotz des Ausschlusses aus der hierarchischen Menüstruktur während der Fahrt bedient werden kann.

4.1.1. Einführung des Pareto-Prinzips in FIS

Die Funktionen und Daten in einem FIS, welche am häufigsten genutzt werden, divergieren stark die gesamte Nutzerschicht. Einflussfaktoren dafür finden sich unter anderem in persönlichen Interessensunterschieden, altersbedingten Präferenzen sowie kulturellen Differenzierungen. Die personalisierte Nutzung wird durch die Integration der Daten und Funktionen mobiler Endgeräte weiter verstärkt. Die durch Personalisierung bedingten unterschiedlichen Voraussetzungen erschweren den Einsatz einer statischen Menüstruktur. Ein möglicher Ansatz ist die Verwendung einer adaptiven Menüstruktur.

Die in dieser Arbeit festgelegte adaptive Menüstruktur bedient sich zur Festlegung der Inhalte des Menüs eines aus der Ökonomie bekannten Prinzips. Das *Pareto-Prinzip* beschreibt das statistische Phänomen, dass eine kleine Anzahl an Einflussfaktoren einen Großteil des Ergebnisses bedingen (siehe Abschnitt 2.8). In der Ökonomie zeigte sich, dass viele Aufgaben mit einem Mitteleinsatz von ca. 20 % zu 80 % zu erledigen sind. Es wird für die Bedienung von FIS davon ausgegangen, dass auch hier eine 20 zu 80 Verteilung zutreffend ist. Unter dieser Annahme werden 20 % des Systeminhaltes zu 80 % der Zeit genutzt. Das Pareto-Prinzip ermöglicht demnach eine Reduktion der Funktionen und Daten auf den für einen Nutzer wichtigsten Teil. Für diesen Teil können die Vorteile einer einfachen hierarchischen Menüstruktur - schnelle sowie gut erlernbare Menübedienung - für die Bedienvorgänge im Fahrzeug genutzt werden. Die Inhalte der Menüstruktur bleiben aufgrund der Annahme, dass sie zu 80 % der Zeit genutzt werden, nach einiger Zeit der Systemnutzung beinahe statisch gegenüber kurzfristigen Veränderungen (z. B. durch neue Daten oder Funktionen aus mobilen Endgeräten). Zugleich ermöglicht dieser Ansatz, dass die Menüinhalte auf den Nutzer angepasst sind. Eine auf den einzelnen Nutzer bzw. Fahrer optimierte Benutzeroberfläche ist für die Anwendung als Fahrzeugbediensystem legitim, da die Anzahl an Hauptnutzern pro Fahrzeug in Europa und Nordamerika nahe bei eins liegt. Dadurch und weil hauptsächlich der Fahrer auf die Integration mobiler Endgeräte in FIS angewiesen ist, kann das zu konzipierende Bediensystem auf den Fahrer zugeschnitten werden.

Neben der Nutzbarkeit der häufigsten Funktionen und Daten hat dieser Ansatz einen positiven Einfluss auf die Verwendung von variierenden Datenmengen. Die Menüinhalte sind stabiler gegen die auf das System wirkende Dynamik der Daten als in einem streng hierarchisch aufgebauten Menü. Das wird dadurch erreicht, dass nicht jede neue Funktion bei ihrer ersten Verfügbarkeit im System gleich in die hierarchische Menübaum eingebunden wird. Erst wenn Funktionen bzw. Daten aufgrund ihrer Nutzungshäufigkeit den Übergang in die Menge der 20 % am häufigsten genutzten Funktionen finden, erfolgt die Aufnahme in die hierarchische Struktur des Menüs. Dies stellt aus Nutzersicht einen kritischen Nutzungszeitpunkt des Systems dar, an dem die bisher stabile Menüstruktur verändert wird. Deswegen muss bei der Veränderung auf eine verständliche Nutzerführung geachtet werden.

4.2. Von Daten zu Objekten

Die Beurteilung der Funktionalität nach dem Pareto-Prinzip ermöglicht die Verwendung einer adaptiven Menüstruktur, welche aus Nutzersicht jedoch die meiste Zeit während der Nutzung stabil bleibt. Für die verbleibenden 80 % der Daten und Funktionen, welche nicht in der Menüstruktur abgebildet werden, muss ein Weg gefunden werden, um der Variabilität der Systemfunktionalität zu begegnen. Der Ansatz sieht hierfür eine strikte objektorientierte Interaktion mit den Systeminhalten vor. Dabei werden die Inhalte eines FIS durch die Prinzipien der aus der Informatik bekannten objektorientierten Programmierung (siehe Abschnitt 2.7) eingeteilt. Aus dem Bereich des Softwaresystementwurfs ist bekannt, dass die Entscheidung, welches die Hauptfunktionen des Systems sind, beim objektorientierten Entwurf an das Ende des Entwurfsprozesses gestellt wird. Dieses Vorbild soll in dieser Arbeit als eine der zentralen Sichtweisen für die Interaktion mit FIS gelten. Bei der Interaktion sollen zunächst die *Interaktionsobjekte* im Vordergrund stehen und erst im zweiten Schritt die *Funktionalität*. Dazu werden die im System integrierten Datentypen als Objekte angesehen, deren Methoden und Attribute durch die Klassenzugehörigkeit definiert sind. Wird dem System Funktionalität hinzugefügt, beispielsweise durch die Integration mobiler Endgeräte, wird diese durch die Zuordnung zu einer Objektklasse integriert, ohne den gesamten Systementwurf zu ändern. Das System reagiert lediglich mit einer Veränderung der Funktionsanzahl eines Objektes.

In dem Teil des Systems, welcher über ein hierarchisches Menü bedienbar ist, erfolgt die Anpassung auf eine Hinzunahme von Funktionen nur sehr langsam. Da die hierarchische Menüstruktur nur Elemente nach dem Pareto-Prinzip aufnimmt, bleibt sie weitestgehend stabil gegenüber neuen Funktionen. Erst nachdem eine Funktion oft genug genutzt wurde, würde sie in die Menüstruktur aufgenommen werden. Dabei würde sie allerdings gleichzeitig andere, nicht so häufig genutzte Funktionen, verdrängen.

Die Objekt-Betrachtung bildet neben den Einflüssen auf die Datenstabilität die Grundlage für die Berechnung der Häufigkeitsinformation. Diese ist zwingender Bestandteil für eine nutzerabhängige Auslegung des Pareto-Prinzips.

4.2.1. Datenklassifikation

Eine sinnvolle Interaktion mit Objekten wird erst möglich, wenn die Gesamtheit an Funktionen und Daten für ein FIS eine Klassifikation der enthaltenen Objekte erlaubt.

Die folgenden Überlegungen zur Datenklassifikation entstanden durch eine im Kontext der vorliegenden Arbeit durchgeführte Diplomarbeit von Dipl.-Inf. Wolfgang Spießl und sind in Spießl [2007] ausführlich erläutert. Die Randbedingungen *Bedienbarkeit im Fahrzeug* und *Nutzung mobiler Endgeräte in der Fahrzeug-Domäne* dienen zur Abgrenzung für die über das System bedienbaren Daten und Funktionen. Die Schnittmenge aus dem möglichen Angebot an Funktionen der mobilen Endgeräte mit ihrem Nutzen für die Fahrsituation erfordert eine genauere Analyse der Welt mobiler Geräte. Je nach gewählter Geräte-Plattform steht dem Nutzer mobiler Endgeräte ein breitgefächertes Angebot an verschiedensten Applikationen und Diensten zur Verfügung. Eine genauere Kategorisierung der Geräte ist in Abschnitt 2.6 nachzulesen. Bei der Integration ins Fahrzeug müssen bei Funktionen und Daten Einschränkungen in der Nutzbarkeit Beachtung finden. Die Einschränkungen ergeben sich, aufgrund eines Ablenkungspotentials von der Fahraufgabe, gesetzlichen Bestimmungen oder einem ungenügenden Bezug zur Fahraufgabe. Die genannten Einschränkungen sind allerdings nicht eindeutig begrenzte Regeln. Sie variieren aufgrund von heterogenen, länderspezifischen Gesetzgebungen für die Nutzung der Geräte während der Fahrt oder wegen den individuellen Informationsbedürfnissen der einzelnen Verkehrsteilnehmer.

Inhalte, die primär für Beifahrer im Fahrzeug von Interesse sind, bedürfen einer gesonderten Betrachtung, da bei deren Integration und Bedienung nicht dieselben Randbedingungen und Anforderungen gelten, wie bei der Bedienung von FIS für den Fahrer. Aus diesem Grund wird die Integration von Inhalten in FIS für die Beifahrer hier nicht tiefer erörtert.

Für die Grundbedürfnisse während der Fahrt bildet sich bei den für den Fahrer relevanten Inhalten eine überschaubare Menge an zu integrierenden globalen Funktionen heraus (Musik, Navigation, Telefonie, Multimedia). Zur Erstellung einer Objektstruktur erlaubt die rein funktionale Betrachtung eine weitgehend von spezifischen mobilen Geräten unabhängige Klassifikation anhand ihrer Medientypen. Dafür wird im ersten Schritt eine Aufteilung der zu integrierenden Medientypen angestrebt, diese ist in Abbildung 4.1 zu sehen.

1. Ebene: Zeitliche Abhängigkeit – Zur zeitlichen Unterscheidung von Medien führt Henning [2001] eine systematische Teilung in *kontinuierliche* (zeitabhängige) und *diskrete* (zeitunabhängige) Medien ein, wobei kontinuierliche Medien in den meisten Fällen einen größeren Informationsgehalt als diskrete Medien aufweisen. Konti-

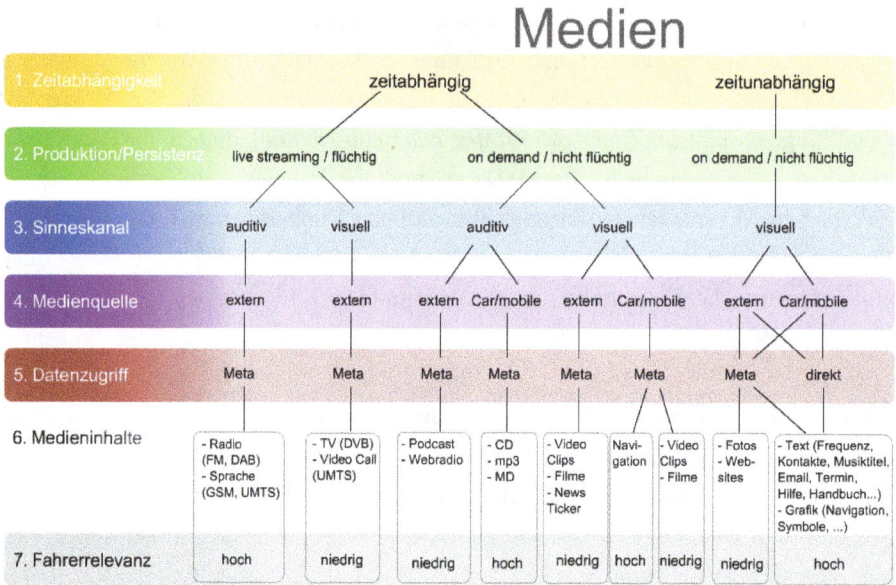

Abb. 4.1.: Einteilung der Medien aus mobilen Endgeräten, aus Spießl [2007].

nuierliche Medien erfordern eine über die gesamte Wiedergabezeit gleichbleibende Zuwendung vom Konsumenten. Dabei sind sie, bezogen auf den Informationsgehalt, *temporär veränderlich.* Demgegenüber zeigen sich diskrete Medien *temporär invariant* und bieten somit dem Nutzer ihren gesamten Informationsgehalt zu jedem Zeitpunkt an, wodurch die Nutzerzuwendung jederzeit ermöglicht wird. In FIS kommen sowohl kontinuierliche (z. B. Musik) als auch diskrete Medientypen (z. B. Text) zum Einsatz.

2. **Ebene: Produktion und Persistenz** – Diese Ebene bezieht sich auf die Flüchtigkeit und wiederholte Wiedergabefähigkeit von Medieninhalten. Diametral stehen sich Inhalte, die nicht persistent sind und Inhalte, die vorproduziert bzw. auf Datenträgern zur Verfügung stehen (*on demand / nicht flüchtig*) gegenüber. Bei nicht persistenten Inhalten besteht annähernd Gleichzeitigkeit zwischen der Produktion und dem Konsum der Inhalte (*live streaming / flüchtig*).

3. **Ebene: Sinneskanal** – Medien vermitteln Informationen primär über den *visuellen* oder *auditiven* Kanal an den Menschen. *Taktile* und *kinästhetische* Informationen benötigt der Fahrer hauptsächlich zur Bewältigung von primärer und sekundärer

Fahraufgabe (nach Bubb [2003]). Somit spielen haptische Informationen für die Medienwiedergabe oder Bedienung von FIS eine untergeordnete Rolle und werden aber vereinzelt zur Unterstützung der Blindbedienbarkeit eingesetzt. *Olfaktorische* und *gustatorische* Informationen haben im Fahrzeug bisher nicht ausschlaggebend Einzug in die Interaktion bei FIS gehalten.

4. **Ebene: Medienquelle** – Eine Medienquelle bezeichnet der Ursprung von Mediensignalen. Informationen können einerseits physikalisch gespeichert im FIS oder den integrierten Geräten vorliegen und von dort genutzt werden (*Car/mobile*). Demgegenüber stehen Informationen, die von außen (*extern*) angefragt oder nach außen übertragen werden. Dabei kann ein mobiles Endgerät als Schnittstelle zwischen den extern abgerufenen Informationen und dem FIS dienen.

5. **Ebene: Datenzugriff** – Eine Unterscheidung des Datenzugriffs ist für die Verwaltung (z. B. eine temporäre Speicherung in einer Datenbank) und die Suche in Daten aus mobilen Endgeräten sinnvoll. Auf textuelle Daten wird in den meisten Fällen *direkt* zugegriffen. Daten im Direktzugriff können unverändert gespeichert, indiziert und für Suchanfragen genutzt werden. Für die meisten anderen Datentypen (Audio-, Bild- und Videodaten) eignet sich ein solches Vorgehen aufgrund ihrer größeren Datenmengen weniger. In diesen Fällen werden die Daten lediglich als *Metadaten* gespeichert und verarbeitet. Metadaten speichern Informationen über die eigentlichen Inhalte der verwendeten Daten. Ein weiterer Grund, der einen direkten Zugriff oft nicht erlaubt, liegt in durch Digital Rights Management geschützten Daten. Diese Daten sind im Datenzugriff an entsprechende Zugriffsrechte gebunden.

6. **Ebene: Medieninhalte** – Die eigentlichen Medieninhalte sind in dieser Ebene enthalten.

7. **Ebene: Fahrerrelevanz** – Diese Ebene teilt die Medieninhalte nach ihrer Relevanz für den Fahrer im Automobil ein. Funktionen wie Telefonie und Radio (zeitabhängig, flüchtig, akustisch) haben hohe Relevanz für den Fahrer während der Fahrt. Grundlage für diese Zuordnung bilden interne Untersuchungen im Auftrag der BMW Group. Visuelle, flüchtige, zeitabhängige Inhalte wie TV oder Video-Telefonie werden als kritisch und nicht fahrerrelevant eingestuft. Der Grund liegt vor allem in länderspezifischen gesetzlichen Restriktionen für Bewegtbilder wäh-

rend der Fahrt und in den Gestaltungsregeln des ESoP II 4.3.1.3 und 4.3.5.1 (vgl.
Abschnitt 2.4.2 und CoEC [2006]).

Eine hohe Relevanz ist nicht flüchtigem, auditivem Content aus im Fahrzeug ein-
gebauten Geräten oder mobilen Endgeräten auszuweisen. AIDE Untersuchungen
(vgl. Amditis u. Robertson [2005]) ergaben eine äußerst große Beliebtheit von CD-
und MP3-Spielern als Informationsquellen im Fahrzeug. Fahrzeugexterne Audio-
quellen (z. B. Internetradio oder Musik-Streams) nehmen zur Zeit an Bedeutung
zu, da die kostengünstige Verfügbarkeit eines permanenten Internetzugangs immer flächendeckender wird. Visuelle, nicht flüchtige, zeitabhängige Daten aus dem
Fahrzeug' liefern hauptsächlich Navigationsdaten. Die Verbreitung der Navigationsfunktion im Fahrzeug ist mittlerweile sehr hoch, wodurch eine hohe Fahrerrelevanz abgeleitet werden kann. In die Kategorie der visuellen, nicht flüchtigen,
zeitabhängigen Daten fallen ebenfalls Video-Clips oder Filme. Bewegte Bilder im
Sichtfeld des Fahrers sind als ablenkend zu betrachten und daher nicht fahrtrelevant. Die einzigen zeitunabhängigen Medieninhalte bestehen aus flüchtigen visuellen Daten. Primär sind dies Textdaten, welche zur Beschreibung von Inhalten
oder als Inhalt selbst verwendet werden (z. B. Name der Radiostation, Liedtitel,
E-Mails, Kontaktdaten etc.). Text vor allem als Beschreibung von Inhalten ist
als fahrtrelevant anzusehen. Webseiten hingegen werden bislang nach den Vorgaben des ESoP als nicht fahrrelevant eingeschätzt und kommen bisher in aktuell
erhältlichen FIS während der Fahrt nicht zur Anzeige.

Entwurf von Aktionsklassen Im vorherigen Abschnitt wurde eine Aufteilung der zu
integrierenden Medientypen hergeleitet und ihre Relevanz während der Fahrt bewertet. Für den Objektentwurf dient diese Klassifikation als Basis zur Definition von Ob-
jektklassen und deren Methoden. Über die unterschiedlichen CE-Geräteklassen hinweg
existieren verschiedene Applikationen, welche alle grundsätzlich ähnliche Funktionalitäten zur Verfügung stellen. Kontaktinformationen sind zum Beispiel auf Mobiltelefonen,
Organizern und MP3-Playern (vgl. Apple iPod) vorhanden. Um Methoden für den Objektentwurf exakt beschreiben zu können, muss eine Abstraktion der konkreten Umsetzung auf den Geräten zu übergeordneten Datentypen erfolgen. Dazu müssen Anwen-
dungsvorgänge mit typischen Aufgaben, die während der Fahrt auftreten können und
die als relevant eingestuften Medientypen, in Anwendungskategorien zusammengefasst
werden. Daraus leiten sich unterschiedliche Klassen von Aktionen ab. Tabelle 4.1 stellt

eine Einteilung nach Kategorien mit zugehörigen Aktionsklassen dar, welche aus einer informellen Funktionsanalyse mit einigen gängigen mobilen Endgeräten hervorgegangen ist.

Kategorie	Aktion	Aktionsklasse
Kontakte	**Kontakt anrufen**	Kommunikation
	Nachricht/Datei an Kontakt senden	Kommunikation
	Zu Kontakt navigieren	Information
	Bild zu Kontakt speichern	Organisation
	Nummer einem Hotkey zuweisen	Organisation
	Neuen Kontakt anlegen	Organisation
	Telefonnummer als neuen Kontakt speichern	Authoring
Infotainment	**CD/Playliste/Titel abspielen**	Konsum
	Neue Playliste anlegen	Authoring
	Verkehrsfunk einstellen	Information
	Playliste an andere Person verschicken	Kommunikation
	Ähnliche Musik/Interpreten hören	Konsum/Information
	Konzertinformationen zu Interpret abrufen	Information
	Album zu laufendem Titel kaufen	Konsum
	Bild zu Titel/Album anzeigen lassen	Information
Orte	Zieladresse als Arbeit/Heimat Adresse markieren	Organisation
	Zu Adresse/Arbeit/Heimat Adresse navigieren	Information
	Zieladresse aus Kontakten, Termindaten übernehmen	Information
	Zum häufigst gesuchten POI navigieren	Information
	Verkehrs-/Strasseninformationen auf Route	Information
Organizer	Termin-Teilnehmer anrufen (Datei/Nachricht senden)	Kommunikation
	Zu Terminort navigieren	Information
	Neuen Termin eintragen	Authoring
	Entfernung/Fahrzeit zwischen Terminen **anzeigen**	Information
	Termin als wichtig markieren	Organisation

Tab. 4.1.: Aktionsklassen im Fahrzeug.

Interessant ist hierbei, dass sich klar definierbare Funktionscluster bilden lassen. Jeder Cluster verfügt über mehrere Einzeldienste, welche dem Fahrer während der Fahrt von Nutzen sein können. Zudem lässt sich für jeden Cluster ein Hauptdienst extrahieren, welcher sozusagen stellvertretend für den Cluster steht. Es zeigen sich Überschneidungen von Diensten in andere Cluster, die das Potential einer Verknüpfung von Objekten bei der Bedienung des Gesamtsystems bilden. Diese Verknüpfungen dienen im Systementwurf dazu, dass in den Bedienkonzepten zwischen unterschiedlichen Objekten „navigiert" werden kann (siehe Abschnitt 6.4).

Aktionsklassen

Im Folgenden werden die von den Anwendungsfällen abgeleiteten fünf Cluster vorgestellt. Diese werden mit Aktionsklassen bezeichnet und adressieren unterschiedliche Informationsbedürfnisse des Fahrers während der Fahrt. In der Objektorientierung bilden die Aktionsklassen die Grundlage für die den Objekten zugeordneten Methoden.

Information: Dient der Befriedigung von Informationsbedürfnissen während der Fahrt. Informationen können sowohl bei der Fahraufgabe unterstützen, als auch allgemeinen Informationsbedürfnissen gerecht werden. Beispiele unterstützend: Navigations- und Verkehrsfunkinformationen anhören/ansehen. Beispiele allgemein: Titeltexte lesen, Interpreten-Biografien lesen, POI-Detailerklärungen lesen, Routenbeschreibungen lesen oder Termine anlegen.

Konsum: Bezeichnet das Konsumieren von Medieninhalten zur Unterhaltung. Der Medienkonsum (Anhören, Ansehen) bietet dem Fahrer keine Unterstützung bei der Fahraufgabe, sondern dient eher seinen Komfortbedürfnissen. Beispiele: Musik vom MP3-Player hören, Fotos von der Digitalkamera ansehen.

Kommunikation: Fasst den Austausch von Informationen oder Medieninhalten mit anderen Kommunikationsteilnehmern, welche sich überwiegend außerhalb des Fahrzeugs befinden, zusammen. Zur reinen Unterstützung bei der Fahraufgabe dienen Informationen aus dem Bereich Kommunikation jedoch nicht, lediglich manche ausgetauschte Informationen können direkten Bezug zur Fahraufgabe haben. Beispiele: Telefonieren, im Internet surfen, Messaging, Dateien senden/empfangen, etc.

Organisation: Dient der Administration und dem Bearbeiten von Medieninhalten. Wie bei der Kommunikation können auch Informationen aus dem Bereich Organisieren nur selten zur Unterstützung der Fahraufgabe verwendet werden. Beispiele: Verwalten einer Playliste, Titel hinzufügen, Terminort ändern, Kontaktadresse löschen, etc.

Authoring: Bezeichnet das Erstellen und Erzeugen von Daten. Diese Aktionsklasse trägt ebenfalls nicht zur Unterstützung der Fahraufgabe bei. Beispiele: Sprachnachricht aufzeichnen, neuen Kontakteintrag erstellen, neue Playliste anlegen, fotografieren, Nachricht schreiben, etc.

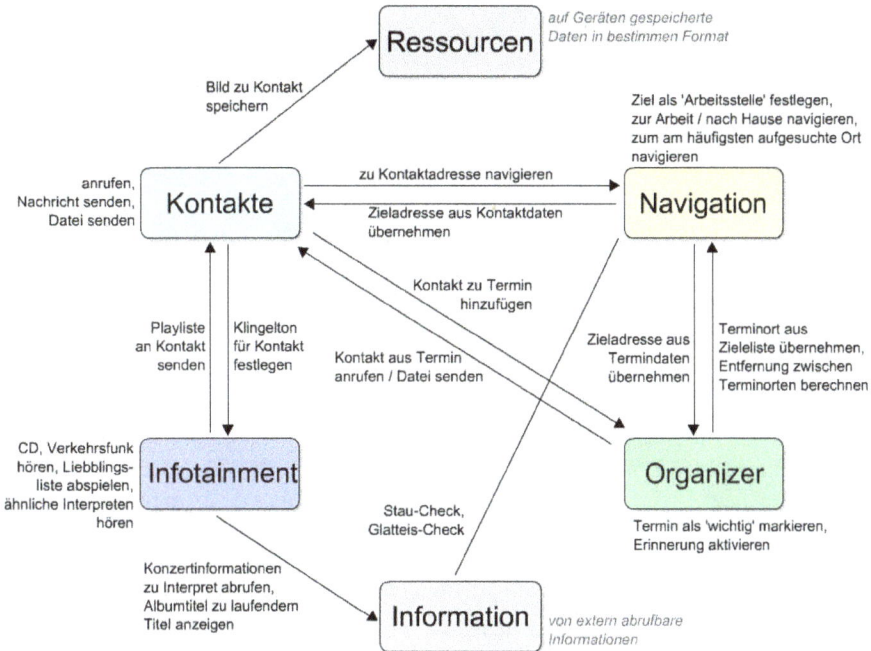

Abb. 4.2.: Beispielhafte Aufstellung von Anwendungsfällen und Aktionsklassen, aus Spießl [2007].

4.2.2. Objektentwurf

Mit den in Abschnitt 4.2.1 eingeführten Aktionsklassen und der dargestellten Datenklassifikation wird ein Objektentwurf für die Daten aus mobilen Endgeräten vorgenommen. Die Datenklassifikation liefert fünf große Datentypen:

1. *Kontakte:*
   Informationen über persönliche Kontakte, z. B. Telefonnummern, E-Mail-Adressen, Geburtstage, Webseiten, etc.

2. *Medienressourcen:*
   Multimedia-Daten wie Bilder, Audio, Video oder Text, z. B. Digitalfotos, Videos, MP3-Dateien, E-Mails, Dokumente, etc.

3. *Location:*

Ortsbezogene Daten in Form einer Adresse, Koordinaten oder informeller Ortsangabe.

4. *Ereignis:*

Auf einen bestimmten Zeitpunkt oder Zeitraum festgelegtes Ereignis, z. B. Termine, ToDos, Reminder, etc.

5. *Datencontainer:*

Eigenständige Informationseinheit, benötigt separate Mechanismen zur Ausführung, z. B. Spiele, Programme, spezielle Datenströme und -formate (Flash-Anwendungen, etc.).

Eine Detaillierung der Relationen dieser Datentypen führt zu einem Objektentwurf, der in Abbildung 4.3 zu sehen ist (Klassendiagramm in UML-Notation, siehe Brooch u. a. [1999], Abschnitt 2-3). Die Form der Implementierung der Objekte sowie die Umsetzung der Datenbankstruktur ist in [Spießl, 2007, Kapitel 4] nachzulesen. Neben der Integration der Inhalte wurden auch Funktionen in das Objektmodell aufgenommen. Sie sind als Klassenmethoden konzipiert und ermöglichen es, die realen, auf den Endgeräten implementierten Funktionen zu steuern. Für Kontext-, Nutzungsdaten und Nutzerpräferenzen werden spezielle Klassen und Attribute bereitgestellt. Die nutzer- und gerätespezifische Zuordnung von Daten wird über je ein Attribut (*user / device*), das allen Hauptdatenobjekten anhängt, sichergestellt.

Die Umsetzung dieses Objektmodells in einer Datenbank ermöglicht die Aufnahme von Daten und Funktionen aus CE-Geräten sowie eine Anwendung von Suchanfragen auf einzelne Objekte und stellt damit die Voraussetzung für die Konzeption von einer Such-Interaktion dar. Das Datenbankmodell sowie das Objektmodell müssen einigen Anforderungen genügen, damit sie Daten in geeigneter Form für die darstellenden Komponenten der späteren prototypischen Umsetzungen bereit stellen können. Neben den allgemeinen Anforderungen wie *Integration, Zukunftssicherheit* und der *Vernetzung von Dateneinheiten* müssen spezifische Anforderungen, welche sich aus der Konzeption der Prototypen ableiten, erfüllt werden. Darunter fällt die Anforderung zur *Unterstützung von Nutzungsdaten und Kontext*, also Informationen, welche systemseitig durch die Nutzung der Inhalte der Prototypen entstehen. Zudem fordern die Konzepte eine *Verwaltung von nutzer- und gerätespezifischen Informationen*, wodurch eine Zuordnung der Datensätze zu bestimmten Nutzern und Geräten gewährleistet wird. Das bietet auch die

Möglichkeit, dass ein Nutzer explizit einige Daten vor anderen Daten favorisieren kann. Damit wird eine Gewichtung der Daten erreicht, um eine dynamisch-adaptive Darstellung der grafischen Nutzerschnittstelle zu realisieren. Die wichtigste der spezifischen Anforderungen ist die *Unterstützung einer flexiblen textbasierten Such-Interaktion*, damit eine Interaktion für eine Suchworteingabe mit so wenig Bedienschritten wie möglich unterstützt wird.

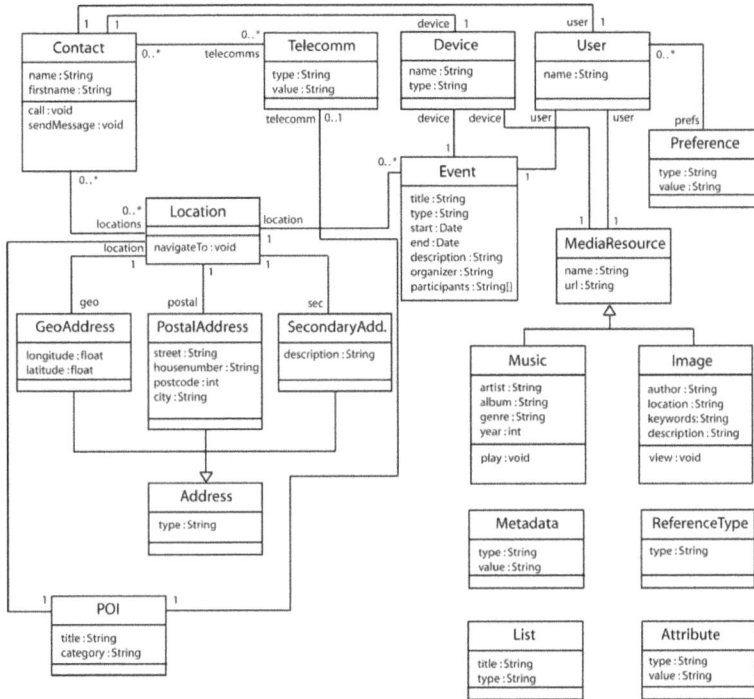

Abb. 4.3.: Objektdarstellung, aus Spießl [2007].

4.2.3. Datenintegration

Um das realisierte Datenbankschema zur Abbildung von integrierten mobilen Endgeräten zu verifizieren, ist ein vertikaler Durchstich beim Füllen der Datenbank vorgesehen. Dazu wurde eine Datenbank mit realen Datensätzen von mobilen Endgeräten befüllt. Im Zuge dessen wurden bei Daten, die in Textform vorlagen, die Inhalte selbst in die Datenbank übertragen. Bei Bild- und Audiodaten wurden lediglich Metadaten in die Datenbank übernommen. Um eine repräsentative, nicht künstlich verfälschte Datenbasis für mobile Endgeräte in der Datenbank zu erhalten, wurden authentische Datensätze von realen Geräten verwendet[1].

Die folgende Tabelle 4.2 zeigt die integrierten Datentypen, ihre Quellen und die unterstützten Funktionen.

Datentyp	Quelle	Funktionen
Kontakte	Microsoft Outlook, v-Card oder CSV-Format	call(anrufen), send(Daten senden), navigateTo(Zielort für Navigation)
Ereignisse	Microsoft Outlook, v-Card oder CSV-Format	*keine Funktionen zugeordnet*
Musik	Apple iTunes (XML-Format), iPod (USB-Direktanbindung)	play(abspielen), pause(anhalten), addToPlaylist (Zu Wiedergabeliste hinzufügen)
Bilder	IPTC-NAA-Standard	view(ansehen)
Orte (POIs)	Navigationssoftware (Navigon) Datenbankexport	navigateTo(Zielort für Navigation)
Container	Komplexe Medien, Anwendungen, Flash-Filme, Neue Datentypen	run(ausführen)

Tab. 4.2.: Typ, Quelle und Funktionen von integrierten Daten aus mobilen Endgeräten.

4.3. Entwurf einer Such-Interaktion für FIS

Durch den Übergang zur Objektorientierung und die Verwendung des Pareto-Prinzips ergibt sich für die Interaktion mit den restlichen 80 % der Daten und Funktionen des FIS die Frage nach einer Interaktionsform, welche den Anforderungen der Integration mobiler Endgeräte gerecht werden kann. In dieser Arbeit wird dafür der Ansatz verfolgt, den Rest des Gesamtsystems mit Hilfe einer Such-Interaktion zugänglich zu machen. Damit wird das komplexe, umfangreiche Gesamtsystem durch eine einfache, intuitive Oberfläche, bei der Suchworteingaben möglich sind, verborgen. Ein erster Ansatz von

---

[1]Für die Integration wurde die Open-Source-Skriptsprache PHP gewählt

Informationssuchsystemen im Fahrzeug findet sich in Ablaßmeier u. a. [2005] und zeigt hohes Potential für die Nutzung im Fahrzeug auf.

Eine Intention der hier vorgestellten Interaktionskonzeption von Suchsytemen im Fahrzeug ist es, das gewünschte Interaktionsziel so effektiv wie möglich zu finden. Hierfür werden nachfolgend Vorschläge für unterschiedliche Such-Interaktionskonzepte vorgestellt. Bei einer Such-Interaktion in einem Fahrzeug spielt die Wahl der Eingabeform für alphanumerische Zeichen eine besondere Rolle. Je nach Konzeptstand werden in dieser Arbeit unterschiedliche Eingabemethoden verwendet. Die Suche nach dem geeignetsten Bedienelement ist Teil von Forschungsthemen und in diesem Zusammenhang kein Hauptaugenmerk dieser Arbeit. Durch die in Abschnitt 4.1.1 vorgestellte Pareto-Trennung der Systeminhalte soll ein Nutzer während der Fahrt lediglich zu 20 % der Zeit den Interaktionsweg mittels Such-Interaktion wählen müssen.

4.3.1. Prämissen für die Suchworteingabe im Fahrzeug

In den folgenden Abschnitten werden die prägnantesten sechs Vertreter der erarbeiteten Konzeptideen für eine Such-Interaktion in FIS vorgestellt. Insgesamt wurden 16 unterschiedliche Konzeptideen generiert (siehe Anhang B), um die geeignetste Ausprägung einer Benutzeroberfläche zur Such-Interaktion für FIS zu finden. Diese große Bandbreite an Benutzeroberflächen wurde bewusst gewählt, da mit ihrer Hilfe die wichtigsten Merkmale für eine Such-Interaktion im Fahrzeug ermittelt werden sollten.

Für die Konzeptideen bestand eine Einschränkung bezüglich des zu verwendenden Bedienelements. Die Konzepte sollten mit den momentan gängigen Eingabemethoden im Fahrzeug (Touchscreen und Dreh-/Drücksteller) weitestgehend bedienbar sein. Die Bewertung der 16 Ideen beinhaltete zum einen die konzeptuelle Prüfung an den Rahmenbedingungen Usability und den Anforderungen für FIS, zum anderen eine Expertenevaluation.

Die Gestaltung richtete sich nach unterschiedlichen Charakteristika zur Differenzierung von Benutzeroberflächen. Diese Grundprämissen wurden vor dem Gestaltungsprozess festgelegt und prägen die Bedienung und das Erscheinungsbild jeder Konzeptidee. Die Grundprämissen lassen sich wie folgt unterteilen:

Eingabe mit sofortiger Ergebnisansicht Die Suchergebnisse werden direkt nach der Eingabe jedes einzelnen alphanumerischen Zeichens angezeigt. Damit erlauben die Konzepte, bei denen dieses Grundprinzip angewandt wird, nach unvollständigen Suchwörter zu suchen. Das Prinzip ermöglicht dem Nutzer eine iterative Suchform, da die Ergebnismenge nach dem n-ten alphanumerischen Zeichen immer eine Untermenge des $n-1$-ten Zeichens darstellt. Eine iterative Suchform bietet bei der Darstellung einen Vorteil für den Nutzer, weil Informationen über die verbleibende Ergebnisanzahl direkt angezeigt werden. Damit kann ein Nutzer leicht die mindestens nötige Anzahl einzugebender Zeichen erreichen, um ein gewünschtes Suchergebnis eindeutig zu bestimmen. Die Verkürzung der einzugebenden Zeichen stellt einen Vorteil gegenüber der Eingabe des gesamten Suchwortes während der Fahrt dar. Der Vorteil liegt in der Reduktion der notwendigen Bedienschritte und damit im geringeren Ablenkungspotential. Die Anzeige von Suchergebnissen bei einer niedrigen Anzahl von eingegebenen Zeichen stellt eine Herausforderung dieses Ansatzes dar. Für häufig vorkommende Kombinationen oder Einzelbuchstaben wird der Suchraum nicht weit genug eingeschränkt und es kommt zu einer großen Anzahl von anzuzeigenden Suchtreffern.

Suche mit nutzerinitiierter Auslösefunktion Steht diametral zur Eingabe mit sofortiger Ergebnisansicht. Es können ebenfalls unvollständige Suchwörter eingegeben werden, allerdings erfolgt die Anzeige der Ergebnisse erst durch das explizite Auslösen durch den Nutzer. Dieses Prinzip ist, nach dem Vorbild der Google Internet Suche, durch einen Such-Button geprägt. Ein Vorteil gegenüber der Eingabe mit sofortiger Ergebnisansicht liegt darin, dass im Verlauf der Suchworteingabe weniger Informationen angezeigt werden, die potentiell nicht das gesuchte Ergebnis enthalten. Durch das explizite Anfragen des Ergebnisses muss der Nutzer eine erste Einschätzung der minimal notwendigen alphanumerischen Zeichen selbst vornehmen. Diese Suchmethode eignet sich gut für den Einsatz von Korrekturalgorithmen von Rechtschreibfehlern, da durch das nutzerinitiierte Auslösen ein definierter Suchstring für die Korrekturalgorithmen zur Verfügung steht.

Kategorie-Suche Bei dieser Interfaceform wird der Nutzer durch den Dialog des Interfaces angeleitet, möglichst viele Einschränkungen des Suchraumes vor der Eingabe des Suchwortes vorzunehmen. Die Filterung wirkt sich direkt auf die Darstellung der Benutzeroberfläche aus. Die angezeigten Ergebnisse sind für den Nutzer erwartungskonform, da sie nicht aus für den Nutzer irrelevanten Bereichen des Suchraumes stammen. Als Beispiel sei hier die Ambiguität des Wortes „Berlin" angeführt, welches sowohl als Stadt, wie auch als Interpretenname aus dem Bereich der Musik ein mögliches Suchergebnis liefern kann. Kommen zu den direkten Wortübereinstimmungen auch noch die Treffer für unvollständige Suchwörter wie „Berlinale", ähnliche Suchbegriffe („Merlin") sowie Ergebnisse aus der Objektstruktur (alle POIs in Berlin, alle Titel und Alben der Gruppe Berlin) zur Anzeigestrategie hinzu, werden die darzustellenden Ergebnisse ohne eine Kategorie-Filterung schnell unübersichtlich bzw. hoch in der Trefferanzahl.

Direktsuche Im Ablauf der Interaktion steht die Direktsuche diametral zur KategorieSuche. Der Unterschied besteht darin, dass bei der Direktsuche nach Eingabe eines Suchwortes Ergebnisse aus dem gesamten Suchraum des Systems angezeigt werden. Da es keinerlei Kategorisierung vor der Sucheingabe gibt, ist die Darstellungsart und die Reihenfolge, in der die Ergebnisse präsentiert werden, die wichtigste Eigenschaft dieser Interaktionsform. Mögliche Darstellungsformen können von kategorisierter Anzeige (die n-besten Treffer pro Kategorie), über Anzeige nach spezifischem Ranking-Algorithmus (die besten/wahrscheinlichsten Treffer am Anfang, vgl. Page u.a. [1999]) bis hin zu einer unsortierten Ergebnisliste reichen. Im Ablauf dieser Such-Interaktion besteht die Möglichkeit, nach der Ergebnisanzeige die Ergebnismenge optional zu filtern.

Suchworteigenschaften Hierbei wird vor allem zwischen vollständigen und unvollständigen Suchwörtern unterschieden. Eine Suche mit vollständigen Suchwörtern bringt beispielsweise keine Suchergebnisse für Buchstabenfolgen wie „Quee", wenn nach einem Begriff wie „Queen" gesucht wird. Eine weitere Unterscheidung ist bei der Suche über Teilbegriffe des gesuchten Objektes zu sehen. Hier würden zum Beispiel auch Ergebnisse wie „United States **of** America" bei einer Eingabe der Buchstabenkombination „of" angezeigt werden. Die Hinzunahme von unvollständigen Suchwörtern sowie Teilbegriffen erhöht die Komplexität der Suche und die Anforderungen an die Darstellung der Suchergebnisse (z.B. Kennzeichnung der gesuchten Zeichenfolge). Andererseits erlaubt dies dem Nutzer eine komfortablere Eingabe, da er lange Suchwörter nicht vollständig ausschreiben muss oder keine Kenntnisse über die exakte Repräsentation des Suchwortes in der Datenbank kennen muss („The Queen" wird auch bei Eingabe der Zeichenfolge „Queen" gefunden).

Einschränkung des alphanumerischen Zeichensatzes Dabei wird für die Eingabe einer Zeichenkombination nach dem n-ten Zeichen überprüft, welche Zeichen für die Eingabe des $n + 1$-ten Zeichens noch zu Treffern in der Suchdatenbank führen. Die Zeichen, welche keine Ergebnisse mehr liefern, werden aus der Menge der einzugebenden Zeichen entfernt. Ein Vorteil dieser Darstellungsmethode ist, dass es dabei nicht zu Suchergebnissen mit leerer Ergebnismenge kommen kann. Die Darstellung der noch gültigen Zeichen im Zeichensatz für das nächste einzugebende Zeichen erschwert sich je nach Eingabemethode. Für Handschrifteingaben oder Keyboards mit Hardkeys ist die Herausforderung besonders groß, da sie bei der Eingabe des Zeichens ohne eine Bildschirmanzeige auskommen.

4.3.2. Konzeptideen für eine Such-Interaktion in FIS

Die im folgenden aufgeführten Konzeptideen zur Such-Interaktion waren Hauptbestandteil der im Zuge der vorliegenden Arbeit entstandenen Diplomarbeit von Dipl.-Inf. Anneke Winter. Weitere Konzeptideen sowie genauere Beschreibungen zu diesen sind in Winter [2007] abgebildet.

4.3.2.1. Konzeptidee - „Tabs"

Das Konzept nutzt zur Visualisierung der Suchergebnisse eine Karteikartenmetapher. Ähnlich wie bei einem Karteikarten- oder Aktensystem, welches die Gesamtmenge an Dokumenten in Reiter unterteilt, werden Kategorieaufteilungen genutzt, um die Suchergebnisse zu sortieren. Ein Reitersystem bzw. Tabsystem ist ein bewährtes Prinzip in der Desktopdomäne, das thematisch getrennte Inhalte über dieselbe Darstellungsform visualisiert. Zur Bedienung der Tabs kann Transferwissen aus dem Desktopbereich herangezogen werden, vgl. Krug [2006].

Auf jedem Tab werden die Suchergebnisse einer einzelnen Kategorie in einer Ergebnisliste angezeigt (siehe Abbildung 4.4). Die Tab-Kategorien differenzieren sich durch unterschiedliche Iconisierung und Farbgebung sowie durch die textuelle Angabe der dargestellten Kategorie. Die Auswahl der Kategorien auf den Tabs kann an den Kontext der Suche angepasst werden. Auf den Tabs könnten einerseits Hauptkategorien angeordnet sein. In einer kontextspezifischen Suche könnten andererseits auch Unterkategorien dargeboten werden. Das ermöglicht eine dynamische Anpassung an verschiedene Sortierungskriterien, wobei das Layout und die Bedienbarkeit von der Veränderung weitestgehend unangetastet bleiben. Das erlaubt zum Beispiel eine Belegung, bei der die integrierten mobilen Endgeräte (Handy, iPod etc.), Nutzungszeitpunkte (heute, gestern, letze Woche etc.) oder Nutzungshäufigkeiten separiert dargestellt werden können.

Initial enthalten die Tabs alle Elemente der zugehörigen Kategorie, wodurch der Nutzer sie sich über eine Liste anzeigen lassen kann. Im Fall von Kontakten erhält der Nutzer die gesamte ungefilterte Kontaktliste. Die Vermeidung von zu langen Listen bei der Suche nach dem gewünschten Interaktionsobjekt wird durch die Eingabe alphanumerischer Zeichen erreicht. Zur Eingabe eines Suchbegriffs steht dem Nutzer ein Eingabefeld zur Verfügung. Bei eingegebenem Suchwort zeigt jedes Tabs die Anzahl der Treffer für die gewählte Zeichenfolge in der zugewiesenen Kategorie an (siehe Abbildung 4.4). Die Restmenge ist ein Indiz für die Einschränkung der Ergebnismenge. Das Ziel des Nutzers ist eine möglichst kleine Anzahl von Suchergebnissen, um das Suchziel in der Tab-Liste einfach auswählen zu können.

Jedes einzelne Element der Ergebnisliste bietet eine Direktauswahl der wichtigsten Objektfunktionen an. Für einen Kontakt sind das zum Beispiel die Anruf-, Navigations- und E-Mail-Funktion (siehe Abbildung 4.4).

Neben den Kategorie-Tabs ermöglicht ein „Favoriten-Tab" das Sammeln von Suchergebnissen mit besonderer Bedeutung. Jedes Einzelobjekt kann für die Aufnahme in das Favoriten-Tab markiert werden. Neben dem manuellen Hinzufügen von Elementen in das Favoriten-Tab ist eine automatische Befüllung durch die Hinzunahme der häufig gesuchten Objekte sinnvoll.

Anforderungen: Eine wichtige Anforderung für diese Konzeptidee stellt die Eingabe der alphanumerischen Zeichen dar. Die Einschränkung der Ergebnislisten auf den Tabs ist essentieller Bestandteil der Interaktion, dementsprechend soll das Eingabeelement den Eingabeaufwand minimieren. Für die restliche Interaktion in den Listen kann jegliche Form von Eingabeelementen zur Listenbedienung herangezogen werden. Hierfür wäre ein in der automotiven FIS-Bedienung etablierter Dreh-/Drücksteller ein geeignetes Eingabelement (Bsp. siehe Abbildung 2.9a).

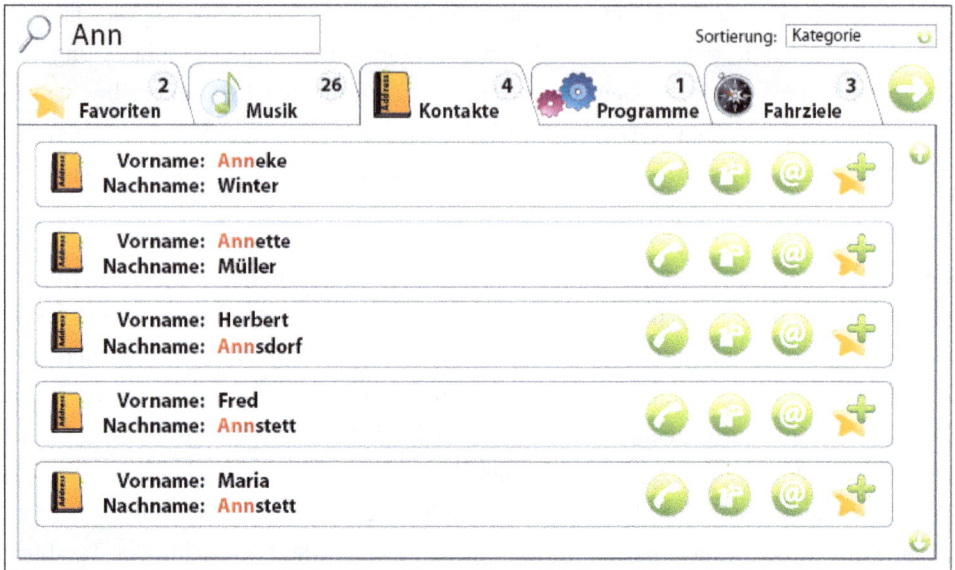

Abb. 4.4.: Benutzeroberfläche der Konzeptidee „Tabs". Darstellung aller „Kontakte", welche die Zeichenfolge „Ann" beinhalten.

Stärken:

- **Übersichtlichkeit:** Mit Hilfe der Tabs werden die Ergebnisse in Kategorien getrennt dargestellt. Auf eine intuitive Kategorisierung sowie eine möglichst starke Trennung der Kategorieinhalte ist zu achten, damit der Nutzer eine sinnvolle und rasche Entscheidung für ein Tab treffen kann, welches das gesuchte Objekt beinhaltet.

- **Bekanntheitsgrad / Einfachheit**: Die Karteikartenmetapher ist einfach und schnell nachzuvollziehen, da sie bereits in der Desktop-Domäne (hauptsächlich für Systemeinstellungen) Verwendung findet. Somit kann von einem hohen Bekanntheitsgrad und einem geringen Lernaufwand ausgegangen werden.

- **Visualisierungsmöglichkeiten pro Kategorie:** Die örtliche Trennung der Tab-Kategorien am Bildschirm ermöglicht eine gute Informations-Strukturierung. Zudem wirkt eine sinnvolle Icon-Auswahl unterstützend bei der Erkennung der jeweiligen Ergebnislisten (z. B. CD-Cover für Musik oder eine Landkarte für "Points of Interest").

- **Hoher Freiheitsgrad in der Wahl des Bedienelementes:** Die einfache, strukturierte Darstellung erlaubt eine flexible Wahl des Bedienelementes, welche von Richtungstasten über Dreh-Drücksteller bis hin zu einem Touchscreen denkbar ist.

Schwächen:

- **Konservatives MMI:** Der Innovationsgrad der Tab-Darstellung ergibt sich aus einer Anpassung der Desktop-Metapher an die automotiven Anforderungen. Dadurch zählt diese Variante der Benutzeroberflächen zu den konservativeren Ideen (vgl. Interface-Sammlung Anhang B), was sich in den Bewertungen für „Likeability"[2] und „Joy of Use"[3] widerspiegeln könnte (vgl. Abbildung 5.13 oder 5.14).

- **Visualisierungsmöglichkeiten für Unterkategorien:** Eine Iconauswahl für Unterkategorien ist oftmals schwierig, da die Anzahl von Unterkategorien sehr hoch sein kann. Es werden hohe gestalterische Anforderungen gesetzt, damit alle Icons für Unterkategorien für den Nutzer unterscheidbar sind.

- **Suchraumeinschränkung:** Das Interface hängt stark von der Eingabe alphanumerischer Zeichen ab, da die Einschränkungsmöglichkeit der Ergebnislisten nur über deren Eingabe möglich ist. Ein hoher Bedienkomfort kann nur durch eine einfache Alphanumerikeingabe erzielt werden.

4.3.2.2. Konzeptidee - „Bubbles"

Dieses Bedienkonzept ist stark grafisch geprägt. Im ersten Interaktionsschritt werden die Suchergebnisse mittels alphanumerischer Eingabe eingeschränkt, die Ergebnisanzeige ist nach Kategorien aufgeteilt. Im Unterschied zur Tab-Variante wird nicht eine Kategorie sofort angezeigt, sondern die Suchtrefferanzahl wird in Kreisen, den sogenannten "Bubbles", dargestellt (siehe Abbildung 4.5). Die Größe eines Kreises stellt eine Referenz für die Anzahl der enthaltenen Suchergebnisse dar. Neben den Hauptkategorien zeigen kleinere Kreise, welche als Elemente des Hauptkategorie-Kreises dargestellt sind, die Trefferanzahl in den zugehörigen Unterkategorien an. Liefert die Suche in einer Kategorie keine Ergebnisse, so wird dieser Kategorienkreis nicht angezeigt. Die Anordnung der

---

[2]Likeability: Der Grad, wie gern ein Nutzer die Software mag.
[3]Joy of Use: Das Maß an Spaß, welches der Nutzer während der Bedienung der Anwendung erlebt.

Kategorienkreise soll zur Orientierung und Erlernbarkeit "ortsfest" geschehen. Beispielsweise werden Musikergebnisse immer im Kreis Mitte-rechts angezeigt. Das räumliche Erinnerungsvermögen der Anwender kann dadurch die Bedienbarkeit erhöhen.

Wird eine Kategorie ausgewählt, vergrößert sich das zugehörige Bubble mittels einer Zoom-Animation und belegt den maximal verfügbaren Platz auf dem Display. Zusätzlich wird mit Hilfe eines semantischen Zooms zur Visualisierung der Ergebnislisten der Unterkategorien übergegangen (siehe Abbildung 4.5 links unten). Die Unterkategorie-Listen können nun nach einzelnen Ergebnissen durchsucht werden. Nach Auswahl eines Objektes in einer Ergebnisliste dreht sich das entsprechende Unterkategorien-Bubble auf die Rückseite. Dort werden alle Informationen des ausgewählten Elementes inklusive der zur Verfügung stehenden Objekt-Funktionen (siehe Abbildung 4.5 rechts unten) angezeigt.

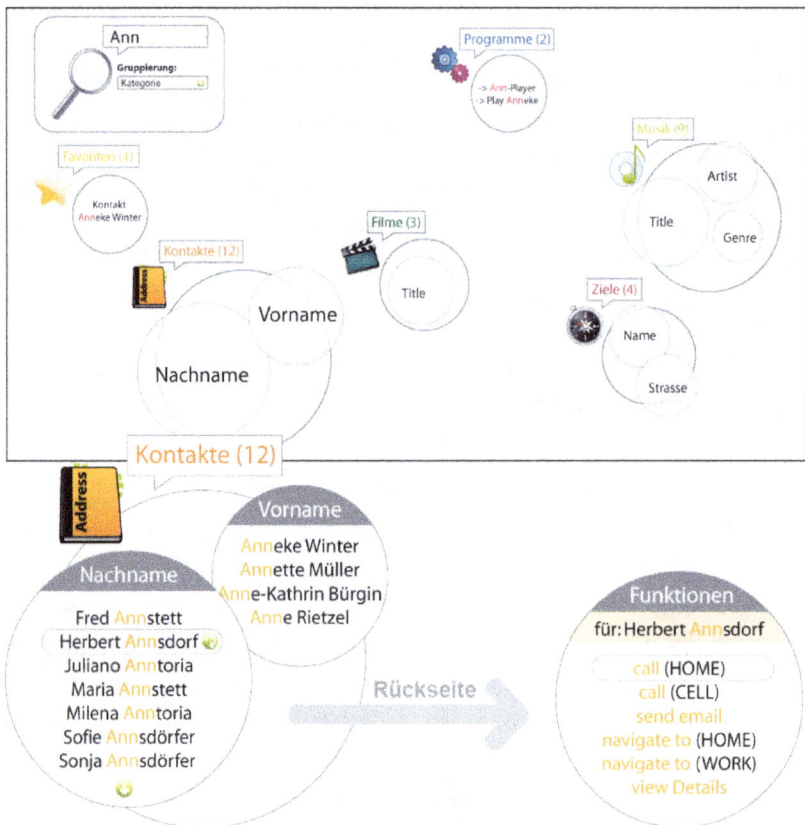

Abb. 4.5.: Benutzeroberfläche der Konzeptidee „Bubbles". Quantitativer Überblick über alle Kategorien, in denen Ergebnisse mit „Ann" gefunden wurden.

Anforderungen: Diese Benutzeroberfläche stellt eine größere Anforderung an die Displaygröße als das „Tabs"-Interface, da in den Kategoriekreisen durch die simultane Anzeige der Unterkategorie-Informationen eine hohe lokale Informationsdichte aufkommt. Für eine gute visuelle Informationsaufnahme ist in diesem Konzept eine größere Displayfläche als die derzeit im automotiven Bereich eingesetzten Bildschirme (max. 10 Zoll) von Vorteil. Durch die Darstellung mehrerer Kategorieebenen auf einem Bildschirm fördert das Konzept eine direkte Manipulation der Displayinhalte (z. B. per Touchscreen-Bedienung).

Die Anforderungen an die alphanumerische Eingabe sind in etwa genauso hoch wie beim Tab-Konzept, da die Einschränkung der Ergebnisse hier ebenfalls nur durch alphanumerische Eingaben sinnvoll möglich ist.

Stärken:

- **Einfaches mentales Modell:** Die kategorisierte Aufteilung und Visualisierung der Ergebnismenge in größenabhängige Kreise ermöglicht eine einfache Zuordnung der Trefferanzahl zur Anzeige. Aufgrund der dynamischen Größenänderung nach Eingabe eines Buchstabens kann auch längeres visuelles Fixieren der textuellen Informationen auf dem Bildschirm vom Nutzer erkannt werden (je größer die Kreise, desto größer die Menge der gefundenen Elemente in der jeweiligen Kategorie).

- **Ermöglicht einen quantitativen Überblick:** Die Kreisdarstellungen bieten einen guten Überblick über die Datenverteilung in den Kategorien des Gesamtsystems. Der Nutzer kann dabei die Veränderung der Darstellung bei der Eingabe des Suchbegriffes als Indiz für seine weitere Eingabe nutzen und daran seine Suchstrategie anpassen.

- **Innovatives MMI-Konzept:** Der Innovationsgrad der Darstellung und der Bedienung dieses Konzepts ist gegenüber den anderen betrachteten Konzepten sehr hoch, was der Konzeptidee einen höheren „Joy of Use" sowie Vorteile in Bezug auf die „Likeability" der Anwendung bringen kann.

Schwächen:

- **Eingabegerätewahl:** Die Anordnung der Kreise auf eine zweidimensionale Interaktionsfläche bedingt eine eingeschränkte Auswahlmöglichkeit des Eingabegerätes. Da Dreh-/Drücksteller oder auch Dreh-/Drücksteller mit Schiebefunktion aufgrund ihrer Freiheitsgrade für eine zweidimensionale Eingabe nur bedingt einsetzbar sind, eignen sich für diese Konzeptidee Pointing-Device[4]-Eingabegeräte mit der Möglichkeit zur direkten Manipulation.

- **Suchraumeinschränkung:** Die Reduktion des Suchraumes ist in diesem Konzept nur mittels der alphanumerischen Eingabe durchführbar, was deren Relevanz für das Erreichen des Interaktionsziels hervorhebt. Eine weitere Filterfunktion der Daten ist zur redundanten Einschränkung des Suchraumes nicht vorgesehen.

- **Unintuitives Mapping:** Die Kreise visualisieren durch den Durchmesser die Anzahl der Ergebnisse einer Kategorie. Die Zuordnung der Suchergebnismenge zum Kreisdurchmesser verursacht bei präziser werdendem Suchwort bzw. bei abnehmender Ergebnismenge ein Schrumpfen des Kategorie-Kreises. Die Unterstützung des mentalen Modells (viele Ergebnisse → großer Kreis) lässt sich mit der Relevanzanforderung bei der Terminierung der Suche (wichtiges Ergebnis → viel Anzeigefläche) nicht kombinieren.

4.3.2.3. Konzeptidee - „Kategorienkreisel"

Das Konzept basiert auf einer kreisförmigen Visualisierung der zu durchsuchenden Kategorien. Dazu kann während der Suche eine entsprechende Kategorie vom Nutzer ausgewählt werden. Die Eingabe des Suchwortes erscheint in einem Eingabefeld oberhalb des Kategorienkreisels (vgl. Abbildung 4.6). Die Darstellung der gefundenen Ergebnisse erfolgt in einer Ergebnisliste unterhalb der gerade ausgewählten Suchkategorie. Diese gewählte Visualisierung ermöglicht ein einfaches Verständnis der vom Nutzer durchzuführenden Aufgaben und somit eine gute Nutzerführung während des Suchdialogs. Der gewählte strukturierte Ablauf der Suche ohne Unterkategorien kann durch die Hinzunahme eines Unterkategoriekreisels konzeptuell erweitert werden. Diese Erweiterung wurde aber bewusst nicht in die Konzeptidee integriert, um dem Konzept eine reduzierte und einfache Darstellung zu ermöglichen.

---

[4]Gerät, zur direkter Manipulation von Bildschirminhalten, z. B. Maus.

Für die Auswahl von Funktionen eines gefundenen Einzelobjekts wurden zwei alternative Darstellungen erarbeitet (Abbildung 4.6 Mitte/rechts). Die textbasierte Funktionsvisualisierung bietet den Vorteil, dass die dargestellten Funktionen relativ frei gewählt und mit dem Suchobjekt verknüpft werden können. Damit ist eine Anzeige von sehr spezifischen Objektdetails in einem frühen Stadium des Benutzerdialogs möglich. Die iconisierte Darstellung bietet im Gegensatz dazu den Vorteil der Einfachheit und der besseren Erkennbarkeit während der Fahrt. Eine Darstellung der Icons ergibt größenbedingt eine geringere Funktionsanzahl pro Suchobjekt. Zudem müssen die Icons voneinander unterscheidbar sein, was gerade für Unterkategorien und Funktionen mit ähnlichem Charakter eine schwierigere Aufgabe ist. Welche Darstellung für den Einsatz im Fahrzeug die geeignetere ist, muss in einer Usability-Studie gegebenenfalls evaluiert werden.

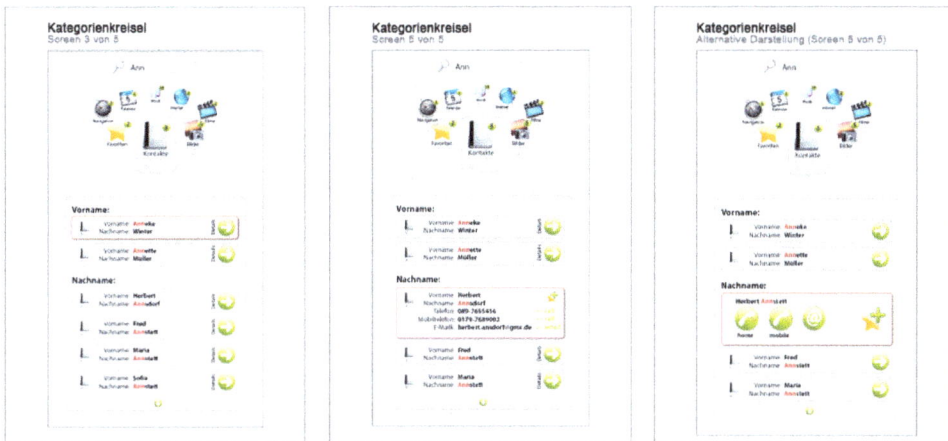

Abb. 4.6.: Benutzeroberfläche der Konzeptidee „Kategorienkreisel". Dargestellt sind die Schritte 3 und 5 des Bedienablaufs. Zuerst muss im „Kategorienkreisel" die alphanumerische Eingabe getätigt werden (Schritt 1), danach wird eine entsprechende Kategorie ausgesucht (Schritt 2), bevor über die Ergebnisanzeige (Schritt 3) das gesuchte Objekt ausgewählt (Schritt 4) und die gewünschte Funktion des Objekts gestartet werden kann (Schritt 5). Die Darstellung rechts zeigt eine Visualisierungsalternative für Schritt 5.

Anforderungen: Die Anordnung der benötigten Bildschirmelemente bedingt ein hochformatiges Screendesign. Daraus ergeben sich Anforderungen bzw. Einschränkungen bezogen auf die Auswahl des verwendeten Displays und den Bauraum bzw. den Ort des

Displays. Aufgrund des Displayschnitts ist eine Verwendung in derzeitigen Kombinationsinstrumenten denkbar.

Das Eingabegerät muss die Freiheitsgrade der Rotation und der Auswahl bestimmter Elemente unterstützen, weshalb ein Dreh-/Drücksteller sinnvoll erscheint. Aufgrund der grafischen Darstellung des Kreisels ist aber auch eine Direktmanipulation mittels Touchscreen denkbar.

Für dieses Konzept gelten dieselben Anforderungen an die alphanumerische Eingabe wie in Abschnitt 4.3.2.1 und 4.3.2.2 beschieben.

Stärken:

- **Bedienbarkeit:** Durch das zu Grunde liegende, einfache mentale Modell (linearer Ablauf) kann eine gute und einfache Bedienbarkeit des Systems erwartet werden.

- **Kreiseldarstellung:** Kategoriekreisdarstellungen finden als Bedienkonzepte immer häufiger Anwendung in technischen Produkten (vgl. Apple Media Center bzw. Windows Media Center). Die stark grafisch geprägte Ausführung der Benutzeroberfläche kann einen hohen „Joy of Use" und eine gute „Likeability" bei diesem Konzept begünstigen.

- **Ergebnisanzeige:** Die Anzeige der Suchergebnisliste fällt weniger komplex aus, da Ergebnisse nur aus einer bestimmten Kategorie angezeigt werden. Die mögliche Einschränkung des Suchbereiches durch die Auswahl der „Kategorie" am Anfang der Interaktion fördert die Verkürzung der Antwortzeit des Suchsystems, gerade in Bezug auf die zu erwartenden großen Datenmengen und damit verbundenen Suchzeiten.

Schwächen:

- **Suchraumeinschränkung:** Das Interface hängt von der Eingabe alphanumerischer Zeichen ab, da die sinnvolle Einschränkungsmöglichkeit der Ergebnislisten pro Kategorie nur über deren Eingabe möglich ist. Ein hoher Bedienkomfort kann nur durch eine einfache Alphanumerikeingabe erzielt werden.

- **Displayschnitt:** Die Beschränkung auf hochformatige Displayschnitte schränkt die Verwendung im Fahrzeug ein, da die Platzvorgaben im Fahrzeug eine flexible Gestaltung des Bedienkonzepts bedingen.

4.3.2.4. Konzeptidee - „Visual Sandbox"

Dieses Konzept unterscheidet sich von den bisher vorgestellten sehr stark in der grafischen Gestaltung der Benutzeroberfläche und des Bedienablaufs. Dem Nutzer steht eine Suchfläche, die "Sandbox" (siehe Abbildung 4.7 oben links), zur Verfügung, in welcher er eine Suchanfrage grafisch zusammenstellen kann. Dazu sind für den Nutzer unterhalb der Suchfläche verschiedene „Such-Filter" verfügbar, welche für eine Suchanfrage in die „Sandbox" gezogen werden müssen. Hierfür wird neben einer Eingabe von Buchstaben zusätzlich das Einbeziehen einzelner Kategorien in das Anfragefeld erlaubt (siehe Abbildung 4.7). Des Weiteren kann die Anfrage auf bestimmte Datenquellen wie beispielsweise an das System angeschlossene mobile Endgeräte beschränkt (siehe Abbildung 4.8) werden. Eine zusätzliche Möglichkeit der Suchraumeinschränkung besteht im Angebot verschiedener zusätzlicher Filter, welche die Suche beispielsweise auf "kürzlich benutzte" oder "neu erstellte" Elemente beschränkt. Diese optionalen Filter erlauben geübten Nutzern eine noch schnellere Abarbeitung ihrer Suchanfrage, weshalb das Interface sowohl im Erstkontakt mit einer geringeren Funktionalität als auch für Fortgeschrittene, durch eine Funktionserweiterung, geeignete Mechanismen für die Suchanfragen anbietet.

Die Ergebnisliste mit den gefundenen Objekten der spezifizierten Suche wird im rechten Bildschirmbereich dargestellt. Diese Liste wird aktualisiert, sobald neue Filter in die "Sandbox" aufgenommen werden. Bei der Auswahl einzelner Elemente der Liste werden die zugehörigen verfügbaren Objekt-Funktionen (siehe Abbildung 4.7 grün markierter Bereich auf der rechten Seite) in iconografischer Form angezeigt.

Anforderungen: Für die Bedienung der unterschiedlichen Filterfunktionen und Suchraumeinschränkungen eignet sich eine direkte Manipulation mittels eines Touchscreens am besten. Eine Interaktion mittels Dreh-/Drücksteller erscheint schwieriger, da das Ziehen der Filter in die „Sandbox" (per Drag & Drop) mit den Freiheitsgraden eines Dreh-/Drückstellers komplexer ist, als mittels direkter Manipulation. Damit stellt das Konzept ähnliche Anforderungen wie das Bubbles-Konzept, ist aber aufgrund der

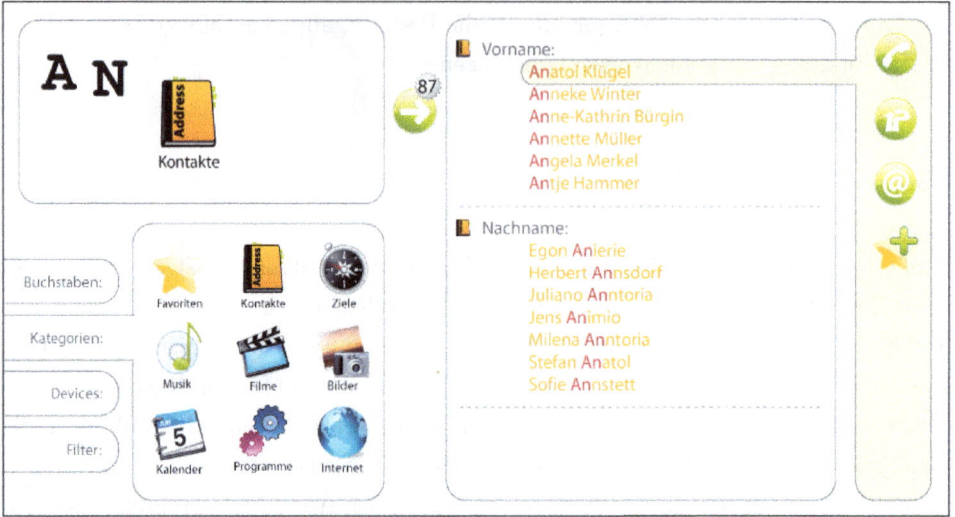

Abb. 4.7.: Benutzeroberfläche der Konzeptidee „Visual Sandbox". Die „Sandbox" beinhaltet die Buchstaben „AN" sowie alle „Kontakte".

Abb. 4.8.: Benutzeroberfläche der Konzeptidee „Visual Sandbox" mit zusätzlicher Einschränkung. Die Ergebnismenge beinhaltet nach der Einschränkung nur noch „Kontakte" von „Phone" mit „AN".

größeren Einschränkungsmöglichkeiten nicht ausschließlich von einer alphanumerischen Eingabe zur Objektfindung abhängig.

Stärken:

- **Erweiterbarkeit:** Das Einbringen der erweiterten Suchfilter erlaubt eine Anpassung der Interaktion an den Kenntnisstand des Nutzers. Das Interface liefert sowohl Anfängern als auch dem fortgeschrittenen Nutzer angemessene Such-Instrumente.

- **Innovatives MMI Konzept:** Der Innovationsgrad der Interaktion dieses Konzepts ist gegenüber den häufig Verwendung findenden Sucheingabefeld-Konzepten (vgl. Google-Sucheingabe) sehr hoch.

- **Suchraumeinschränkung:** Die visuelle Zusammenstellung der Suche durch einzelne Komponenten ermöglicht dem Nutzer eine permanente Kontrolle der verwendeten und noch verfügbaren Einschränkungsmöglichkeiten. Neben der alphanumerischen Einschränkung des Suchraumes stehen dem Nutzer Filter zur Verfeinerung seiner Anfrage zur Verfügung. Dies ermöglicht je nach Filterwahl einen parallelen Weg zum Auffinden des gesuchten Objektes ohne die Dominanz einer alphanumerischen Eingabe.

Schwächen:

- **Abhängigkeit von direkter Manipulation:** Die beste Interaktionsmöglichkeit zur Auswahl der Filter besteht in einer direkten Manipulation der Filterelemente auf der Bildschirmoberflächn. Dazu muss der ausgewählte Filter vom Nutzer direkt in das Sucheingabefeld gezogen werden. Diese Interaktion erleichtert die Bildung eines mentalen Modells des verwendeten Suchsystems bzw. Benutzeroberfläche.

- **Mentales Modell:** Bei diesem mentalen Modell ist zu erwarten, dass Nutzer, die das System zum ersten Mal bedienen, einen erhöhten Lernaufwand haben. Bei bisherigen Suchsystemen wird ein Zusammenstellen der Suche durch Ziehen von Filtern in ein „Suchgebiet" nicht eingesetzt. Die gestalterischen Anforderungen sind hoch, um einen Erstnutzer gut durch den Bediendialog führen zu können.

4.3.2.5. Konzeptidee - „Omnipräsente Suche"

Dieses Konzept ist mit existierenden Desktop Suchsystemen verwandt. Diese haben die Eigenschaft, das zusätzlich zur normalen Benutzeroberfläche eines FIS ein Sucheingabefeld für kontextbasierte Suchanfragen exisitert. Die „Omnipräsente Suche" ermöglicht demnach neben der Benutzeroberfläche des eigentlichen FIS zusätzlich eine kontextbasierte Such-Interaktion über ein Sucheingabefeld. Dadurch bekommt der Nutzer, je nachdem in welchem Funktionsbereich eines hierarchischen Menüsystems er sich befindet, Ergebnisse angezeigt, welche mit dieser Kategorie des FIS verknüpft sind. Wird eine Suche im Hauptmenü des FIS gestartet, werden Ergebnisse aus allen Kategorien des FIS angezeigt. Die Suchergebnisse werden nach der Eingabe des ersten alphanumerischen Zeichens dargestellt (siehe Abbildung 4.9).

Abb. 4.9.: Benutzeroberfläche der Konzeptidee „Omnipräsente Suche". Die Such-Interaktion wird über ein bestehendes FIS gelegt.

Neben dem Eingabefeld stehen dem Nutzer zusätzliche Filter für die Auswahl der angezeigten Kategorien bereit. Diese werden entsprechend des Kontextes, aus dem die Suche aufgerufen wird, automatisch eingestellt. Die Filter können vom Nutzer manuell angepasst werden. Die Ergebnisse werden in Form einer Liste präsentiert, welche nach Kategorien geordnet ist. Eine exemplarische Bedienabfolge ist in Abschnitt 5.1.3.2 eingehend erklärt.

Anforderungen: Da die Such-Interaktion parallel zu einem normalen FIS angeboten wird, muss für dieses Konzept eine intuitive Bedienhandlung zum Wechsel zwischen den beiden Interaktionskonzepten geschaffen werden. Der Nutzer unterbricht die Interaktion mit dem normalen FIS beim Wechsel zur Suche bewusst, weswegen sich für diesen Wechsel ein separates Hardware-Bedienelement anbietet.

Auch in diesem Konzept erfolgt die Anzeige der Suchergebnisse mittels Eingabe alphanumerischer Zeichen. Die Verwendung des Kontextes erlaubt jedoch den Suchraum vor der Eingabe sinnvoll einzuschränken. Dies lässt die Suche schneller terminieren und damit kann in vielen Fällen von einer geringeren Anzahl einzugebender Zeichen ausgegangen werden.

Durch die Einbeziehung des Kontextes muss ein Algorithmus gefunden werden, welcher die Einschränkung oder die Priorisierung der Suchergebnisse vornimmt. Die Nutzung dieser Form der Adaptivität muss für den Nutzer verständlich und vorhersehbar gestaltet werden.

Stärken:

- **Parallelsystem zu FIS:** Der Nutzer kann aus jeder laufenden FIS-Anwendung die Suche als paralleles Interaktionskonzept aufrufen.

- **Automatische Einschränkung des Suchraums:** Ein Vorteil ist die adaptive Einschränkung des Suchraumes, indem kontextsensitiv diverse Kategorien aus der Suche ausgeschlossen werden.

- **Einfachheit:** Das Konzept zeigt Vorteile durch seine Einfachheit. Der Nutzer bedient ein normales FIS und kann zusätzlich über ein Suchsystem Objekte finden, die er in der Menühierarchie des FIS nicht findet. Dieser Ansatz wird vor allem in Desktop-Suchsystemen wie zum Beispiel Apples Spotlight verfolgt.

Schwächen:

- **Suchraumeinschränkung:** Da die Suche nur durch Eingabe von alphanumerischen Zeichen eine Ergebnisliste darstellt, darf der initiale Aufwand zur Zeicheneingabe nicht hoch sein.

- **Adaptivität:** Die Transparenz der adaptiven Anpassung von Suchergebnissen ist durch Einbeziehung des Kontextes eine Herausforderung bei der Umsetzung des Konzepts.

- **Layout der Benutzeroberfläche:** Durch die Anordnung des Suchsystems parallel zum FIS steht prinzipiell weniger Anzeigefläche zur Verfügung, da der Kontext des FIS visuell nicht gänzlich verlassen werden sollte.

4.3.2.6. Konzeptidee - „Funktionsbasierte Suche"

In diesem Konzept wird die Suche mit Hilfe eines funktionsbasierten Ansatzes durchgeführt. Das bedeutet, dass der Suchraum vom Nutzer am Anfang einer Suche durch die Angabe der angestrebten Funktion eingeschränkt werden muss (siehe Abbildung 4.10). Wird beispielsweise ein „Anruf" geplant, so werden bei der Suche in der Datenbank und der Ergebnisanzeige die Datenbereiche aller Musikdaten, Fahrzeuginformationen oder Kontakte ohne Telefonnummern ignoriert. Dadurch wird die Antwortzeit des Suchsystems verkürzt und die Anzeige der Suchergebnisse ist weniger komplex, da nur Ergebnisse gezeigt werden, welche die Funktion „Anruf" auch unterstützen.

Anforderungen: Die Anordnung der benötigten Bildschirmelemente bedingt ein querformatiges Screendesign. Dies schränkt die Auswahl des verwendeten Displays, den Bauraum sowie die Platzierung des Displays ein.

Das Eingabegerät muss die Freiheitsgrade der Rotation und der Auswahl bestimmter Elemente unterstützen, weshalb ein Dreh-/Drücksteller sinnvoll erscheint. Aufgrund der grafischen Darstellung und des Ablaufes müsste ein Dreh-/Drücksteller zusätzlich den Sprung zwischen den Bereichen „Funktionsauswahl", „Suchworteingabe" und „Ergebnisliste" unterstützen (z. B. mittels horizontaler Schieberichtungen). Bei dem in Abbildung 4.10 dargestellten Layout ist ebenfalls eine Direktmanipulation mittels Touchs-

creen realisierbar. Für dieses Konzept gelten dieselben Anforderungen an die alphanumerische Eingabe wie in Abschnitt 4.3.2.1 und 4.3.2.2 beschieben.

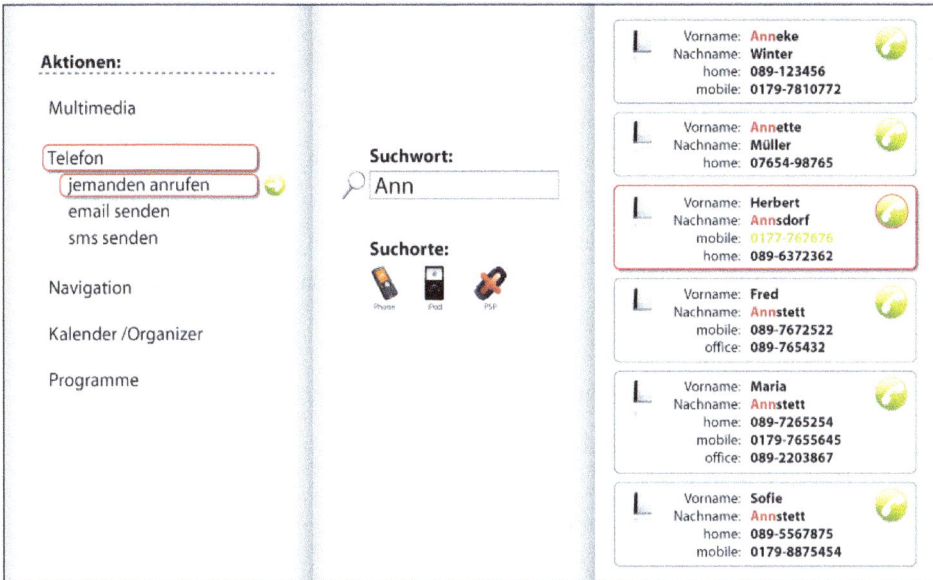

Abb. 4.10.: Benutzeroberfläche der Konzeptidee „Funktionsbasierte Suche". Zuerst muss
eine Aktion (Funktion) ausgewählt werden, bevor mittels Einschränkung des
„Suchortes" und des „Suchwortes" die Ergebnisse angezeigt werden.

Stärken:

- **Bedienbarkeit:** Der lineare Ablauf und dessen Visualisierung unterstützen den
Nutzer bei der Bildung eines mentalen Modells. Dadurch kann eine gute Bedienbarkeit des Systems erwartet werden. Die lineare, fortschreitende Struktur des
Bedienablaufs in drei Schritten (Funktionsauswahl, Suchworteingabe, Ergebnis-
auswahl) erlaubt eine gute Führung des Nutzers während der Interaktion, womit
das Potential von Fehlbedienungen gering gehalten wird.

- **Suchraumeinschränkung:** Die mögliche Einschränkung des Suchbereiches durch
die Auswahl der „Funktion" am Anfang der Interaktion, fördert die Verkürzung
der Antwortzeit des Suchsystems, gerade in Bezug auf die zu erwartenden großen
Datenmengen und damit verbundenen Laufzeiten. Zudem fällt die Anzeige der
Suchergebnisliste weniger komplex aus.

- **Bedienelement:** Die Anforderungen an die Wahl eines spezifischen Bedienelementes sind gering.

Schwächen:

- **Ermittlung der Funktionen:** Das größte Problem ist die Ermittlung, Klassifizierung und Steuerung aller Funktionen, welche im System beinhaltet sind. Unter Umständen ergibt dies schon eine recht unübersichtliche Funktionsauswahl im ersten Schritt der Suche. Zudem sind eventuell bei der Konzeption des Systems nicht alle Funktionen die während der Nutzungszeit aufkommen bekannt.

4.3.3. Gewonnene Erkenntnisse der Bewertung von Konzepten zur Such-Interaktion

Die Prüfung der 16 Konzeptideen bezüglich der Rahmenbedingungen der Usability und den Anforderungen für FIS schlossen 6 Konzepte von der weiteren Evaluation aus. Für die verbleibenden 10 Konzepte wurde eine Expertenbewertung durchgeführt. Ein Ziel dieser Evaluation lag in der Ermittlung des Potentials für die Nutzung der Konzeptideen während der Fahrt. Die Potentialbewertung diente dazu, zwei Konzeptideen zu finden, welchen großes Potential für den Einsatz in einem FIS bescheinigt wurden. Diese beiden Konzeptideen wurden prototypisch umgesetzt und in einer Nutzerstudie verglichen (siehe Abschnitt 5.2).

Ein weiteres Ziel der Expertenbewertung ist darin zu sehen, mit Hilfe der Vielfalt der Konzeptideen, charakteristische Interaktions- bzw. Informationselemente für die Such-Interaktion zu identifizieren.

4.3.3.1. Ablauf der Expertenevaluation

Die Evaluation wurde mit zehn Experten (Durchschnittsalter 29,7 Jahre) für FIS-Konzepte durchgeführt. Jeder Experte konnte aus zeitlichen Gründen fünf der zehn zur Verfügung stehenden Konzeptideen bewerten. Zur Bewertung musste in jedem Konzept eine prototypische Aufgabe für FIS (Anruf eines bestimmten Kontaktes) gedanklich bearbeitet werden. Für die Abfolge der einzelnen Bedienschritte standen Papierprototypen zur Verfügung. Aufgenommen wurden die Bedienschwierigkeiten, welche die Experten während des Durchlaufs angaben sowie eine Bewertung zur Usability und Design bzw. Attraktivität der Konzeptidee. Dazu wurden einzelne Attribute aus dem jeweiligen Bereich abgefragt (siehe Abbildung 4.11)

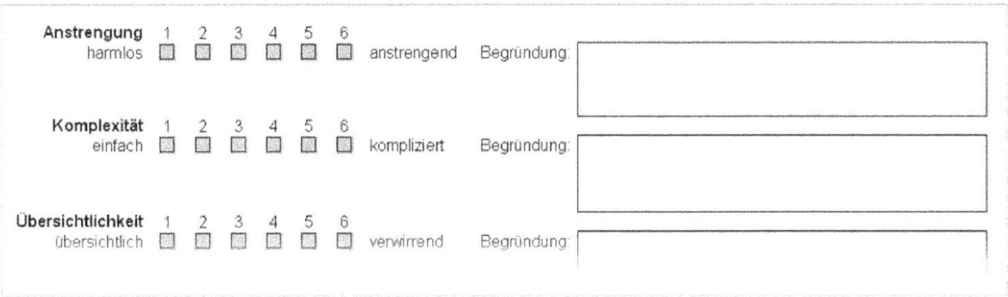

Abb. 4.11.: Ausschnitt aus dem Fragebogen zur subjektiven Bewertung der Usability der einzelnen Konzeptideen.

4.3.3.2. Ergebnisse

Bewertung Usability: Die Bewertung der Usability der Konzepte ist in Abbildung 4.12 dargestellt. Die Beurteilung der Usability ist, bis auf eine Ausnahme, relativ konstant für alle Konzepte. Der negative Ausschlag für das Konzept „TagClouds" ergibt sich nach Meinung der Experten wegen der unstrukturierten, konfus wirkenden Darstellung. Diese wurde für eine Bedienung im Fahrzeug als ungeeignet angesehen.

Bewertung Design: Die Bewertung des Designs bzw. der Attraktivität der Konzepte zeigt ebenfalls ein einheitliches Bild (siehe Abbildung 4.12), womit keine weiteren Konzeptideen ausgeschlossen werden konnten.

Auswahl von zwei weiterzuentwickelnden Konzeptideen: Die Bewertung der Experten in den Bewertungskriterien Usability und Design ergab, dass neun der zehn Konzeptideen stimmig für den Einsatz in einem FIS sind und prinzipiell zur Weiterentwicklung geeignet sind. Für eine prototypische Umsetzung wurde von den Experten eine Zusammenführung der beiden Ansätze „Kategorienkreisel" und „Funktionsbasierten Suche" vorgeschlagen. Beide schnitten in der Usabilitybewertung am besten ab. Die Experten begründeten die Zusammenführung damit, dass die prinzipiellen Abläufe sehr

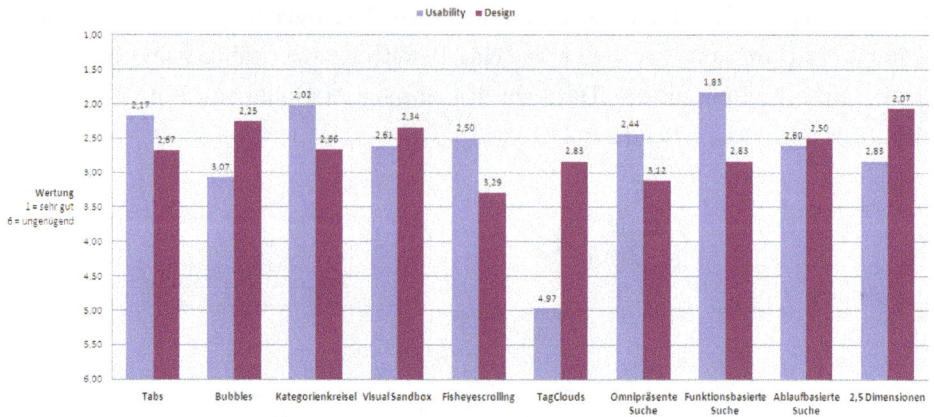

Abb. 4.12.: Bewertung der Konzeptideen in den Bereichen Usability und Design (Schulnoten).

verwandt sind. Beide sehen vor der Suche eine Einschränkung des Suchraumes über eine Auswahl bestimmter Kategorien bzw. Funktionen vor. Der Vorteil des „Kategorienkreisels" liegt darin, dass er Einschränkungen in weitere Unterkategorien bereitstellt, während die „Funktionsbasierte Suche" lediglich eine übergeordnete Funktion zur Einschränkung vorsieht.

Als zweite weiterzuentwickelnde Idee wurde von den Experten die „Omnipräsente Suche" ausgewählt, da diese einen sehr einfachen und intuitiven Zugang zum Thema Suche bereitstellt. Vorbilder der „Omnipräsenten Suche" sind bestehende Desktopsuchsysteme, weshalb Nutzer den Ablauf der Such-Interaktion bereits aus einer anderen Domäne kennen. Im Ablauf der Interaktion unterscheiden sich die beiden gewählten Konzeptideen dadurch, dass bei der „Omnipräsenten Suche" keinerlei Einschränkung des Suchraumes vor Eingabe der alphanumerischen Zeichen notwenig ist und das Ergebnis der Suche immer über alle im System befindlichen Kategorien angezeigt werden kann. Für die Experten hatten diese beiden Konzepte das größte Potential für eine Nutzung während der Fahrt. Zudem ermöglicht ein Vergleich zwischen prototypischen Umsetzungen der beiden Konzepte die Klärung der Frage, ob im Fahrzeug für eine Such-Interaktion zuerst der Suchraum einzuschränken ist, bevor mit der Eingabe der alphanumerischen Zeichen begonnen werden soll.

Ermittlung charakteristischer Eigenschaften für eine Such-Interaktion in FIS:
Aus der Expertenbeurteilung konnten charakteristische Eigenschaften für die Weiterentwicklung der Konzeptideen zur Such-Interaktion in FIS ermittelt werden.

- Die Eingabe alphanumerischer Zeichen mittels Touchscreen bzw. On-Screen-Tastatur wird von den Experten als ungeeignet befunden. Als alternativer Ansatz wird eine Eingabe per Handschrifterkennung gesehen.

- Der Ablauf einer Such-Interaktion mit vorheriger Kategorie- bzw. Unterkategorie-Einschränkung wird von den Experten als sinnvolle Interaktion während der Fahrt eingeschätzt. Der Ablauf dieser Interaktion ist sehr ähnlich wie jener bei funktionsorientierter hierarchischer Menübedienung, welcher in den meisten FIS angewandt wird

- Die Suche sollte über so wenig Bedienschritte wie möglich zum Ziel führen, wodurch wenig potentielle Fehlerquellen während der Interaktion auftreten können.

- Eine Historie der letzten Suchbegriffe wird als sinnvolles Element für die Such-Interaktion angesehen.

- Zu stark visuell ausgelegte Konzeptideen, wie „Visual Sandbox" und „Bubbles", wurden aus Expertensicht wegen der hohen potentiellen Ablenkung bei der Bedienung während der Fahrt als nicht sinnvoll bewertet.

- Eine zusätzliche quantitative Anzeige der Suchergebnisse ermöglicht dem Nutzer eine Einschätzung, wie stark das Suchergebnis noch eingeschränkt werden muss (Eingabe von weiteren Zeichen oder Filtern), bis eine Auswahl des Suchtreffers in der Ergebnisliste sinnvoll ist.

- Für die Ergebnisliste sollten Filtermöglichkeiten vorgesehen werden.

- Eine Vermeidung von zu langen Ergebnislisten ist aus Sicht der Experten durch den Ablauf des Konzepts anzustreben.

- Eine gute Orientierung in der Ergebnisliste ist aus Expertensicht wichtig für die Interaktion während der Fahrt. Unterstützen kann dabei die Kategorisierung der Ergebnisliste.

4.4. Entwurf von Suchmethoden

Zur besseren Verständlichkeit der Ausführungen zu Suchmethoden werden vorab zwei Begriffsdefinitionen angegeben. Als *Suchwort* wird die vom Nutzer eingegebene alphanumerische Zeichenfolge bezeichnet. Das *Suchwort* wird demnach als Suchanfrage an die Datenbank geschickt. Zum Auffinden aller Suchtreffer wird vereinfacht von einem Stringvergleich in der Datenbank ausgegangen. Eine Zeichenkette, die in der Datenbank abgelegt ist und mit dem *Suchwort* verglichen wird, wird im Folgenden als *Suchstring* bezeichnet. Ein *Suchstring* kann in der verwendeten Datenbank aus mehreren einzelnen Wörtern bestehen (Bsp. „Unter den Linden"). Diese Teilstrings können in der Datenbank durch Leerzeichen, Bindestriche und sonstige Sonderzeichen getrennt sein.

Für die Nutzung der GUI-Prototypen zur Such-Interaktionsform muss eine zeichenkettenbasierte Suchmöglichkeit auf den integrierten Daten bereitgestellt werden. Für die Suchmöglichkeit wurden folgende Bedingungen festgelegt.

- Die Suche erlaubt die Eingabe mehrerer Suchwörter, wobei jedes einzelne Suchwort für sich als Treffer im gesamten Suchstring gefunden werden muss.

- Bei der Suche können nur Inhalte und keine Funktionen oder Attributbezeichnungen (z. B. „name" oder „genre") gesucht werden.

- Die Eingabe von vollständigen oder unvollständigen Suchwörtern wird unterstützt.

- Groß- und Kleinbuchstaben werden im Suchstring nicht unterschieden.

- Ein Suchwort stellt immer den Wortanfang eines Teilstrings des Suchstrings dar. Eine Suche von Teilstrings innerhalb von Wörtern ist nicht zulässig (Bsp. „bank" ergibt beim String „Die Bank im Park" einen Treffer, bei „Parkbank" jedoch nicht).

Suchcharakteristika

Die Such-Interaktion wird neben der grafischen Darstellung noch von weiteren Charakteristika beeinflusst. Für die Interaktion im Fahrzeug wurden Eigenschaften herausgearbeitet, welche unter den im vorigen Abschnitt genannten Bedingungen der Suche Gültigkeit haben und damit das Verhalten der Suche beschreiben. Im Einzelnen kann die Suche durch folgende Merkmale variiert werden:

Genre	Datensätze
Rock	2468
Hard Rock	515
Punk Rock	249
Alpenrock	226
Alternative Rock	115
Rock/Pop	96
Melodic Hardrock	88
Indie Rock	66
AlternRock	59
Rock/Alternative	51

Datensatz	Genre
239	Rock
240	Rock
242	Rock
244	Rock
245	AlternRock
329	Rock
375	Rock/Pop
376	Rock/Pop
377	Rock/Pop
378	Rock/Pop

Abb. 4.13.: Suchergebnisse für das Suchwort „rock": aggregierte Treffer (links) und atomare Treffer (rechts), aus Spießl [2007].

Feldweise Suche Suchstrings beziehen sich entweder auf die Zeichenkette *eines* Attributfeldes (*single*) oder auf *mehrere* Felder eines Datensatzes (*multi*). Dabei können die Felder aus unterschiedlichen Relationen des Datums stammen.

Vollständigkeit der Suchwörter Bei *vollständigen* Suchwörtern müssen die eingegebenen Suchwörter vollständig mit den Wörtern des Suchstrings übereinstimmen. Bei *unvollständigen* Suchwörtern werden auch Treffer in Suchstrings gefunden, die mit der gleichen Buchstabenkombination wie das Suchwort beginnen. In diesem Fall ist das Suchwort ein Präfix eines Wortes im Suchstring.

Rückgabeformat Die Darstellung der Ergebnisse ist auf zwei verschiedene Arten möglich. Zum einen können Suchtreffer *atomar*, d. h. als einzelner Datensatz zurückgeliefert werden. Zum anderen können Datensätze nach einem festgelegten Kriterium zusammengefasst, d. h., *in aggregierter Form* zur Darstellung gebracht werden. Dazu müssen die Felder, in denen der gefundene Suchstring enthalten ist, exakt übereinstimmen. Zum Beispiel gibt die Suche des Wortes „rock" in aggregierter Form nicht mehr alle Einzeltreffer zurück, sondern gruppiert die Datensätze, in denen „rock" in einem Feld vorkommt (z. B. „Hard Rock"). Neben der Treffergruppierung wird noch die Anzahl der enthaltenen Einzeltreffer der Gruppe angegeben (Siehe Abbildung 4.13 für das Suchwort „rock").

Auslösen der Suche Eine Suchanfrage kann entweder *manuell* durch Drücken eines Suchknopfes (grafische Repräsentation) oder *automatisch* während der Zeicheneingabe gestartet werden. Eine *automatische* Suche ergibt nur im Zusammenhang mit einer unvollständigen Suche Sinn, wohingegen eine *manuelle* Suche in Kombination mit vollständigen oder unvollständigen Suchwörtern existieren kann.

Suchmethoden

Für die Nutzung der Prototypen ergeben sich durch Kombination der oben vorgestellten Charakteristika die in Tabelle 4.3 dargestellten Suchmethoden.

Methode	Felder	Vollständigkeit	Rückgabe-format	Auslösen
SingleComplete	single	vollständig	atomar	manuell
SingleInComplete	single	unvollständig	atomar	automatisch
SingleInCompleteAgg	single	unvollständig	aggregiert	automatisch
MultiComplete	multi	vollständig	atomar	manuell
MultiInComplete	multi	unvollständig	atomar	automatisch
MultiInCompleteAgg	multi	unvollständig	aggregiert	automatisch

Tab. 4.3.: Charakteristika der implementierten Suchmethoden

Für die Darstellung der Suchergebnisse ist neben dem Rückgabeformat die Sortierreihenfolge optional wählbar. Es sind folgende Parameter vorgesehen, wobei die Sortierung nach Nutzungshäufigkeit oder Nutzungszeitpunkt nur durch die Bereitstellung dieser Informationen aus dem Datenmodell ermöglicht wird.

- Alphanumerische Sortierung (aufsteigend)

- Anzahl der Treffer (absteigend; nur mit Option „aggregiert")

- Nutzungshäufigkeit (absteigend; am häufigsten genutzte Daten *„most often used"*)

- Nutzungszeitpunkt (absteigend; zuletzt genutzte Daten *„last recently used"*)

Poitschke [2004] implementiert in seiner Arbeit ebenfalls eine prototypische Suche im Automobil, deren Fokus auf der Untersuchung der Eignung von unterschiedlichen Eingabemodalitäten für eine Suche im Fahrzeug liegt. Eine tiefere Auseinandersetzung mit der Entwicklung von Suchmethoden wird nicht diskutiert. Die Suchmethode bei Poitschke [2004] verwendet vollständige Suchwörter, die in mehreren Feldern gesucht wurden.

4.5. Alphanumerikeingabe per Handschrifterkennung

Zur Handschrifterkennung wurde ein Erkenner für Einzelbuchstaben der Firma ART verwendet. Der Erkennnungszeichensatz lies zur größeren Robustheit nur Großbuchstaben des deutschen Alphabetes zu. Die Einzelbuchstabenerkennung zeigt großes Potential für den Einsatz in einem Fahrzeug, da die Unterbrechbarkeit während der Eingabe eines Wortes gegenüber einer Schriftzug- bzw. Worterkennung höher ist. Auf die Nutzung von spezifschem Erkenner-Vokabular wurde verzichtet, da von einer allgemeinen Suche in unterschiedlichen Kategorien auf realen Daten mobiler Endgeräte ausgegangen wurde. Diese Daten lassen im Allgemeinen keinerlei Kontextabhängigkeiten für den Erkenner erwarten. Zusätzlich wurde der Erkennungszeichensatz um die Zahlen (0-9) und jeweils eine Geste für ein Leerzeichen („Strich von links nach rechts") und ein Löschen-Zeichen („Strich von rechts nach links") ergänzt.

Die Erkennungsrate auf einem resistiven Touchpad für die Großbuchstaben und den Zahlensatz belief sich im Mittel auf 0,94 mit der dominanten Hand und 0,82 mit der nichtdominanten Hand (alle Versuchsteilnehmer waren Rechtshänder).

Feedbackvarianten Für die Handschrifterkennung im Fahrzeug sind prinzipiell unterschiedliche Feedbackvarianten über auditive, visuelle oder haptische Rückmeldung denkbar. Darüber hinaus gibt es, je nach Erkenner, verschiedene Zeitpunkte im Ablauf der Handschrifterkennung, an denen Feedback für den Nutzer sinnvoll ist. Mögliche Einsatzzeitpunkte für eine Feedback-Darbietung bei dem verwendeten Erkenner waren während der Zeicheneingabe zur erfolgreichen Erkennung eines Zeichens, zur Präsentation eines erkannten Zeichens und zur Darstellung einer Fehlerkennung gegeben. Letzteres wurde dadurch möglich, dass der Erkenner eine Entscheidung zugunsten eines Zeichens erst mit einer gewissen Schwellwertwahrscheinlichkeit fällte. Wurde dieser Schwellwert nicht überschritten, wurde eine Fehlerkennung ausgegeben. In Tabelle 4.4 sind die als sinnvoll erachteten Feedbackvarianten für die Nutzung von Handschrifterkennung im Fahrzeug aufgeführt. In den Versuchen kamen zwei unterschiedliche Feedbackausprägungen zum Einsatz. Für den Vergleich zwischen Handschrifteingabe und OnScreen-Tastatur wurde, neben der optischen Anzeige eines erkannten Buchstabens, lediglich ein akustisches Feedback bei Fehlerkennung eingesetzt. Für die Untersuchungen zur Fahrtauglichkeit des Konzepts H-MMI wurde zusätzlich zur Feedbackvariante des Eingabevergleiches noch eine akustische Wiedergabe des erkannten Buchstabens implementiert (vgl. Abschnitt 6.5.2).

	Akustisch	Optisch	Haptisch
Zeicheneingabe		Nachzeichnen des Eingabesignals am Bildschirm	
Zeichenausgabe	Ausgabe Buchstaben	Ausgabe Buchstaben	
Erfolgreiche Erkennung	positiver Ton		Vibration (niedrige Frequenz)
Fehlerkennung	negativer Ton		Vibration (hohe Frequenz)

Tab. 4.4.: Feedbackvarianten für Handschrifterkennung im Fahrzeug.

5. Nutzerstudien zur Such-Interaktion

In Kapitel 4 wurden unterschiedliche Konzepte vorgestellt, welche die Integration mobiler Daten und Funktionen in ein FIS mit Hilfe einer Such-Interaktion ermöglichen. Die Grundlage der Konzeption war die in Kapitel 3 vorgestellte Analyse der Integrationsherausforderungen und der prinzipiellen Nutzbarkeit einer Datenbanksuche im Fahrzeugkontext. Die entstandenen Konzepte müssen nachfolgend gegen die in Abschnitt 2.4.2 dargestellten Anforderungen zur Verträglichkeit von FIS mit der Fahraufgabe geprüft werden.

Der Prozess der Konzeptreife und die Absicherung der Konzeptstände wurde in dieser Arbeit mehrstufig angelegt. Das Ziel dieses iterativen Vorgehens war die Entwicklung eines neuen FIS auf Basis einer Such-Interaktion, welches zur Bedienung von Nebenaufgaben während der Fahrt geeignet ist. Dazu wurden zunächst die Konzeptideen zur Such-Interaktion mittels einer Expertenevaluation bewertet (siehe Abschnitt 4.3.3). Daraus konnten spezifische Eckpunkte für den weiteren Konzeptionsprozess abgeleitet werden. Diese flossen in die Verbesserung der beiden Konzeptvarianten „Omnipräsente Suche" und „Kategorienkreisel" ein.

Im zweiten Teil dieses Kapitels werden die beiden Konzepte in einer empirischen Nutzerstudie auf ihre Unterbrechbarkeit bei der Bedienung untersucht sowie untereinander in Bezug auf Attraktivität, Usability und Bediengeschwindigkeit verglichen. Damit wird die Frage untersucht, ob eine Such-Interaktion im Fahrzeug über vorher einzuschränkende Kategorien erfolgen soll. Für die Durchführung der Untersuchungen wurden erlebbare Prototypen der Konzepte eingesetzt.

Wichtig für die Verwendung von Such-Interaktionen im Fahrzeug ist die Klärung der Frage, ob ein Suchsystem während der Fahrt Suchergebnisse nur nach Eingabe vollständiger Suchwörter anzeigen soll. Damit wäre eine Repräsentation eines Such-Buttons notwendig, im Gegensatz zur diametralen Methode, welche Suchergebnisse bereits während der Eingabe eines Suchwortes anzeigt. Das Kapitel behandelt zuerst den Vergleich

unterschiedlicher Suchmethoden, um die Nutzerpräferenz im Umgang mit der Einga-
bemethodik für Suchwörter zu ermitteln (Abschnitt 5.1). Je nach Wahl der Suchform
werden unterschiedliche Ablenkungsgrade während der Interaktion prognostiziert. Als
These wird ein kritisches Ablenkungspotential für eine sofortige Anzeige von Suchergebnissen erwartet, da der Bildschirminhalt während der Such-Interaktion für diese
Suchform als zu unruhig empfunden werden könnte. Für die Klärung dieser Fragen ist
im Abschnitt 7.2 die Auswertung eines Fahrversuchs vorgesehen.

5.1. Vergleich von Suchmethoden

In diesem Abschnitt werden die Untersuchungen zur Ermittlung der Nutzerpräferenz
der erarbeiteten Suchmethoden sowie der Einschränkung des Suchraumes zu Beginn
einer Suche dargestellt.

5.1.1. Hintergrund

Die Verwendung eines Systems zur Suche von Daten im Fahrzeug wirft die Frage nach
der geeigneten Suchmethode für das Einsatzszenario im Fahrzeug auf. Nach der Konzeption unterschiedlicher Suchmethoden in Abschnitt 4.4 stehen dafür verschiedene Ausprägungen bereit. Vom Stand der Technik ausgehend sind sowohl Ansätze für Suchmethoden mit sofortiger Ergebnisanzeige („Desktop-Suchen") wie auch Methoden, welche
nach der Eingabe eines Suchwortes ein anschließendes manuelles Starten der Suche ver-
langen („Internet-Suche"), bekannt. Aus den bisherigen Forschungsergebnissen geht für
die Nutzung einer Such-Interaktion im Fahrzeug nicht hervor, welche der beiden beschriebenen Ansätze für eine Suchmethode im Fahrzeug zu verwenden ist. Zur Klärung
dieser Frage widmet sich die folgende Untersuchung mit Hilfe eines empirischen Tests
den Nutzerpräferenzen, bezogen auf die Suchmethoden.

Eine weitere Frage für die Suchmethodik entsteht vor allem durch die spezifischen
Anzeige- und Aufmerksamkeitsverhältnisse im Fahrzeug. Aufgrund der begrenzten Anzeigefläche kann eine Reduktion des Suchraumes vor Beginn der Suche – z. B. durch
Auswahl einer bestimmten Kategorie – die Nutzerfreundlichkeit erhöhen. Die objektiven Vorteile einer Kategoriesuche liegen in der Verringerung der Antwortzeit zur Anzeige
der Ergebnisse sowie in der verständlicheren und exklusiveren Darstellung der Ergebnis-

se auf der Anzeigefläche. Allerdings erfordert jede Auswahl einer Kategorie zusätzliche Bedienschritte während der Interaktion. Interessant ist die Untersuchung zur Nutzerpräferenz mit oder ohne vorherige Kategorieeinschränkung deshalb, weil existierende hierarchische FIS eher die Auswahl einer Kategorie bei der Interaktion vorschreiben. Eine Suche ohne vorherige Kategorieauswahl stünde damit entgegen dem Trend von im Fahrzeug eingesetzten Systemen.

5.1.2. Hypothesen

Das Ziel dieses Versuches war ein Vergleich der Suchmethoden für die Suche von Daten innerhalb eines FIS, um eine Nutzerpräferenz für die Sucheingabe ausfindig machen zu können. Dabei wurde die Eingabe vollständiger Suchwörter und anschließendem manuellen Startens der Suche mit der Präsentation von Suchergebnissen direkt nach der Buchstabeneingabe verglichen. Die Suchmethode mit unvollständigen Suchwörtern zeigt direkt bei der Eingabe eines Buchstabens die zum Suchwort passenden Suchergebnisse an und bietet den Nutzern die Möglichkeit, mit weniger einzugebenden Buchstaben auszukommen als die Suche mit vollständigen Suchwörtern. Gerade in FIS bietet das einen Vorteil bezogen auf die Ablenkung von der Fahraufgabe. Daraus resultiert die erste für diesen Versuch aufgestellte Hypothese.

Hypothese 1: Die Suchmethode mit unvollständigen Suchwörtern (*MultiInComplete*), bei der die Suche Ergebnisse direkt nach jeder Eingabe eines Buchstabens anzeigt, wird von den Probanden für die Nutzung innerhalb eines FIS bevorzugt.

Die Benutzeroberfläche des verwendeten Konzepts erlaubt eine Einschränkung der Suchkategorie vor Beginn der Suche. Die Probanden konnten demnach über den gesamten Datenbestand oder aber durch Angabe einer Suchkategorie über einen eingeschränkten Datenbestand suchen. In bestehenden FIS werden die Menüstrukturen hauptsächlich mittels hierarchischer Menübäume bedient. Die Konzeption der Such-Interaktion mit vorheriger Kategorieeinschränkung hat diesem Umstand Rechnung getragen. Demgegenüber bezog sich die Konzeption der Such-Interaktion ohne vorherige Kategorieeinschränkung auf die Bedienabläufe von Internetsuchmaschinen. Die zweite Hypothese ergibt sich damit aus dem Bekanntheitsgrad der beiden verwendeten Such-Interaktionen. Die Probanden sollten demnach eine Interaktion ohne vorherige Kategorieeinschränkung bevorzugen, da die Interaktion mit einer Internetsuchmaschine häufiger ist, als die Interaktion mit einem FIS.

Hypothese 2: Für eine Such-Interaktion innerhalb eines FIS wird die Suche auf dem gesamten Datensatz ohne vorherige Kategorieeinschränkung von Nutzern bevorzugt.

5.1.3. Methode

Die Ermittlung von Nutzerpräferenzen in Bezug auf die Frage der Suchmethode wurde mit Hilfe einer qualitativen Nutzerakzeptanzprüfung erreicht. Hierbei wurden die beiden grundlegenden Suchmethoden (vollständige Suchwörter / unvollständige Suchwörter) miteinander verglichen.

5.1.3.1. Versuchsaufbau

Der Versuchsaufbau beschränkte sich auf die Darstellung der Benutzeroberfläche für die Suche auf einem Standard-Computerbildschirm mit einer „QWERTZ"-Tastatur als Eingabeelement. Es wurde bewusst auf ein nicht automotives Versuchsdesign geachtet, da in diesem ersten Schritt die Akzeptanz der Suchmethoden und nicht die Eignung dieser während eines Fahrkontextes untersucht wurde. Der Versuch diente als Vorversuch einer Untersuchung im Fahrzeug mit begleitender Fahraufgabe und unterschiedlichen Eingabemodalitäten. Das Testsystem hatte dieselben Parameter für Hard- und Software wie die Testumgebung der Laufzeitversuche (siehe Abschnitt 3.2.1). Der Aufbau des Versuchs ist in Abbildung 5.1 zu sehen.

5.1.3.2. Verwendete Systeme

Um die unterschiedlichen Präferenzen bei der Suche der Datensätze ausfindig machen zu können, wurde aus den in Abschnitt 4.4 vorgestellten Suchmethoden eine Auswahl der sinnvollsten Methoden für den Einsatz im Fahrzeug vorgenommen. Die Nutzung dieser Suchmethoden wurde für die Probanden durch die Darbietung einer bedienbaren Benutzeroberfläche an einem PC Bildschirm ermöglicht.

Abb. 5.1.: Versuchsaufbau, Versuchsleiter (links) und Proband (rechts) bei der Versuchsdurchführung.

Auswahl Suchmethoden

Der Versuch beschränkte sich auf den Vergleich zwischen vollständigen Suchwörtern gegenüber einer Suche auf unvollständigen Suchwörtern. Aus Tabelle 4.3 (S. 142) wurden die Methoden *MultiComplete* und *MultiInComplete* gewählt, wobei nach der Suche über mehrere Felder die Anzeige der Suchergebnisse immer atomar erfolgte. Der Suchauslöser war aufgrund der Methoden verschieden, bei *MultiComplete* entsprechend manuell, für die Methode *MultiInComplete* automatisch während der Eingabe. Zur einfacheren Unterscheidung wird für diese Untersuchung die Suchmethode *MultiComplete* als „**Suche mit vollständigen Suchwörtern**" und die Methode *MultiInComplete* als „**Suche mit unvollständigen Suchwörtern**" bezeichnet. Zukünftige Untersuchungen sollten sich der in dieser Arbeit nicht betrachteten Gegenüberstellung der Suchmethoden auf einem oder mehreren Feldern (*multi / single*) sowie der unterschiedlichen Anzeigeformen (*atomar / aggregiert*) widmen.

Darstellung und Bedienmöglichkeiten der Benutzeroberfläche

Für die Durchführung der Versuche wurde auf die grafische Benutzeroberfläche der „Omnipräsenten Suche" zurückgegriffen (siehe Abschnitt 4.3.2.5). Die Oberfläche sowie die damit möglichen Bedienschritte sind in Abbildung 5.2 dargestellt.

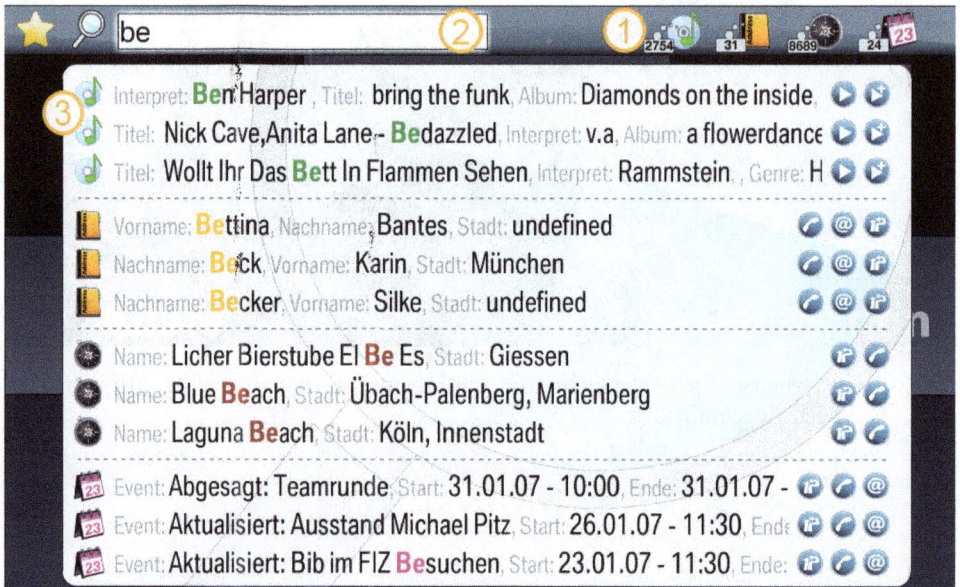

Abb. 5.2.: Ablauf der Bedienhandlungen am grafischen Prototyp „Omnipräsente Suche".

1. **Auswahl der Kategorie**: Abhängig von der Suchmethode konnte in diesem Versuch am Anfang der Aufgabe eine Kategorieeinschränkung ausgewählt werden. Dazu ist aus den vier Kategoriesymbolen (1) die zu suchende Kategorie (Musik, Kontakte, POIs, Termine) auszuwählen. In diesem Versuch musste dazu mit den Pfeiltasten der Tastatur (rechts/links) ein Cursor auf die entsprechende Kategorie bewegt werden. Neben jedem Symbol erscheint bei einer Zeicheneingabe zusätzlich die Zahl der in der Kategorie gefundenen Treffer. Ohne Einschränkung der Kategorie wird das Ergebnisanzeigefeld (3) viergeteilt, damit Ergebnisse aus jeder Kategorie angezeigt werden können.

2. **Eingabe des Suchwortes**: Der gesuchte Begriff wird in ein Texteingabefeld (2) eingegeben. Vor Beginn der Eingabe zeigt das Ergebnisanzeigefeld (3) noch keine

Suchergebnisse. Mehrere einzugebende Begriffe können durch Leerzeichentrennung nacheinander eingegeben werden, eine Suche nach Sonderzeichen ist nicht möglich. Die Suche von vollständigen Suchwörtern wird explizit durch die Betätigung der Eingabe-Taste auf der Tastatur gestartet.

3. **Auswahl des Suchobjektes**: Nach Eingabe des Suchbegriffs kann das gesuchte Element in der Ergebnisanzeige (3) ausgewählt werden (Pfeiltasten hoch/runter). Der Begriff gilt als gefunden, wenn das gesuchte Objekt mit dem Cursor markiert ist und abschließend die Eingabe-Taste gedrückt wird. Es werden lediglich 12 Suchtreffer angezeigt, eine Anzeige von mehr als 12 Treffern durch Scrollen ist nicht vorgesehen. Bei Nichtanzeige des gesuchten Objektes ist somit ein weiteres alphanumerisches oder kategorisches Einschränken erforderlich. Die mit dem Eingabebegriff übereinstimmenden Buchstaben sind in der Ergebnisanzeige farblich hervorgehoben.

5.1.3.3. Beschreibung der Bedienvorgänge

Die Kategorien für die Anwendungsfälle wurden aus dem AIDE Projekt (vgl. Abschnitt 2.6.1 S. 47) abgeleitet. Dieses befindet die drei Hauptfelder „Navigation", „Mobiltelefonie" und „Musik" für Anwendungen von mobilen Endgeräten im Fahrzeug als interessant, vgl. Amditis u. Robertson [2005]. Daraus ergaben sich für das Versuchsdesign folgende Aufgabendefinitionen:

— Suche nach einem POI, um diesen als Navigationsziel auszuwählen.

— Suche nach einem Kontakt, um diesen anzurufen.

— Suche nach einem Musiktitel, um diesen anzuhören.

Für eine sinnvolle Untersuchung der Suchmethoden durften die zu suchenden Begriffe nicht zu spezifisch am Wortanfang sein. Die ersten Buchstaben der Suchwörter wurden so gewählt, dass diese im Datensatz häufig auftraten und damit nicht schon nach der Eingabe weniger Zeichen die Suche auf einen Suchtreffer terminierte. Für die Untersuchung wurden folgende Begriffe aus dem Datensatz zur Suche herangezogen:

— **BISTRO CAFE BERLIN** für ein *POI* in der Kategorie „Restaurant", mit Namen „Bistro Cafe", in der Stadt „Berlin".

- **MAIER WOLFRAM** für einen *Kontakt* mit Namen „Maier" und Vornamen „Wolfram".

- **JAMES BROWN SOUL MAN** für ein *Musikstück* mit dem Titel „Soul Man" vom Künstler „James Brown".

Die Versuchspersonen bekamen keine weiteren Informationen über den Suchbegriff während der Untersuchung, da die Informationen ausreichend waren, um den gesuchten Datensatz zu finden. Gesucht wurden die Begriffe in der gesamten Datenbasis, die in Abschnitt 3.2.1 vorgestellt wurde (ca. 700 Kontakte, 26.000 Musiktitel, 900.000 POIs).

Da bei den bisherigen Ergebnissen noch keine Aussage über die Einschränkung der Suche durch vorherige Angabe einer Suchkategorie gemacht werden konnte, wurden die Aufgaben für die betrachteten Anwendungsfälle jeweils *mit* und *ohne* eine vorherige Kategorie-Auswahl sowie mit den unterschiedlichen Suchvarianten „*vollständige Suchwörter*" und „*unvollständige Suchwörter*" durchgeführt.

5.1.3.4. Ablauf

Nach Begrüßung und Erläuterung des Gegenstandes der Untersuchung fand vor dem eigentlichen Versuchsteil eine Erhebung der Daten zu demografischen Angaben der Versuchspersonen, dem Nutzungsverhalten bezüglich mobiler Endgeräte und Suchmaschinen statt. Danach wurde dem Probanden der Versuchsaufbau und die Interaktionsmöglichkeiten mit dem System genau erklärt und demonstriert. Anschließend erhielten die Probanden die Aufgaben durch Angabe der Suchmethode und den entsprechenden Suchbegriffen. Zur Vermeidung von Rechtschreibfehlern konnten die Probanden die jeweiligen Suchbegriffe von Papierkärtchen ablesen. Während der Interaktion wurden die Versuchspersonen zu lautem Denken aufgefordert (vgl. Thinking Aloud [Nielsen, 1994, S. 195–200]). Die Probanden mussten die Aufgaben in den Varianten des Systems „*vollständige Suchwörter*" und „*unvollständige Suchwörter*" jeweils „*mit*" und „*ohne*" vorherige „*Kategorieeinschränkung*" bearbeiten.

Nach jeder Suchmethode wurde die Versuchsperson mit einem Fragebogen zur gerade absolvierten Such-Interatkionsform befragt. Am Ende des Versuchs mussten die Probanden noch einmal alle kennen gelernten Such-Interaktionsformen (vollständige / unvollständige Suchwörter, mit / ohne Kategorieeinschränkung) reflektieren und bewerten.

Um Lerneffekte während der Versuchsdurchführung auszuschliessen, wurden die Abfolge der Systeme für die Versuchspersonen permutiert. Die Suchbegriffsreihenfolge wurde nicht permutiert und nach der im Abschnitt 5.1.3.3 dargestellten Reihenfolge festgelegt.

Die Probanden wurden dazu angehalten, bei der Suchbegriffseingabe mit so wenig Bedienschritten wie möglich auszukommen. Die Interaktion mit dem Testsystem erfolgte nur mit der rechten Hand, somit wurde die gewohnte beidhändige Bedienung der Tastatur unterbunden und die Eingabe von vielen Zeichen erschwert.

Die Untersuchung dauerte im Mittel rund 40 Minuten.

5.1.3.5. Stichprobe

Es wurden insgesamt 12 Versuchspersonen (8 männlich, 4 weiblich) mit einem Durchschnittsalter von 36 Jahren befragt. Bei der Auswahl der Versuchspersonen wurde auf eine möglichst breite Altersstreuung wert gelegt (Altersspanne: 22-58 Jahre). Die Gruppe der Teilnehmer wurde bewusst heterogen gewählt, so dass eine Untergruppe mit vier Personen ohne große technische Erfahrung, eine Gruppe mit vier technisch versierten und eine Gruppe mit vier Personen aus dem Bereich der Entwicklung von FIS zusammengesetzt werden konnte. Die Stichprobengröße wurde bewusst klein gehalten, um erste Erfahrungen über die Praxistauglichkeit des implementierten Datenmodells und der Suchmethoden zu erlangen. Tiefergehende statistische Auswertungen über Datenbankverhalten und Suchmethoden stehen nicht im Fokus dieses Versuchs.

Durch eine Erhebung des Nutzungsverhaltens von mobilen Endgeräten wurde festgestellt, dass alle Versuchspersonen mobile Endgeräte nutzen und auch große Bereitschaft zeigen, eine oder mehrere Geräte (Telefon, PND, MP3-Player) im Fahrzeug zu verwenden. Diese Angaben der Versuchspersonen bestätigen die Erkenntnisse des AIDE-Projektes und die getroffene Wahl der Versuchsaufgaben.

Für die Gruppe wurde der Erfahrungsstand mit Online-Suchmaschinen und Desktop-Suchsystemen ermittelt. Dabei zeigte sich, dass lediglich eine Versuchsperson keine Erfahrungen mit Online-Suchmaschinen hatte. Mit Desktop-Systemen waren die Versuchspersonen wenig bis gar nicht vertraut. Lediglich zwei Versuchspersonen gaben an, einen mittelmäßigen Erfahrungsstand mit Desktop-Suchsystemen zu haben. Allerdings war die Akzeptanz von Suchsystemen unter den Versuchspersonen sehr hoch und sie wurden als äußerst sinnvoll angesehen. Ausführliche Angaben zu den verwendeten Fragebögen und detaillierten Auswertungen dazu sind in Spießl [2007] nachzulesen.

5.1.3.6. Erhobene Daten

Die subjektiven Aussagen der Versuchspersonen wurden anhand von Fragebögen ermittelt. Neben den Fragebögen zu den demografischen Angaben und dem persönlichen Nutzungsverhalten bezüglich mobiler Endgeräte und Suchmaschinen wurden folgende Daten erhoben:

- Semantisches Differential nach Vorbild des AttrakDiff (siehe Abschnitt 2.5.2.2).

- Allgemeine Usability: System Usability Skala (SUS, siehe Abschnitt 2.5.2.1).

- Fragen zur Such- und Bedienmethode.

- Fragen zur bevorzugten Suchmethode.

Alle Angaben wurden von den Versuchspersonen jeweils direkt nach einer getesteten Suchmethode getätigt, mit Ausnahme der Fragen zur bevorzugten Suchmethode. Diese wurden am Ende des Versuches abgefragt.

5.1.4. Ergebnisse

In diesem Abschnitt werden die wichtigsten Ergebnisse der Evaluation von Suchmethoden vorgestellt und die gefundenen Erkenntnisse erläutert, die für die weitere Nutzung der Suchmethoden in den erarbeiteten Konzeptideen zur Such-Interaktion essentiell sind. Die erhobenen Daten werden jeweils einzeln diskutiert.

5.1.4.1. Semantisches Differential

Die Darstellung der Bewertungen des semantischen Differentials ist in Abbildung 5.3 zu sehen. Zur Interpretation des Differentials wird vorausgesetzt, dass Begriffe, die in der Abbildung 5.3 positive Werte zugewiesen bekamen, für ein System erstrebenswert sind. Diese Auslegung ist angelehnt an die Auswertung des AttrakDiff-Fragebogens. Eine Varianzanalyse mit Messwiederholung ergab keinen signifikanten Unterschied zwischen den beiden Suchmethoden bei der Bewertung des semantischen Differentials ($F(1,11) = 0,90$, $p = 0,36$). Es konnte allerdings ein signifikanter Effekt für eine Wechselwirkung nachgewiesen werden ($F(12,132) = 3,51$, $p < 0,001$). Aufgrund der Wechselwirkung wurde anschließend ein LSD[1] Post Hoc Test gerechnet, bei dem sich folgende signifikanten Unterschiede ($p < 0,05$) ergaben. Bei der Einschätzung der Einfachheit der Suchmethode empfanden die Probanden die Suche mit vollständigen Suchwörtern als einfacher und die Suche mit unvollständigen Suchwörtern als komplizierter. Bei der Bewertung der Attribute „originell, mutig, fesselnd und innovativ" wurde die Suche dagegen mit unvollständigen Suchwörtern signifikant besser eingestuft.

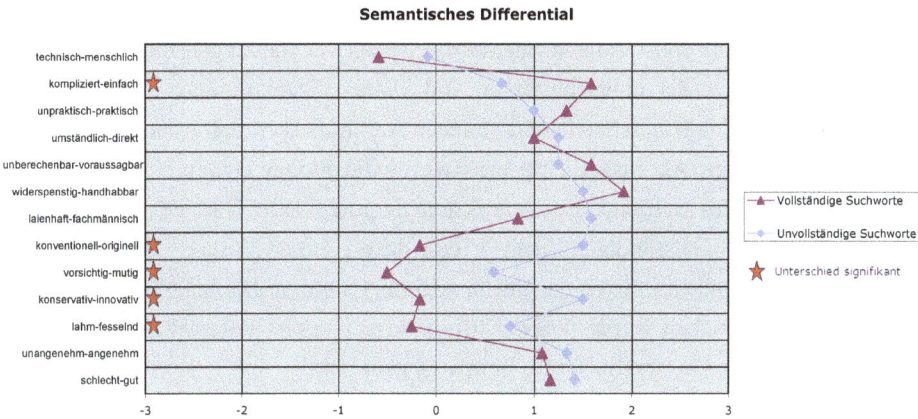

Abb. 5.3.: Semantisches Differential der beiden Suchmethoden mit vollständigen Suchwörtern und unvollständigen Suchwörtern.

5.1.4.2. System Usability Scale - SUS

Die beiden Suchmethoden zeigen eine gute SUS-Gesamtpunktzahl von 80,42 ($\pm$ 15,37) für vollständige Suchwörter und 76,88 ($\pm$ 17,13) für unvollständige Suchwörter (siehe Abbildung 5.4b). Bei einer zweifaktoriellen Varianzanalyse mit Messwiederholung war der Haupteffekt für den Unterschied zwischen beiden Suchmethoden nicht signifikant ($F(1,11) = 0,23$, $p = 0,64$), so dass von einer gleich guten Bewertung der Usability mittels des SUS ausgegangen werden kann. Zudem konnte keine signifikante Wechselwirkung ermittelt werden. Bei einer detaillierten LSD Post Hoc Analyse zeigte sich jedoch ein signifikanter Unterschied ($p < 0,05$) in zwei Fragen zu Gunsten der Suche mit vollständigen Suchwörtern (siehe Abbildung 5.4a). Diese Methode wurde gegenüber der Suche

---

[1]Least significant difference

mit unvollständigen Suchwörtern zum einen als schneller erlernbar eingeschätzt und zum anderen fühlten sich die Versuchspersonen im Umgang mit dieser Suchmethode sicherer. Bei allen weiteren Fragen konnten keine signifikanten Unterschiede ermittelt werden. Die Unterschiede in den einzelnen zusammengefassten Gruppen des SUS (siehe Abbildung 5.4c) waren ebenfalls nicht signifikant.

5.1.4.3. Fragen zur Suchmethode

Die Kommentare zu den spezifischen Vor- und Nachteilen einer jeden Suchmethode zeigten bei der Suche mit vollständigen Suchwörtern positive Nennungen für eine einfache Suchform mit einer meist überschaubaren und kleinen Ergebnismenge. Daraus ergab sich für die Probanden eine schnelle und einfache Auffindbarkeit des gesuchten Begriffes in der Ergebnismenge. Als zusätzlich positiv wurde die geringe Dynamik der Änderung der Bildschirminhalte während der Interaktion herausgestellt. Dies ist ein Grundelement der Suche mit vollständigen Suchwörtern, da bei dieser Methode Suchergebnisse einmalig nach manuellem Starten der Suche angezeigt werden. Die hohe Anzahl an notwendigen Eingabezeichen wurde von den Probanden negativ bewertet und von vielen sogar als ungeeignet für eine Suche im Fahrzeug genannt.

Für die Suche mit unvollständigen Suchwörtern stellten die Probanden vor allem den geringeren Eingabeaufwand positiv heraus. Angemerkt wurde, dass mit dieser Eingabeform eine schnelle Einschränkung des Ergebnisse ermöglicht wird, sogar ohne die exakte Schreibweise des Schlussteils von Suchwörtern zu kennen. Ebenso positiv wurde die unkomplizierte Bedienung dieser Suchmethode empfunden. Diesbezüglich erwähnten einige Versuchspersonen den Vorteil, dass keine explizite Eingabe von Sonderzeichen oder Platzhaltern (z. B. * oder ?), die sie von anderen Suchformen kannten, nötig sei, um das Weglassen von Buchstaben bei Suchwörtern anzuzeigen.

Der auffälligste Kritikpunkt, den die Probanden nannten, war die sehr dynamische Anzeige der Ergebnisinformationen auf dem Bildschirm, welche sich bei jeder Eingabe veränderte. Von vielen Versuchspersonen wurde darin ein Potential für eine Ablenkung während der Fahrt gesehen. Die Anzeige der Ergebnisse erachtete etwa die Hälfte der Versuchspersonen als unübersichtlich, da mehrere Kategorien gleichzeitig angezeigt wurden. Diese beiden Punkte wurden bei später folgenden Fahrversuchen noch genauer analysiert.

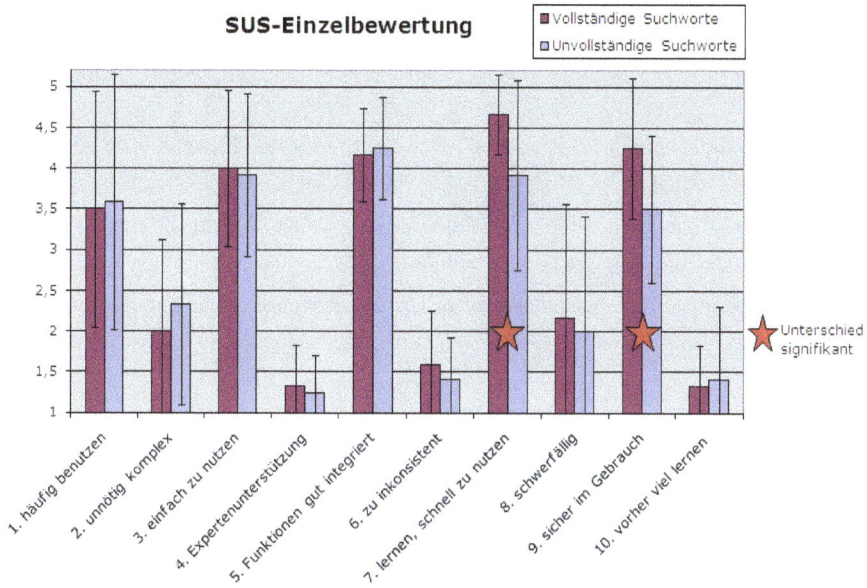

(a) Einzelbewertung (Skala 1-5, ungerade Fragen Optimum = 5, gerade Fragen Optimum = 1).

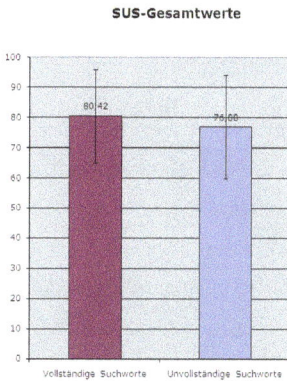

(b) Gesamtbewertung (Skala 0-100).

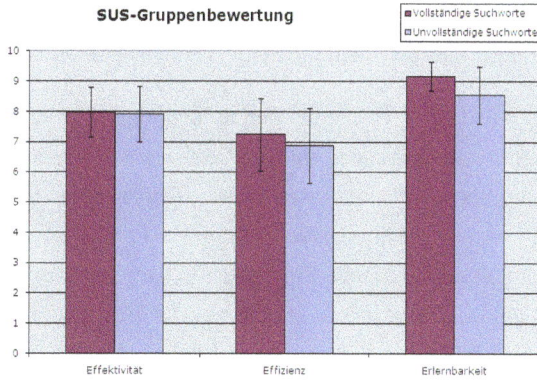

(c) SUS-Gruppierungen nach Effektivität, Effizienz und Erlernbarkeit (Skala 0-10).

Abb. 5.4.: Ergebnisse auf der System Usability Scale im Vergleich.

5.1.4.4. Fragen zur Bedienmethode

Neben den Suchmethoden wurde auch die Bedienmethode variiert. Die subjektive Bewertung, ob die Versuchspersonen eher auf allen Daten oder mit Hilfe vorher festgelegter Kategorien suchen wollten, zeigte eine deutliche Tendenz (75 %) zur Kategorieeinschränkung. Diese Angaben ergaben sich sowohl bei der Befragung für die vollständigen wie auch für die unvollständigen Suchwörter. Bei der Suche mit unvollständigen Suchwörtern gaben drei Versuchspersonen (25 %) an, dass es für sie keinen Unterschied mache, ob die Ergebnismenge vorher eingeschränkt werden muss. Bei der Suche mit vollständigen Suchwörtern nannten dies zwei Probanden (17 %), lediglich einer sprach sich für die uneingeschränkte Suche aus. Dies widerlegt die angenommene Hypothese 2.

5.1.4.5. Fragen zur bevorzugten Suchmethode

Am Ende der Nutzerstudie sollten die Versuchspersonen bewerten, welche Such- und Anzeigeform sie favorisieren. 67 % der Probanden bevorzugten für eine Anwendung im Fahrzeug eine Suche mit unvollständigen Suchwörtern und sofortiger Ergebnisanzeige. Lediglich vier Personen zogen die Suche mit vollständigen Wörtern und Ergebnisanzeige durch manuelles Auslösen vor. Dies bestätigt die angenommene Hypothese 1. Die technische Performanz des Testsystems wurde von 11 Versuchspersonen als nicht zu langsam empfunden, lediglich eine Versuchsperson war gegenteiliger Meinung.

Zudem wurde eine Erhebung der Reihenfolge (Platzziffern von 1 bis 4) der dargestellten Such-Interaktionsformen und -methoden vorgenommen. Die Versuchspersonen wählten dabei die Suche mit unvollständigen Wörtern, sofortiger Ergebnisanzeige und Kategorieeinschränkung am häufigsten auf den ersten Platz (acht Nennungen). Als Grund wurde das schnelle und einfache Finden des gesuchten Begriffes und der geringste Eingabeaufwand genannt. Außerdem erwähnten die Probanden, dass sich die Einschränkung der Kategorie lohne, da bei Suchaufgaben im Allgemeinen der Bereich des Suchfeldes für den Nutzer vorher klar ist und darum nur Treffer aus diesem Bereich relevant sind. Ein Explorieren der Ergebnismenge in andere Bereiche des Systems wurde als nicht so wichtig eingestuft. Die restlichen vier Probanden sprachen sich für die vollständige Suche mit Kategorieeinschränkung und manuellem Starten der Suche aus. Begründet wurde diese Platzwahl hauptsächlich mit der Darstellbarkeit der Ergebnismenge, die übersichtlicher und mit weniger Wechsel der Displayinhalte angezeigt werden kann.

Alle 12 Probanden sprachen sich unabhängig von der Suchmethode für eine vorherige Einschränkung der Kategorie aus, was damit die angenommene Hypothese 2 nochmals widerlegt. Diese Ergebnisse geben erste Erkenntnisse darüber, dass für eine Suchoberfläche im Fahrzeug Interaktionselemente zur Kategorieeinschränkung sinnvoll sind. Auf dem letzten Platz der Reihenfolge lag die vollständige Suche ohne Kategorieeinschränkung. Diese wählten zehn Personen auf einen der letzten beiden Plätze. Die Ergebnisse der Platzierungen sind in Abbildung 5.5 dargestellt.

Reihenfolge der bevorzugten Interaktionsform

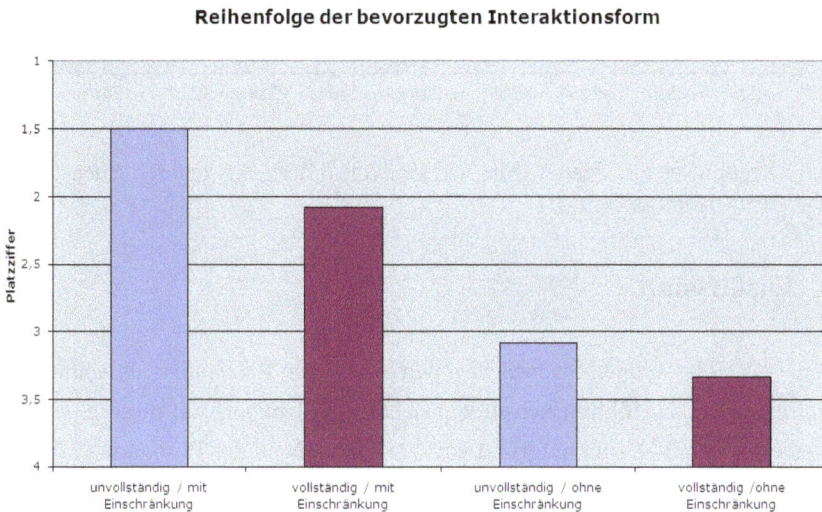

Abb. 5.5.: Reihenfolge der bevorzugten Such-Interaktionsform.

Nachdem die Versuchspersonen die unterschiedlichen Suchmethoden beurteilen konnten, mussten sie eine allgemeine Schätzung abgeben, wie sinnvoll sie eine Such-Interaktion im Fahrzeug halten. Dabei wurde eine klare Tendenz zur Sinnhaftigkeit dieser Interaktionsform im Automobil festgestellt. Die Antworten, die in Abbildung 5.6 zu sehen sind, decken sich beinahe vollständig mit der zu Anfang abgegebenen Einschätzung der Probanden über die Akzeptanz und Sinnhaftigkeit von Online- bzw. Desktop-Suchsystemen. Dies zeigt das Potential eines automotiven Such-Bedienkonzepts.

Für wie sinnvoll halten Sie generell Such-Interaktion im Automobil?

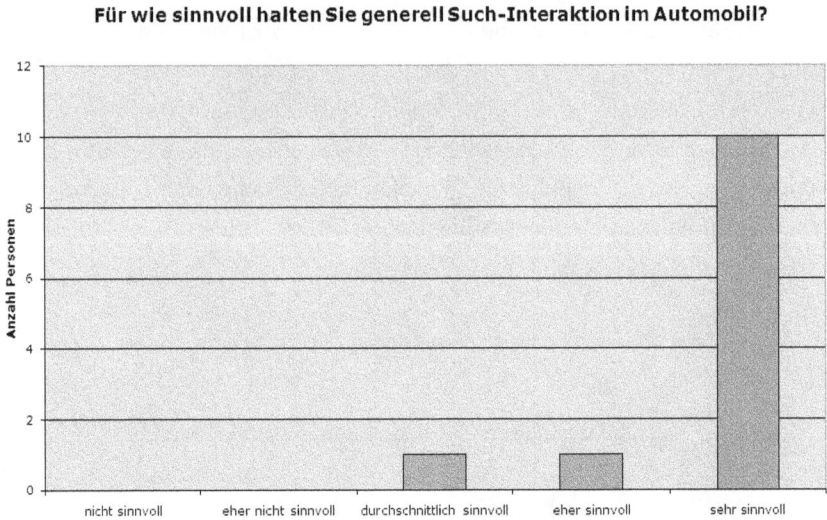

Abb. 5.6.: Ergebnisse zur Frage: „Für wie sinnvoll halten Sie generell Such-Interaktion im Automobil?"

5.1.5. Diskussion

Die Suche mit vollständigen Suchwörtern wurde von den Probanden als schneller erlernbar empfunden und sie fühlten sich zudem sicherer im Umgang mit dieser Suchmethode. Diese beiden Ergebnisse sind aufgrund von Vorerfahrungen der Probanden mit Internetsuchmaschinen zu erklären. Die dort verwendeten Suchmethoden sind zumeist Suchen mit vollständigen Suchwörtern ohne vorherige Ergebnisanzeige. Dennoch präferieren die Versuchspersonen die Suche mit unvollständigen Suchwörtern und sofortiger Ergebnisanzeige für die Anwendung in einem FIS. Die Hypothese 1 gilt damit als bestätigt.

Entgegen der Annahme, die Versuchspersonen würden die aus dem Internet bekannte Suchmethode ohne vorherige Kategorieeinschränkung bevorzugen, zeigt sich, dass im Kontext der Fahrt eine Kategorieeinschränkung von den Versuchspersonen gewünscht wird. Hypothese 2 muss damit verworfen werden. Dies kann zum einen an den im Fahrzeug gewohnten kategorisch ausgelegten Menüstrukturen liegen und zum anderen zeigen sich auch Befürchtungen einer zu großen visuellen Ablenkung durch die sofortige Anzeige der Suchergebnisse bei einer Suche ohne Kategorieeinschränkung. Für die folgenden Untersuchungen in fahrähnlichen Situationen muss genau dies weiter untersucht werden (siehe Abschnitt 5.2).

160

Generell konnten alle Versuchspersonen die vorgestellten Methoden zur Suche problemlos nachvollziehen sowie im anschließenden praktischen Versuchsteil erfolgreich zur Suche von charakteristischen Suchobjekten anwenden. Die Suchform über mehrere Attributfelder ohne Berücksichtigung einer Reihenfolge der Suchworte löste bei keiner Versuchsperson Verständnisschwierigkeiten aus und war somit erwartungskonform.

Im Allgemeinen stellte sich eine positive Grundhaltung der Probanden für eine Such-Interaktion im Fahrzeug heraus, im Speziellen zeigte sich eine starke Tendenz zur Suche mit unvollständigen Wörtern, sofortiger Ergebnisanzeige und Kategorieeinschränkung.

Für die weitere Betrachtung der Suche im Fahrzeug wurden von den Versuchspersonen folgende Anmerkungen abgegeben:

— Im Automobil ist die zeichenweise Eingabe von vollständigen Suchwörtern mit bisherigen Lösungen zur Alphanumerikeingabe unpraktikabel. In diesem Zusammenhang werden Potentiale für alternative Eingabeformen (Spracheingabe, Handschrifterkennung) gesehen.

— Bei der Anzeige von Suchergebnissen wird von einigen Versuchspersonen die Gefahr von zu großer Ablenkung durch die Veränderung der Anzeigeninhalte während der Suche angemerkt. Dies ist im Folgenden durch eine Blick- und Spurhalteuntersuchung im Fahrsimulator abzusichern.

— Es ist eine gewisse Lernphase bei der Einschätzung der Suchwortlänge zu beobachten. Der Blick auf die Ergebnisanzeige nach einer Eingabe von mehreren Suchwörtern mit nur einem Zeichen führt in fast keinem Fall zum gewünschten Suchziel.

— Die Schreibweise von Suchwörtern ist für Versuchspersonen ein Problem. Zukünftige Entwicklungen sollten Ansätze zur Rechtschreibkorrektur und Ähnlichkeitsfunktionen enthalten.

— Die frei wählbare Reihenfolge der Suchwörter fiel den Probanden positiv auf.

5.2. Vergleich Kategorie-Suche vs. Uneingeschränkte Suche

Neben den Untersuchungen zur Suchmethode ist die Frage nach der sinnvollsten grafischen Nutzeroberfläche zur Realisierung einer Such-Interaktion im Fahrzeug von Bedeutung. Die Evaluierung der Konzeptideen durch Experten ergab eine Reduzierung auf zwei mögliche Ansätze, mit unterschiedlichem Ablauf der Such-Interaktion. Die „Omnipräsente Suche" steht dabei für ein einfaches Suchinterface ähnlich der aus dem Internet bekannten Startseite der Suchmaschine von Google. Die Interaktion mit einer solchen Benutzeroberfläche erlaubt zur Einschränkung der Suchergebnisse ausschließlich die Eingabe alphanumerischer Zeichen. Eine mögliche Einschränkung durch eine Kategorieauswahl wird in dieser Benutzeroberfläche nicht verfolgt, wobei im Anschluss an die Buchstabeneingabe einfache Ergebnisfilter angewandt werden können. Dieser Ansatz wird im Folgenden als „Uneingeschränkte Suche" (US-Ansatz) bezeichnet und ist mit der Benutzeroberfläche „Omnipräsente Suche" aus Abschnitt 4.3.2.5 gleichzusetzen.

Die Einschränkung der Suchergebnisse durch eine Kategorieauswahl wird für diese Untersuchung als diametraler Ansatz zur „uneingeschränkten Suche" verstanden. Die Such-Interaktion wurde aus den Konzept-Ideen „Kategorienkreisel" und „Funktionsbasierte Suche" (siehe Abschnitt 4.3.2.3 bzw. Abschnitt 4.3.2.6) entwickelt und benötigt vor der Eingabe des eigentlichen Suchwortes einige Angaben über den „Suchort". Dies wurde durch einen Eingabedialog ähnlich einem Eingabeformular vorgenommen. Damit steht diese Benutzeroberfläche stellvertretend für einen Suchansatz mit vorheriger Auswahl von Kategorien und entsprechenden Unterkategorien. Dieser Ansatz wird im Folgenden als „Kategorie-Suche" (KS-Ansatz) bezeichnet.

Die Interaktionsform dieses Ansatzes lässt die Nutzung zusätzlicher Funktionalität bei der Bedienung zu. Als zusätzliche Funktion wurde in diesem Ansatz die Möglichkeit zur Aggregation der Suchergebnisse implementiert. Dazu konnten Suchergebnisse, welche einen Suchtreffer für das Suchwort im selben Feld des Datensatzes aufweisen, zusammengefasst dargestellt werden. Zum Beispiel wurde für das Suchwort „Madonna" nur noch ein aggregierter Treffer in der Ergebnisliste angezeigt, anstatt einer großen Anzahl Treffer im Bereich Titel, Interpret und Album. Die Trefferaggregation erlaubt, im weiteren Verlauf der Interaktion, die Auflösung der aggregierten Gruppen. So konnte nach

Auswahl des Suchtreffers „Madonna" nachgelagert eine Liste aller Alben bzw. aller Titel angezeigt werden.

5.2.1. Hintergrund

Neben der Suchmethode ist die Interaktion mit der Benutzeroberfläche von Bedeutung für den Einsatz einer Such-Interaktion in FIS. Eines der wichtigsten Kriterien für die Nutzung einer Benutzeroberfläche während der Fahrt ist die Unterbrechbarkeit während der Interaktion mit der Benutzeroberfläche bzw. dem System. Aus der Konzeptphase konnten nach einer Expertenbewertung zwei prinzipiell unterschiedliche Interaktionsmöglichkeiten zur Sucheingabe erarbeitet werden. Die Ansätze US und KS unterscheiden sich neben der grafischen Darstellung durch die Notwendigkeit einer Kategorie- bzw. Unterkategorieauswahl vor der Eingabe des Suchwortes. Die sich aus dem Vergleich der Suchmethoden (Abschnitt 5.1) abzeichnende starke Tendenz zur Suche mit unvollständigen Suchwörtern und sofortiger Ergebnisanzeige wird in diesem Versuch als Suchmethode zu Grunde gelegt.

5.2.2. Hypothesen

Das Ziel der Untersuchung ist der Vergleich zwischen beiden Interaktionskonzepten US und KS bezogen auf Unterbrechbarkeit, Bediendauern, Usability und Attraktivität. Anhand der Expertenbewertung (siehe Abschnitt 4.3.3) der vorgestellten 16 Konzeptideen wurden die beiden Konzeptvarianten US und KS entwickelt. Damit wurden sie implizit einer ersten Bewertung hinsichtlich Nutzbarkeit in einem automotiven Kontext unterzogen. Eine genaue Untersuchung hinsichtlich der Unterbrechbarkeit beider Konzepte erlaubt, die Expertenbewertung zu bekräftigen. Daraus ergibt sich für diese Untersuchung eine erste Hypothese:

Hypothese 1: Die Bedienung beider Konzepte ist nach den Vorgaben des Okklusionstests (ISO 16673, R-Quotient $< 1{,}0$) unterbrechbar.

Der US-Ansatz ermöglicht eine sofortige Eingabe der Suchwörter ohne vorherige Auswahl einer Kategorie. Die zweite Hypothese für die Untersuchung wird von diesem Sachverhalt abgeleitet:

Hypothese 2: Der US-Ansatz ist verglichen mit dem KS-Ansatz einfacher und schneller zu bedienen.

Da der KS-Ansatz im Benutzerdialog eine Kategorieeingabe vor der Suchworteingabe benötigt, ergab sich bei dem verwendeten Ansatz ein größerer gestalterischer Spielraum. Dieser zeigte sich in der gewählten Benutzerführung und der Visualisierung der Benutzeroberfläche. Für die Untersuchung wird daher folgende Hypothese angestellt:

Hypothese 3: Die Benutzeroberfläche des KS-Ansatzes ist für die Probanden grafisch ansprechender.

Bei der Darstellung der Suchergebnisse im KS-Ansatz konnten die Ergebnisse zusätzlich in Kategorien zusammengefasst angezeigt werden. Dies verringerte die Länge der Ergebnisliste und ermöglichte damit eine bessere Übersichtlichkeit der gefundenen Ergebnisse. Gerade bei den Umständen der Bedienung im Fahrzeug sollte die Übersichtlichkeit von den Benutzern positiv bemerkt werden:

Hypothese 4: Die erweiterte Funktionalität für aggregierte Suchergebnisse der Kategorie-Suche ist für eine umfassende Such-Interaktion im Fahrzeug von den Probanden gewünscht.

5.2.3. Methode

Nachfolgend werden der Aufbau und Ablauf des Versuches beschrieben. Der Versuch wurde an einem Laboraufbau im Usability Labor der BMW Group durchgeführt.

Die Bewertung der Unterbrechbarkeit von Bedienhandlungen während des Bedienablaufes ist eine grundlegende Voraussetzung für die Eignung von Bedienkonzepten für FIS. Für die Bewertung dieses Kriteriums wurde ein Okklusionstest (siehe Abschnitt 2.5.1.1) durchgeführt. Dabei wurde die Bearbeitungszeit (*„TotalTaskTime"*) während der Ausführung von charakteristischen Aufgaben mit beiden Prototypen ermittelt. Zum Vergleich der Unterbrechbarkeit wurde der R-Quotient herangezogen (Verhältnis zwischen Summe der Sichtbarkeitsintervalle mit Shutter-Brille und der Bearbeitungsdauer ohne Shutter-Brille). Werte des R-Quotienten unter 1,0 zeigen gute Unterbrechbarkeit des Bedienkonzepts. Bei R-Quotient-Werten über 1,0 bedarf es einer Überarbeitung des Konzepts bezogen auf dessen Unterbrechbarkeit, um die weitere Entwicklung zu einem FIS zu ermöglichen.

Durch ein semantisches Differential, welches an den AttrakDiff-Fragebogen angelehnt ist, wurde das Attraktivitätslevel beider Prototypen bestimmt. Weitere subjektive Daten zur erweiterten Funktionalität des KS-Prototypen wurden mittels eines spezifischen Fragebogen erhoben.

5.2.3.1. Versuchsaufbau

Die Abbildung 5.7 zeigt den verwendeten Versuchsaufbau. Die beiden Prototypen wurden auf einem Computerbildschirm dargestellt und mit Hilfe eines Drehstellers, um den fünf Funktionstasten angeordnet waren (siehe Abbildung 5.9), bedient.

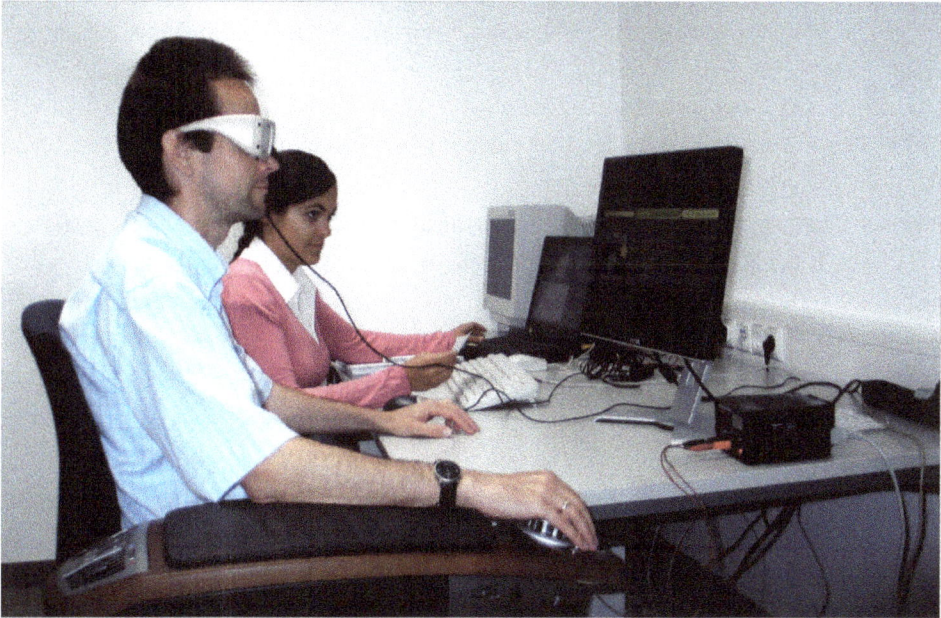

Abb. 5.7.: Versuchsaufbau, Versuchsleiter (Hintergrund) und Proband (Vordergrund) bei der Versuchsdurchführung. Der Proband trägt die für den Okklusionstest notwendige Shutter-Brille und bedient mit der rechten Hand das Bedienelement.

5.2.3.2. Verwendete Systeme

In der Untersuchung wurden die Konzeptvarianten „Uneingeschränkte Suche" (US) und „Kategorie-Suche" (KS) verwendet, wie sie in Abschnitt 4.3.2.5 (als „Onipräsente Suche") beziehungsweise 4.3.2.3 (als „Kategorienkreisel") vorgestellt wurden. Eine Screenshotansicht der beiden Benutzeroberflächen-Prototypen ist in Abbildung 5.8 zu sehen. Darstellungen aus den jeweiligen Bedienabläufen befinden sich im Anhang C.

Abb. 5.8.: Screenshots der verwendeten Prototypen. Das linke Bild zeigt die Benutzeroberfläche für die „Uneingeschränkte Suche" (US), rechts die für die „Kategorie-Suche" (KS).

Bei beiden Prototypen ist die Suchmethode für das Suchen von unvollständigen Suchwörtern auf mehren Attributfeldern implementiert. Die Interaktionskonzepte beider Prototypen erfordern allerdings eine unterschiedliche Darstellung der Ergebnisse, während im Prototyp für die Einfachsuche eine Anzeige in atomarer Form vorgesehen ist, eignet sich bei der Darstellung zur Kategoriesuche eine aggregierte Anzeigeform besser (siehe Abschnitt 4.4). Durch das aggregierte Anzeigeformat und die Kategorie-Auswahl stellt dieser Prototyp mehr Funktionalität für den Nutzer zur Verfügung. Um diese zusätzliche Funktionalität auf Unterbrechbarkeit zu prüfen, wurden exklusiv für den Prototyp der Kategoriesuche fünf Sonderanwendungsfälle mit in den Versuch aufgenommen. Die Hinzunahme lieferte zusätzlich subjektive Einschätzungen der Probanden über den erweiterten Funktionsumfang und die aggregierte Darstellungsmethode.

Bedienelement

Für die Untersuchung wurde ein prototypisches zentrales Bedienelement mit einem rotatorischen Freiheitsgrad vorgesehen (Controller). Neben dem Drehknopf verfügt das Bedienelement über fünf um den Controller angeordnete Funktionstasten sowie eine im

Drehknopf eingebettete berührsensitive Fläche (Touchpad) zur Handschrifterkennung. Die Funktionstasten wurden je nach Bedienkonzept des Prototypen mit unterschiedlichen Funktionen hinterlegt. Die Belegung der Funktionstasten ist in Tabelle 5.1 beschrieben. Abbildung 5.9 zeigt eine Darstellung des Controllers.

Abb. 5.9.: Bedienelement der Prototypen, mit Drehknopf, fünf Funktionstasten und Touchpad.

Controller	Omnipräsente Suche	Kategorienkreisel
Taste 1	Starten der Suche	Sprung in Kreisel
Taste 2	Filterauswahl Funktionsaufruf	Navigieren durch Kategorien
Taste 3	Auswahl von markierten Elementen	Auswahl von markierten Elementen
Taste 4	Filterauswahl Funktionsaufruf	Navigieren durch Kategorien
Taste 5	Undo-Funktion	Undo-Funktion

Tab. 5.1.: Belegung der Funktionstasten des Bedienelementes in Abhängigkeit des Prototypen.

Die Untersuchung hatte das Ziel, den Vergleich der beiden Konzeptvarianten „Uneingeschränkte Suche" und „Kategorie-Suche" zu ermöglichen. Aus diesem Grund waren bei der Versuchsdurchführung Störvariablen zu eliminieren. Darum wurde als Eingabevariante für Alphanumerik Spracherkennung nach der Wizard-of-Oz-Methode herangezogen. Im Versuch wurden die Versuchspersonen angehalten die gesuchten Begriffe zu buchstabieren und der Versuchsleiter gab die verbal geäußerten Buchstaben über eine Tastatur in das System ein. Alle anderen Eingabemethoden (Handschrifterkennung, Speller) hätten aufgrund der Varianz bei der Eingabe große individuelle Verzerrungen, bezogen auf die Bearbeitungszeiten und Unterbrechbarkeit, mit sich gebracht.

5.2.3.3. Beschreibung der Bedienvorgänge

Der Okklusionstest umfasste für beide Prototypen insgesamt 10 Anwendungsfälle, die typische Suchaufgaben während der Fahrt aus den Bereichen Kontakt, Navigation und Musik repräsentierten. Ein Überblick über die Aufgaben ist in Tabelle 5.2 zu sehen. Die Aufgabe bestand aus der Suche nach dem gewünschten Suchobjekt und der Auswahl der gewünschten Funktion. Die Aufgabe endete vor dem Ausführen der jeweiligen Funktion.

Bereich	Suchobjekt	Funktion	Aufgabe Nummer
Kontakt	*Johannes Egger*	anrufen	Aufgabe 1
	Jackson Bond	E-Mail schreiben	Aufgabe 2
Navigation	*Bierakademie, Ulm*	navigieren	Aufgabe 3
	Europcar, Rosenheim	navigieren	Aufgabe 4
	beliebiges Hotel, Erlangen	navigieren	Aufgabe 5
	Mini-Service, Schupp&Kiefer, Weil am Rhein	navigieren	Aufgabe 6
Musik	*Beliebiger Pop-Titel*	abspielen	Aufgabe 7
	Cut the Rope von *Mando Diao*	abspielen	Aufgabe 8
	Is This it von *The Strokes*	abspielen	Aufgabe 9
	Beliebiger Titel aus *Absolution* von *Muse*	abspielen	Aufgabe 10

Tab. 5.2.: Versuchsaufgaben des Okklusionstests.

Neben den 10 Anwendungsfällen für beide Prototypen wurden fünf weitere Aufgaben mit dem KS-Ansatz gestellt, um die durch Aggregation der Suchergebnisse ermöglichte zusätzliche Funktionalität genauer zu untersuchen. Beispielhaft ermöglicht die Zusatzfunktionalität das Abspielen aller häufig gespielten Titel oder das Abspielen aller Titel eines Interpreten, die in einem bestimmten Jahr erschienen sind.

5.2.3.4. Ablauf

Nach Begrüßung und Erläuterung des Gegenstandes der Untersuchung beantworteten die Probanden einen Fragebogen zur Erhebung von persönlichen Daten und Erfahrungen mit Suchmaschinen. Im Anschluss daran erklärte der Versuchsleiter den Probanden die beiden Systeme (US-Ansatz und KS-Ansatz) sowie die Bedienvorgänge in ihnen. Den Probanden wurde eine Zeit zur freien Exploration eingeräumt. Nach der Exploration folgte ein Okklusionstest in jeweils drei Durchgängen pro Bedienkonzept (Testlauf, Durchgang ohne Shutterbrille, Durchgang mit Shutterbrille). Die Versuchspersonen wurden in vier Gruppen unterteilt und die Aufgabenfolge wurde interindividuell permutiert. Den Probanden wurden die zu bewältigenden Aufgaben auf Papierkärtchen dargeboten, um Rechtschreibproblemen vorzubeugen. Die Untersuchung dauerte im Mittel 60 Minuten.

5.2.3.5. Stichprobe

Die Auswahl der Probandengruppe erfolgte nach den Merkmalen der Käufergruppe von Fahrzeugen aus dem Premiumsegment. Insgesamt nahmen 12 Versuchspersonen (9 männlich und 3 weiblich) mit einem Durchschnittsalter von 43,1 Jahren teil. Die Hälfte der Versuchspersonen schätzte sich selbst als Nutzer mit normalen Erfahrungen im Bereich von Suchmaschinen ein, 33,3 % verfügten über fortgeschrittene Kenntnisse in der Suchmaschinennutzung. 16,6 % erklärten sich als sehr erfahren im Umgang mit Suchmaschinen.

Alle Probanden hatten einen PKW-Führerschein, zehn der zwölf Probanden trugen Sehhilfen.

5.2.3.6. Erhobene Daten

Für den Okklusionstest wurde die Bearbeitungsdauer der Aufgaben (TotalTaskTime) sowie der R-Quotient zur Angabe der Unterbrechbarkeit bestimmt. Die TotalTaskTime ist die Zeitspanne vom Beginn der Aufgabenbearbeitung bis zum Ende der Aufgabe. Der R-Quotient berechnet sich als Quotient aus der kumulierten Zeit aller Intervalle, in denen die Shutter-Brille während der Bearbeitung geöffnet ist, durch die Zeit, die für eine Bearbeitung der Aufgabe ohne Shutter-Brille benötigt wird.

Subjektive Aussagen der Versuchspersonen zu den Konzepten wurden anhand von Fragebögen ermittelt. Neben den Fragebögen zu den demografischen Angaben wurden folgende Daten erhoben:

- Allgemeine Usability: System Usability Skala SUS, (siehe Abschnitt 2.5.2.1).

- Attraktivität und Qualität der Konzepte: Semantisches Differential (Skala 1 bis 6), angelehnt an den AttrakDiff 2 (siehe Abschnitt 2.5.2.2).

- Fragen zum direkten Vergleich der Konzepte (Schnelligkeit, Übersichtlichkeit, Verständnis, Spass, Design) und der Zusatzfunktionalität des KS-Ansatzes.

Die Versuchspersonen beantworteten die Fragebögen jeweils direkt nach Beendigung der Okklusions-Durchgänge für ein Bedienkonzept, mit Ausnahme der Fragen zum direkten Vergleich der Bedienkonzepte. Diese wurden erst am Ende des Versuches abgefragt.

5.2.4. Ergebnisse

Im Bereich der objektiven Ergebnisse werden die Hypothesen 1 und 2 des Versuchs diskutiert, um Erkenntnisse über die Qualität der Unterbrechbarkeit und der Bediendauern der Bedienkonzepte zu erlangen. Der Bereich der subjektiven Ergebnisse befasst sich mit den aufgestellten Hypothesen 3 und 4 und zeigt die gewonnenen Erkenntnisse zu Gebrauchstauglichkeit und Bedienspass der Prototypen auf.

Objektive Ergebnisse:

- **Unterbrechbarkeit:** Der R-Quotient für die einzelnen Aufgaben ist in Abbildung 5.10 zu sehen. Die Unterbrechbarkeit der Bedienkonzepte ergibt sich aus dem Mittelwert der R-Quotienten der einzelnen Aufgaben. Für den US-Ansatz wurde ein R-Quotient von 0,77 ($\pm$ 0,08) errechnet. Der KS-Ansatz zeigte einen Wert von 0,78 ($\pm$ 0,08). Damit ergab sich für beide Konzepte ein Unterbrechbarkeitswert von unter 1,0. Die erzielten Werte weisen beiden Bedienkonzepten eine gute Unterbrechbarkeit für die Nutzung als Interaktionskonzept im Fahrzeug aus, womit Hypothese 1 als bestätigt angesehen werden kann. Für den R-Quotienten konnte in einer Varianzanalyse mit Messwiederholung kein signifikanter Unterschied zwischen den Konzepten gefunden werden ($F(1,11) = 0,12$, p $= 0,73$).

R-Quotient

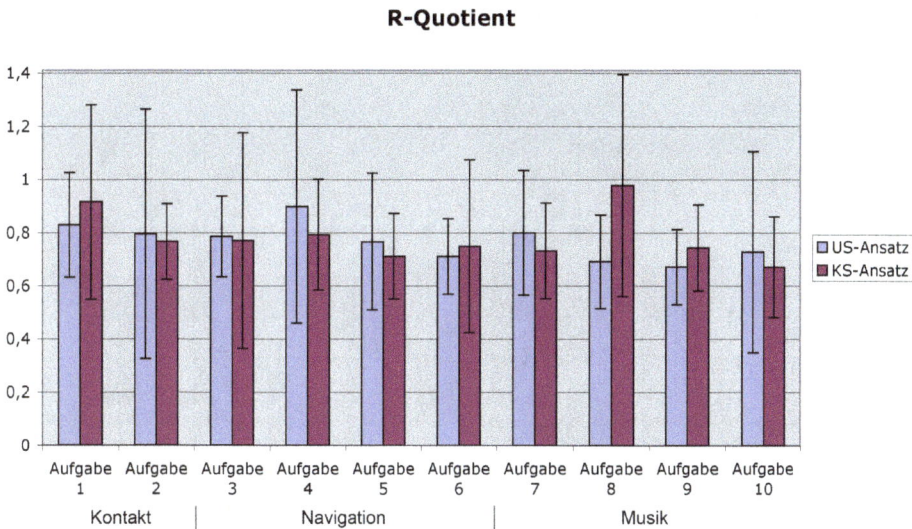

Abb. 5.10.: Ergebnisse des R-Quotienten zur Unterbrechbarkeit der Bedienkonzepte US und KS.

- **Bearbeitungszeiten:** Im Mittel wies der US-Ansatz 30 % kürzere Bearbeitungs-zeiten auf. In Abbildung 5.11 sind die Bearbeitungszeiten der jeweiligen Aufgaben dargestellt. Eine Varianzanalyse mit Messwiederholung wurde für den Faktor System signifikant ($F(1,11) = 28,80$, $p < 0,001$). Die Ergebnisse zeigen, bezogen auf die schnellere Bedienbarkeit der Aufgaben, dass der US-Ansatz als Interaktions-konzept für einen Einsatz im Fahrzeug besser geeignet ist als das KS-Konzept. Die Ergebnisse bestätigen die aufgestellte Hypothese 2.

Für die Nutzung der erweiterten Funktionalität des KS-Ansatzes muss eine längere Antwortzeit der Datenbank bis zur Ergebnispräsentation in Kauf genommen werden. Dieser Zusatzaufwand ist der komplexeren Anfrageroutine an die Datenbank geschul-det, welche die Aggregation der Daten ermöglicht. Wie die Laufzeituntersuchungen aus Abschnitt 3.2.3 zeigen, verlängert sich die Antwortzeit vor allem bei der Eingabe des ersten Buchstabens merklich. In einem realen System ist es sinnvoll entweder auf die Anzeige von Ergebnissen mit Ein-Zeichen-Suchwörtern zu verzichten, oder die maximal möglichen 26 verschiedenen Ergebnislisten müssen im Voraus berechnet und gespeichert werden.

Bearbeitungszeiten

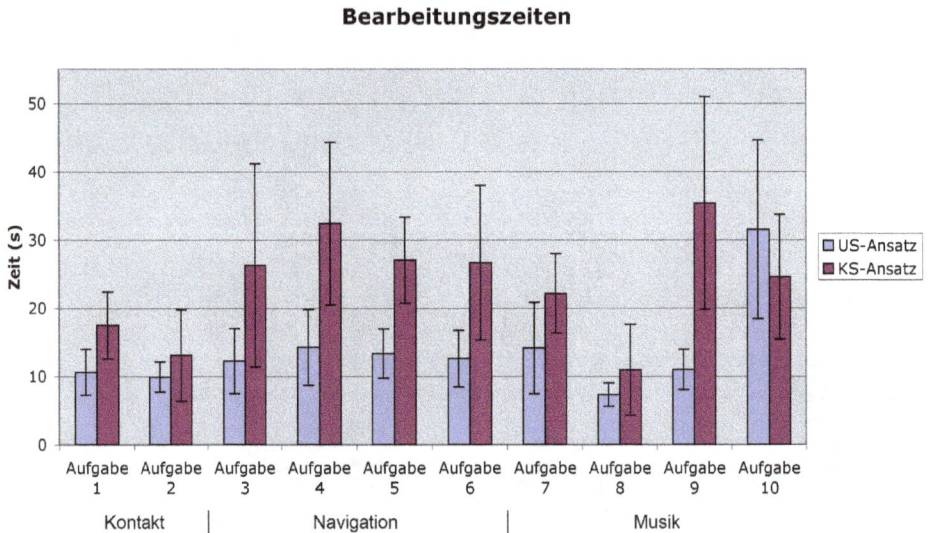

Abb. 5.11.: Ergebnisse der Bearbeitungszeiten des Okklusionsversuches für die Bedienkonzepte US und KS.

Subjektive Ergebnisse:

- **Bedienbarkeit:** Das Ergebnis der Auswertung des SUS Fragebogens für die Bedienbarkeit beider Ansätze ist in Abbildung 5.12 zu sehen. Der Ansatz der uneingeschränkten Suche erzielte bei zehn der zwölf Versuchspersonen einen höheren
SUS-Gesamtwert als der Kategorie-Ansatz. Insgesamt kommt der US-Prototyp
im Mittel auf 81,25 von 100 Punkten und zeigt damit einen deutlich höheren allgemeinen Bedienbarkeitswert als der KS-Ansatz (64,38; siehe Abbildung 5.12b).
Eine Varianzanalyse mit Messwiederholung ergab für den Faktor System demnach auch einen signifikanten Unterschied zu Gunsten des US-Ansatzes ($F(1,11)$
$= 14,59$, $p = 0,03$). Für die in der SUS ermittelbaren Usability-Eigenschaften
Effizienz, Effektivität und Erlernbarkeit sind die Werte in Abbildung 5.12c zu sehen. Der US-Ansatz zeigte vor allem im Bereich der Effizienz die größten Vorteile
gegenüber dem KS-Ansatz.

- **Attraktivität:** Das Ergebnis der Auswertung des semantischen Differentials ist in
Abbildung 5.13 zu sehen. In Anlehnung an den AttrakDiff-Fragebogen sind höhere
Bewertungen in den einzelnen Vergleichen des Differentials für ein attraktives Pro-
dukt anzustreben. Der AttrakDiff lässt eine Gruppierung der benutzten Wortpaare

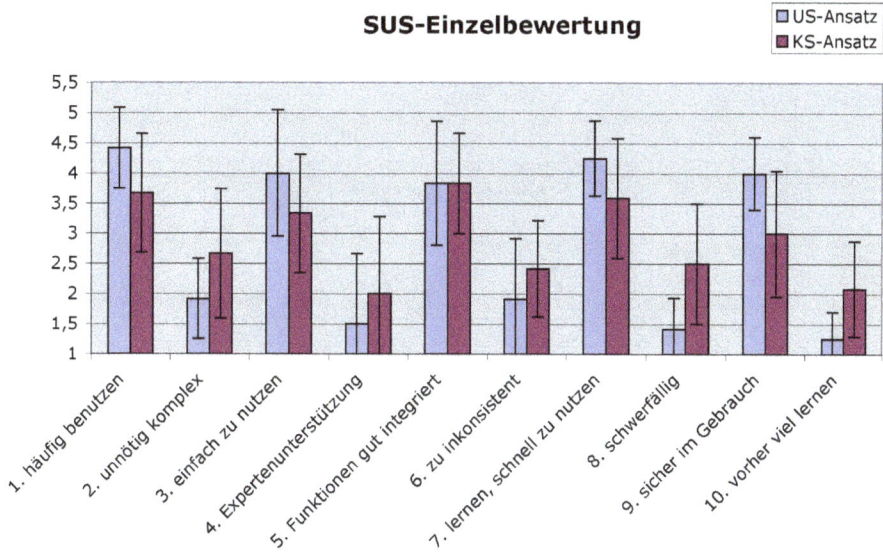

(a) Einzelbewertung (Skala 1-5, ungerade Fragen Optimum = 5, gerade Fragen Optimum = 1).

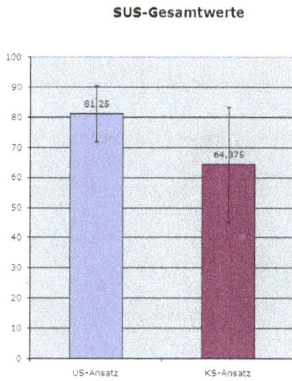

(b) Gesamtbewertung (Skala 0 - 100).

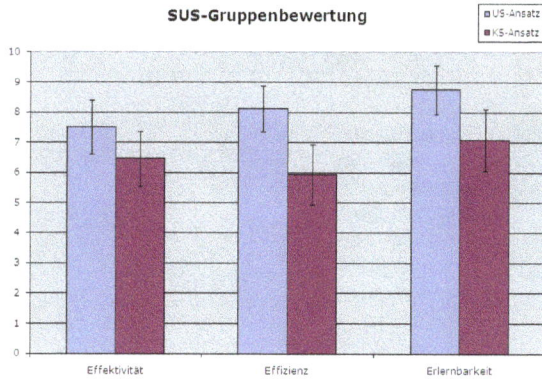

(c) SUS-Gruppierungen nach Effektivität, Effizienz und Erlernbarkeit (Skala 0 - 10).

Abb. 5.12.: Ergebnisse auf der System Usability Scale im Vergleich.

in pragmatische Qualität (PQ; 7 Wortpaare (technisch - menschlich; widerspenstig - handhabbar)), hedonische Qualität–Identität (HQ-I; 7 Wortpaare (isolierend - verbindend; nicht vorzeigbar - vorzeigbar)), hedonische Qualität–Stimulation (HQ-S; 7 Wortpaare (konventionell - originell; herkömmlich - neuartig)) und Attraktivität (ATT; 7 Wortpaare (unangenehm - angenehm; entmutigend - motivierend)) zu.

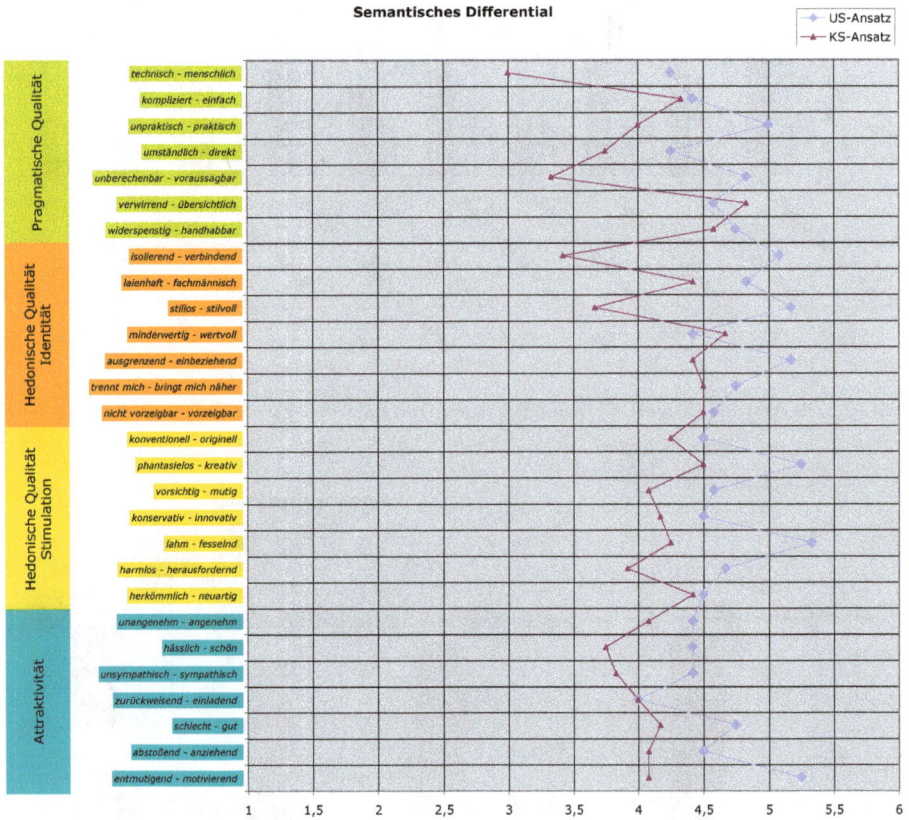

Abb. 5.13.: Wortpaarvergleich durch semantisches Differential. 28 Wortpaare in Anlehnung an den AttrakDiff2.

Zur Überprüfung der aufgestellten Hypothesen wurde ein Varianzanalyse mit Messwiederholung für den gesamten Datensatz mit den Faktoren System (US-Ansatz vs. KS-Ansatz) und Dimension (PQ; HQ-I; HQ-S; ATT) ermittelt. Bei der Betrachtung des Faktors System ergab sich ein signifikanter Haupteffekt zugunsten des US-Ansatzes ($F(1,11) = 21{,}75$, $p < 0{,}01$). Für die Betrachtung der Interaktion System X Dimension ergab sich ein signifikanter Effekt von $F(3, 33)$ $=5{,}35$, $p< 0{,}01$. Ein entsprechender LSD Post Hoc Test ergab, dass insgesamt das System US auf der Dimension PQ und auf der Dimension ATT von den Probanden besser bewertet wurde als das System KS. Für die beiden Faktoren HQ-I und HQ-S ergaben sich jedoch keine Unterschiede zwischen den beiden betrachteten Systemen. Hinsichtlich der Attraktivität und der pragmatischen Qualität stellt sich, entgegen der aufgestellten Hypothese, heraus, dass die Probanden den US-Ansatz besser bewertet haben als den KS-Ansatz. Dies bedeutet, dass die Probanden die Aufgaben mit dem US-Ansatz effektiver und effizient erledigen konnten als mit dem KS-Ansatz. Für die hedonische Qualität-Identität und die hedonische Qualität-Stimulation konnten diese Unterschiede zwischen den Systemen nicht nachgewiesen werden. Da die hedonische Qualität im Gesamten Systemmerkmale erfasst, welche dem Nutzer Freude und Spass vermitteln, bereiten beide Systeme den Probanden gleich viel Vergnügen.

- **Direkter Vergleich:** Abschließend wurde in einem Fragebogen der direkte Vergleich der beiden Such-Ansätze bezüglich Übersichtlichkeit, Verständnis, Spass und Design erhoben. Die Versuchspersonen mussten für jede abgefragte Eigenschaft ihren Favoriten angeben, die Ergebnisse sind in Abbildung 5.14 grafisch dargestellt. Auch im direkten Vergleich spiegeln sich die bisher ermittelten objektiven wie subjektiven Erkenntnisse wider. Für die Mehrheit der Probanden ist der US-Ansatz der Favorit in den Bereichen Usability und Schnelligkeit. Der KS-Ansatz übertrifft den US-Ansatz lediglich in den Bereichen Spass und Design.

- **Erweiterte Funktionalität des KS-Ansatzes:** Neben dem direkten Vergleich der Konzepte erhob der abschließende Fragebogen Meinungen zum erweiterten Funktionsbereich des KS-Ansatzes (Möglichkeit der aggregierten Ergebnisdarstellung). Für die erweiterten Funktionen wurden zusätzlich fünf Aufgaben in den Okklusionstest mit aufgenommen, die ebenfalls alle mit einem R-Quotienten unter 1,0 bearbeitet werden konnten. Diese zusätzlichen Usecases wurden von neun der zwölf Probanden begrüßt und zur Implementierung in eine finale Benutzeroberfläche für die Datensuche in einem Fahrzeug vorgeschlagen. Zwei Probanden waren der Ansicht, dass ein System im Fahrzeug durch diesen Funktionsumfang schon überfrachtet wird. Eine Versuchperson war sich der Verwendung des dargestellten Zusatzfunktionsumfanges im Fahrzeug unschlüssig.

Direkter Vergleich

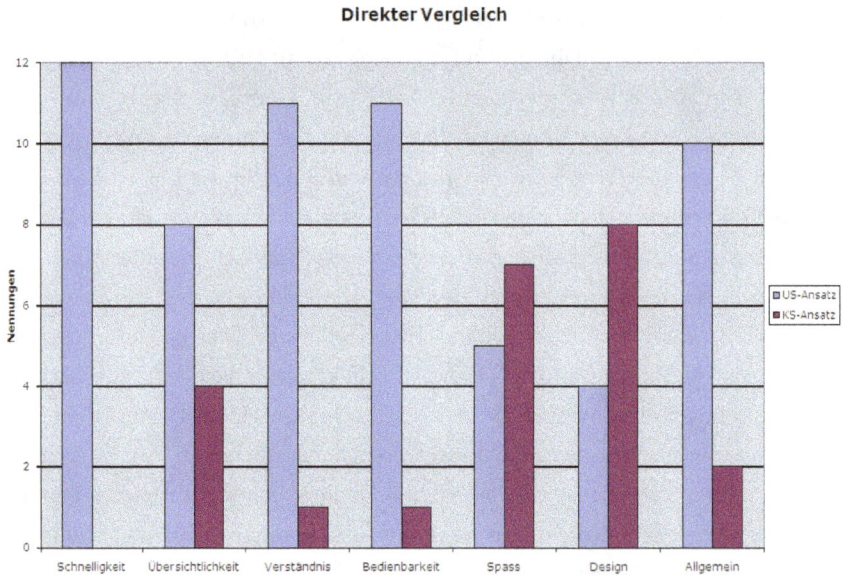

Abb. 5.14.: Direkter Vergleich der beiden Prototypen. Diese wurde anhand des letzten, vergleichenden Fragebogens ermittelt.

5.2.5. Diskussion

In der vorliegenden Untersuchung wurde die Bedienung der „Kategorie-Suche" und der „uneingeschränkten Suche" auf Unterbrechbarkeit, Bearbeitungszeiten und Usability bewertet. Die Erkenntnisse geben Aufschluss über die generelle Auslegung eines Such-Interaktion in FIS. Die Untersuchung wurde vorbereitend für die Fahrsimulationsuntersuchungen einer Such-Interaktion im Fahrzeug durchgeführt.

Die vier aufgestellten Hypothesen konnten durch die Untersuchungsergebnisse verifiziert werden. Beide Bedienkonzepte zeigen gute Unterbrechbarkeit unter den getesteten Voraussetzungen, da ein R-Quotient für beide Ansätze unter 1,0 nachgewiesen werden konnte. Dies bestätigt beiden Konzepten, dass ihr Bedienablauf für eine Nutzung in FIS vorgesehen werden kann. Die Analyse der Unterbrechbarkeitswerte für beide Ansätze zeigte kein auffälliges Verhalten für die sofortige Darstellung von Suchergebnissen bei der Eingabe eines Buchstabens (unvollständige Suchwörter in mehreren Attributfeldern). Die Bearbeitung der Aufgaben war schneller bei Verwendung des US-Ansatzes und die allgemeine Usability während der Bearbeitung wurde von den Probanden bei

176

diesem Ansatz besser eingeschätzt. Beim KS-Ansatz stellten die Versuchspersonen das Design, den Bedienspass sowie das erweiterte Funktionsangebot positiv heraus.

Abgeleitet aus den Ergebnissen muss eine Benutzeroberfläche für eine Such-Interaktion im Fahrzeug nach dem US-Ansatz ausgelegt werden. Ausschlaggebend hierfür ist die bessere Bewertung der Usability sowie die geringeren Bearbeitungsdauern. Die Vorteile des besseren Designs und des höheren Bedienspasses des KS-Ansatzes werden zu diesem Zeitpunkt der Entwicklung untergeordnet betrachtet. Die Erweiterung der Funktionalität um eine aggregierte Ergebnispräsentation in einer Such-Interaktion spiegelt die gefundene Nutzerpräferenz wider und sollte deswegen für einen Einsatz in einem FIS in Betracht gezogen werden.

Für diesen Versuch stand die allgemeine Gestaltung und die Interaktionsform einer Suche von Daten in FIS im Vordergrund, weshalb bei der Entwicklung der Prototypen auf eine spezifische Optimierung des Bedienelementes für die jeweilige Ausprägung der Prototypen bewusst verzichtet wurde. Diese Einschränkung muss vor allem bei der Interpretation der Ergebnisse des Kategorie-Suche-Prototypen berücksichtig werden. Die Notwendigkeit der Einschränkung einer Kategorie setzt eine größere Anzahl an Interaktionen mit dem Bedienelement voraus. Damit ist der KS-Prototyp stärker vom Bedienelement abhängig als der US-Prototyp. Da das genutzte Bedienelement nicht optimiert auf die Interaktion zur Auswahl einer Kategorie oder eines Filters ausgelegt war, sind auch die erzielten Werte des R-Quotienten nicht im optimal möglichen Bereich. Allerdings sind die erzielten R-Quotienten mit nicht optimiertem Bedienelement schon unter der gewünschten Grenze von 1,0 für die Unterbrechbarkeit.

Einen weiteren Einfluss auf die Objektivität der erzielten R-Quotienten hatte die Entscheidung zur „Wizard-of-Oz" Alphanumerikeingabe. Dies verringerte den Aufwand zur Eingabe eines Buchstabens für die Probanden, was wiederum eine Beeinflussung der visuellen Ablenkung bedeutet. Für den Vergleich der Interaktionsform der beiden Ansätze spielte diese Einschränkung allerdings nur eine untergeordnete Rolle, da sie in beiden Prototypen gleichsam galt. Der Frage nach einer geeigneten alphanumerischen Eingabe für die Such-Interaktion im Fahrzeug wird in Abschnitt 7.1 nachgegangen, wo ein Vergleich von Handschrifteingabe und Eingabe über eine Speller-Leiste angestellt wird.

177

6. Interaktionskonzept H-MMI

Das Kapitel 4 erläutert die Aufteilung der Systeminhalte nach dem Pareto-Prinzip in hierarchische Menü-Bedienung und Such-Interaktion. Die in den Kapiteln 4 und 5 erarbeiteten Erkenntnisse bezüglich der Gestaltung einer Such-Interaktion in FIS dienen als Grundlage für die Konzeption von H-MMI. Das Konzept hat zum Ziel, ein vollständiges FIS darzustellen, welches nach den in Abschnitt 2.4.2 aufgeführten Kriterien auf den Einsatz als FIS in einem Fahrzeug getestet werden kann. Der gewählte Ansatz besteht aus einer hybriden Verbindung von Objektorientierung, Such-Interaktion, hierarchischer Menüstruktur und Informations-Navigation (Browsing). Das Zusammenspiel der genutzten Ansätze ist in Abbildung 6.1 dargestellt. Die Nutzung einer Informations-Navigation ist notwendig, da mit dem System nicht nur scharfe Suchanfragen bedienbar gemacht werden sollen, sondern zusätzlich eine gewisse Unschärfe erlaubt werden soll. Als unscharfe Suchanfrage gilt beispielsweise die Suche nach ähnlichen Musikstücken oder anderen Alben desselben Interpreten. Nähere Angaben zur Informations-Navigation sind in Abschnitt 6.4 zu finden.

6.1. Verbindung von Suche und Hierarchie

Die gewählte Darstellung der Verbindung von Suche und Hierarchie ist in Abbildung 6.2 und Abbildung 6.3 abgebildet. Dabei zeigt die linke Seite des Bildschirms die hierarchische Menüstruktur, welche in diesem Fall vier Hauptkategorien des Systems zeigt. Für diesen Prototypen wurden Daten aus den Bereichen Kontakte, Orte, Musik und Information zur Interaktion bereitgestellt. Die Hauptkategorien zeigen in dieser Ansicht ihren Systemstatus[1] gleichzeitig an, dieser wird bei der Bedienung der Menühierarchie zu einem Minimalstatus verringert. Die hierarchische Struktur wird nach dem Pareto-Prinzip mit den am häufigsten benutzen Elementen und Funktionen befüllt. Auf der

---

[1]Zusammenfassung der momentan gültigen Daten und Funktionen, z. B. das momentan gültige Ziel oder der gerade spielende Musiktitel

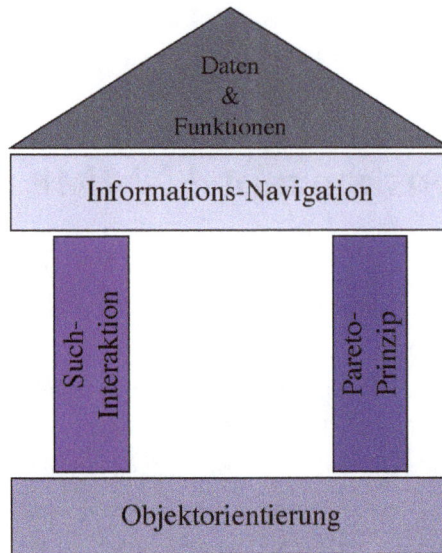

Abb. 6.1.: Die grundlegenden Konzeptteile des Interaktionskonzepts H-MMI.

rechten Seite des Bildschirms befindet sich der Suchbereich der Benutzeroberfläche. Nach der Eingabe alphanumerischer Zeichen werden dort die Suchergebnisse in einer Listendarstellung präsentiert.

6.2. Eigenschaften der Benutzeroberfläche

Für die Such-Interaktion wurde der Ansatz der Suche mit sofortiger Ergebnisanzeige gewählt (siehe Abschnitt 4.3.1). Die Anzeige der Ergebnisse erfolgt nach Kategorien geordnet, innerhalb der Kategorien besteht kein weiterer Page-Rank-Algorithmus. Die Suchergebnisse wurden nach den Ergebnissen aus Abschnitt 5.2.4 in aggregierter Darstellung implementiert, vgl. Abbildung 6.5 und Abbildung 6.6. Zudem können die Ergebnisse nach den vier Haupt-Kategorien des Systems gefiltert werden. Die dafür vorgesehenen Filter-Buttons sind auf dem sogenannten „Slider" angeordnet und zeigen zudem die Trefferanzahl für das eingegebene Suchwort in der jeweiligen Kategorie an. Der Slider ist ein grafisches Element, das die beiden Bereiche Hierarchie und Suche optisch voneinander trennt (siehe Abbildung 6.2). Außerdem gibt er an, welche Kategorien im System enthalten sind. Beim Wechsel zwischen Suche und Hierarchie verschiebt

Abb. 6.2.: Hauptmenü-Ansicht H-MMI. Links der Status der Menühierarchie, rechts die Vorschau auf die Such-Interaktion.

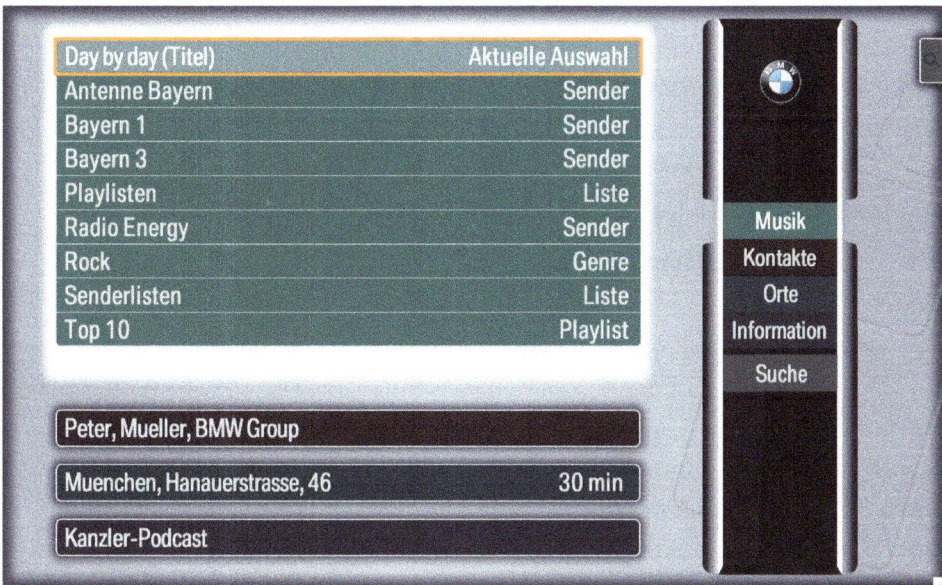

Abb. 6.3.: Hierarchie-Ansicht H-MMI. Bedienbare Hierarchie der Kategorie „Musik" sowie aktueller Status der Kategorien „Kontakte", „Orte" und „Information".

sich der Slider zur Seite des jeweils nicht gewählten Systembereichs und ermöglicht eine Vergrößerung des anzuzeigenden Bereichs. Bei gewähltem Suchbereich wird initial, also bei leerem Such-Eingabefeld, die Historie der letzten Suchbegriffe angezeigt (siehe Abbildung 6.4).

Abb. 6.4.: H-MMI Benutzeroberfläche für die Such-Interaktion vor einer Suchworteingabe.

6.3. Darstellung der Objektansicht

Der weitere Nutzerdialog nach der Auswahl des gewünschten Suchergebnisses in der Ergebnisliste wird über die Interaktion mit dem gewünschten Objekt geleitet. Funktionen und Informationen, die mit einem Objekt verknüpft sind, können über eine Objektansicht bedient bzw. aufgenommen werden. Die Objektansicht wird sowohl nach der Auswahl eines Menüpunktes in der Hierarchie als auch zur Darstellung der Detailansicht eines Suchergebnisses genutzt. Jedes Interaktionsziel ist, wie in Abschnitt 4.2.1 definiert, Teil einer bestimmten Aktions- bzw. Objektklasse. Die Hauptaktion jeder Objektklasse wurde zur einfacheren Bedienung konsistent als erste auswählbare Funktion in der Objektansicht festgelegt (siehe Abbildung 6.7). Des Weiteren sind dort auch die direkt

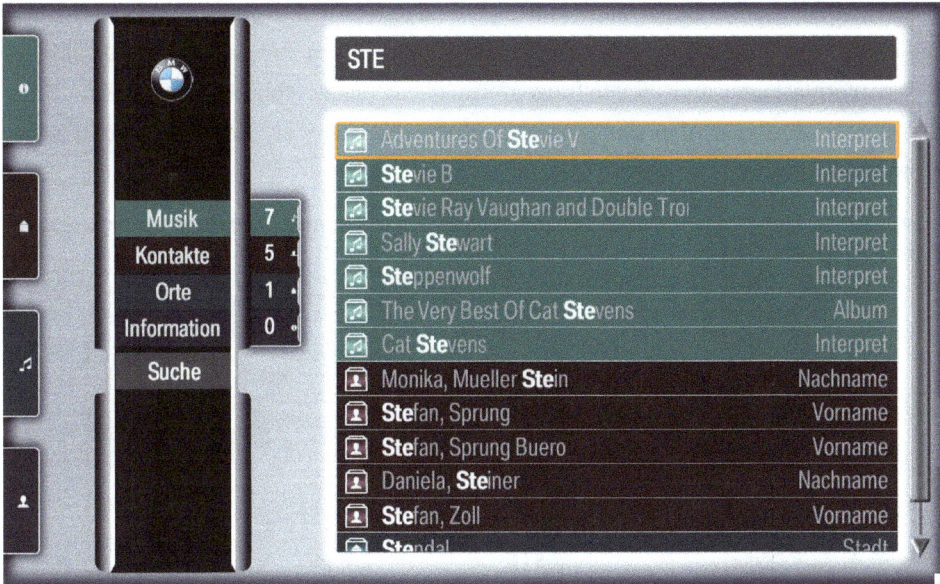

Abb. 6.5.: H-MMI Benutzeroberfläche für die Such-Interaktion während einer Suchwort-eingabe.

Abb. 6.6.: H-MMI Benutzeroberfläche für die Such-Interaktion bei Auswahl eines Objektes.

zur Objektklasse gehörenden Vernetzungspfade dargestellt. Die Objektidee wurde durch eine dreidimensional anmutende Objektdarstellung unterstützt, welche weiterführende Objektinformationen und -einstellungen ermöglicht (siehe Abbildung 6.8). Eine Rotationsanimation steigert den räumlichen Eindruck während der Bedienung der einzelnen Seiten des Objektes.

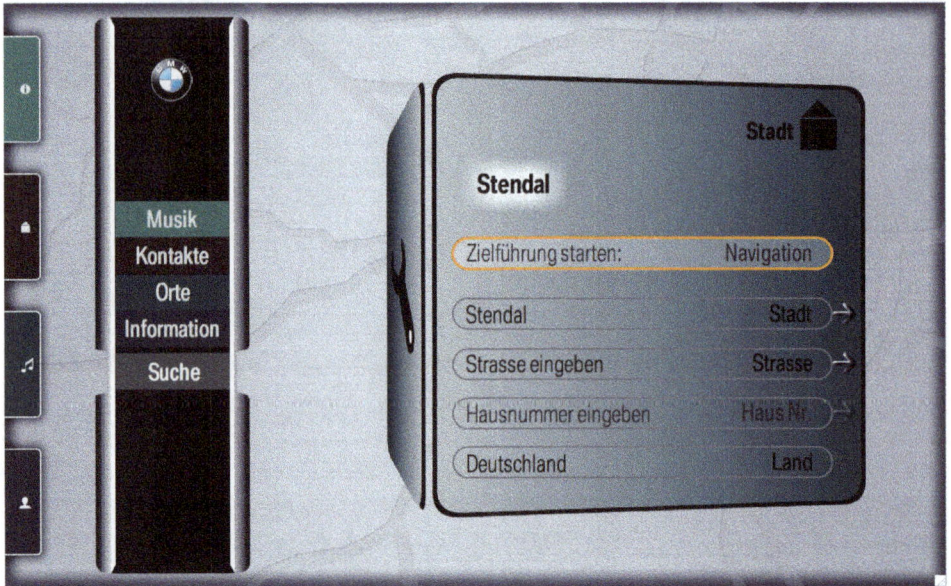

Abb. 6.7.: H-MMI Benutzeroberfläche (Würfel) für die Objektansicht (Hauptseite).

6.4. Ablauf der Informations-Navigation

Das Prinzip der Informations-Navigation bietet dem Nutzer des Systems die Möglichkeit einer einfachen Exploration des Systems bzw. der Inhalte des Systems. Die Grundsätze der Objektorientierung bilden die Voraussetzung für dieses Bedienprinzip. In diesem Fall Konzept können von einem einzelnen Objekt weitere Objekte, eventuell auch aus anderen Kategorien, über deren Verknüpfung erreicht werden. Ähnliche Interaktionsformen sind aus dem Internet bekannt, indem der Nutzer durch entsprechende „Links" von einer Internetseite zur nächsten navigieren kann (dem sogenannten „Browsing"). Die Informations-Navigation ermöglicht einen breiteren Einstieg in die Suche, sofern das genaue Suchwort nicht bekannt ist und nur eine übergeordnete Kategorie oder ein in

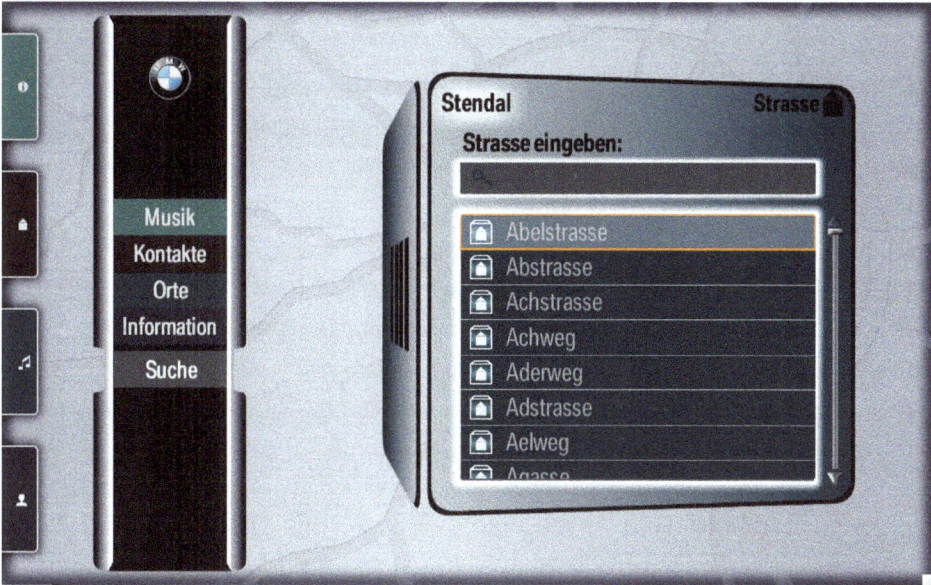

Abb. 6.8.: H-MMI Benutzeroberfläche (Würfel) für die Objektansicht (Browsing).

Verbindung stehender Begriff angegeben werden kann. Eine in der Praxis vorkommende Aufgabe ist die Suche nach einem bestimmten Album, von dem lediglich ein Titel
bekannt ist. Die Objektansicht nach einem „Browsing" zu der Kategorie Strasse ist für
den Ort Stendal in Abbildung 6.8 zu sehen.

6.5. Eingabeelemente für H-MMI

Zur Bedienung des Konzepts H-MMI wurde ein zentrales Bedienelement mit einem rotatorischen Freiheitsgrad (Controller) vorgesehen (siehe Abbildung 5.9). Zudem ermöglichten fünf um den Controller angeordnete Tasten die Auswahl von markierten Elementen
auf dem Bildschirm (Taste 3), das Navigieren durch das Menü und die Objektansicht
(Taste 2 und Taste 4) und den schnellen Wechsel zwischen Menü- und Such-Interaktion
(Taste 1) sowie das Ausführen einer „Back-Routine" (Taste 5). Darüberhinaus enthält
das Bedienelement eine berührsensitive, kreisrunde Fläche auf der Rotationsachse des
Controllers (Touchpad), welche zur handschriftlichen Eingabe alphanumerischer Zeichen
genutzt wurde.

6.5.1. Eingabe alphanumerischer Zeichen

Die Eingabe alphanumerischer Zeichen wurde auf zwei Arten realisiert. Eine Variante des H-MMI Konzepts nutzt die in der Fahrzeugdomäne übliche Speller-Eingabe[2] mit Hilfe des Controllers. Die zweite Variante ermöglicht die Eingabe von Großbuchstaben und Zahlen mittels einer Handschrifteingabe auf dem im Bedienelement verbauten Touchpad. Dazu wird auf eine Erkennertechnologie der Firma ART zurückgegriffen. Sie bietet die Möglichkeit, auf einem resistiven Touchpad Einzelbuchstaben per Handschrift mit dem Finger der Eingabehand zu schreiben. Der Vorteil für die Verwendung im Fahrzeug liegt bei dieser Eingabeform darin, dass das Auffinden der Buchstaben auf dem Bildschirm entfällt und die Zeichen mit geringer visueller Ablenkung eingegeben werden können. Die Eingabezeichen für den Erkenner wurden auf einen deutschen Großbuchstaben-Zeichensatz trainiert sowie mit zwei Sondergesten für Leerzeichen und dem Löschen von Buchstaben versehen. In Vorversuchen wurde eine Erkennungsleistung von 0,94 ($\pm$0,06) mit der dominanten und 0,83 ($\pm$0,12) mit der nicht dominanten Hand erreicht.

6.5.2. Feedbackvarianten

Ein Feedback bei der Handschrifteingabe alphanumerischer Zeichen ist notwendig, um dem Nutzer mitzuteilen, ob die Erkennung erfolgreich war und welcher Buchstabe vom Erkenner interpretiert wurde.

Für die Eingabe alphanumerischer Zeichen per Handschrifterkennung sind mehrere Feedbackvarianten denkbar. Neben haptischem Feedback, das beim Führen des Fingers über die Oberfläche des Touchpads automatisch entsteht, ist es für die Usability wichtig, wie das vom Erkenner gelieferte Ergebnis nach der Eingabe eines Zeichens dargeboten wird. Die trivialste Auslegung stellt dabei die visuelle Rückmeldung des erkannten Buchstabens auf einem Display dar, die zusätzlich, je nach Nutzungsumgebung, akustisch erfolgen kann. Da die Erkennung durch die Korrelation des eingegebenen Zeichens mit dem trainierten Zeichensatz zustande kommt, kann eine mögliche Ausgabe des Erkenners auch das Nichterkennen eines eingegebenen Zeichens sein. Diese Ereignisse benötigen ebenfalls eine sinnvolle Art der Rückmeldung an den Benutzer. Hierfür reicht

---

[2]Auswahl von Einzelzeichen, die in alphabetischer Reihenfolge am Bildschirm angeordnet sind (OnScreen-Tastatur)

die Spanne vom Nichtanzeigen eines Buchstabens über spezielles visuelles Feedback bis hin zu akustischen oder haptischen Ausgaben, welche den Fehler anzeigen. Im Hinblick auf die Verwendung im Fahrzeug sind vor allem die letzten beiden Feedback-Varianten sinnvoll, da sie den Nutzer über den Systemzustand informieren, aber nicht zusätzlich visuell ablenken.

Für den Einsatz einer Handschrifterkennung sollte das Erkennungssystem die vom Nutzer gelernten Interaktionsvorgänge beim Schreiben von Buchstaben so gut wie möglich abbilden. Das Fehlen einer visuellen Rückmeldung während des Schreibens der Buchstaben stellt einen großen Unterschied zur normalen Handschrift auf Papier dar. Daraus ergibt sich eine weitere Möglichkeit für ein sinnvolles Feedback, indem während des Schreibens eines Zeichens auf dem Touchpad diese Eingabe visuell auf einem Display dargestellt wird (Nachzeichnen der Fingerbewegung). Der Einsatz einer solchen Feedbackvariante ermöglicht dem Nutzer die Schreibweisen von Buchstaben zu erlernen, welche vom Zeichenerkenner besser interpretiert werden können. Auch können eventuelle Fehlerkennungen des Systems vom Nutzer mit Hilfe der Visualisierung der Eingabe besser nachvollzogen werden. Damit wirkt sich ein solches Feedback langfristig auf die Erkennungsqualität aus. Bei sehr hoher Erkennungsqualität der Einzelbuchstaben ist allerdings davon auszugehen, dass der Nutzer nur ein Bestätigungsfeedback benötigt, welches entweder akustisch oder/und visuell erfolgt.

Der Einsatz eines visuellen Feedbacks während der Zeicheneingabe steht allerdings im Widerspruch zur Anforderung einer geringen visuellen Ablenkung während der Fahrt, da es ein zusätzliches Potential zur visueller Ablenkung birgt. Aus diesem Grund wurde es für die prototypische Umsetzung des Konzepts H-MMI nicht implementiert.

7. Nutzerstudien zum Konzept H-MMI

Ziel der Nutzerstudien des Konzeptes H-MMI ist der Nachweis zur Tauglichkeit als Interaktionskonzept für Nebenaufgaben während der Fahrt. Dafür werden im ersten Teil die für das Konzept notwendige alphanumerische Eingabe auf ihre reale Blickabwendung und ihre kognitive Beanspruchung während der Bearbeitung einer Nebenaufgabe in Laborversuchen untersucht. Abschließend wurde das System H-MMI unter denselben Bedingungen wie serienreife Bedienkonzepte in einem Fahrversuch mit Probanden getestet. Erst diese Ergebnisse lassen eine endgültige Aussage über die Verwendung einer Such-Interaktion als Bedienprinzip für FIS zu.

7.1. Systemvergleich zwischen H-MMI und einem Standard FIS (iDrive)

Die Untersuchungen zum Vergleich der Such-Interaktion mit einem bestehenden FIS wurden in enger Zusammenarbeit mit Dipl.-Psych. Maximilian Schwalm erarbeitet. In Schwalm [2009] sind genauere Ausführungen zu der in dieser Untersuchung verwendeten Methode der Beanspruchungsmessung („Index of Cognitive Activity") zu finden.

7.1.1. Hintergrund

Die Ergebnisse der vorangegangenen Experimente flossen in die Konzeption des Bedienkonzepts H-MMI ein. Dies zeigt sich in der Oberfläche der Sucheingabe, welche die Prinzipien der „uneingeschränkten Suche" übernommen hat. Zu diesem Zeitpunkt der Entwicklung der Such-Interaktion für Fahrzeugbenutzeroberflächen war es notwendig, einen Vergleich zwischen dem erarbeiteten Konzept und einem realen FIS (iDrive BMW 5er Serie 2007) in einer fahrähnlichen Situation vorzunehmen. Dies stellt den sinnvollen nächsten Schritt zu einer Validierung der Interaktionsform „Suche" für FIS dar. Das iDrive-System eignet sich deshalb als Vergleichssystem, da sich das Bedienkonzept konsequent einer Menü-Hierarchie bedient und damit die in der Untersuchung aus Abschnitt 5.2 analysierte Trennung von „Kategorie-Suche" und „Uneingeschränkte Suche" noch einmal aufnimmt.

Die Bedienprinzipien einer „Kategorie-Suche" ähneln vom Ablauf denen einer hierarchischen Menübedienung, welche im System iDrive auf die Bedienbarkeit während der Fahrt optimiert ist. Als weiterer Schritt auf dem Weg zu einem realistischen FIS muss für die Suchworteingabe ein geeignetes Bedienelement/ -konzept gefunden werden. In diesem Experiment wurde deshalb neben dem Systemvergleich ein Vergleich von zwei Eingabemethoden für die Alphanumerikeingabe aufgenommen. Das Experiment stellt dabei eine Einzelbuchstabenerkennung per Handschrift auf einem Touchpad einer bei FIS üblichen Spellereingabe gegenüber.

7.1.2. Hypothesen

Die Untersuchung stellt einen Vergleich des Such-Interaktion Prototypen H-MMI mit einem im Serieneinsatz befindlichen FIS an. Das Ziel der Entwicklung des Prototypen H-MMI war es, eine Such-Interaktion für FIS zu konzipieren, welche als FIS in einem Serienfahrzeug eingesetzt werden kann. Aus diesem Grund darf der Unterschied zwischen H-MMI und dem Seriensystem bezogen auf die Bearbeitungsdauern, die Fahrleistungen sowie die nötigen Bilckabwendungszeiten während der Bedienung nicht signifikant zu Ungunsten des Protoypen H-MMI ausfallen.

Hypothese 1: Der Prototyp H-MMI unterscheidet sich in einer fahrsituationsnahen Versuchsumgebung, bezogen auf die Bearbeitungsdauern während der Fahrt, nicht vom getesteten Seriensystem.

Hypothese 2: Der Prototyp H-MMI unterscheidet sich in einer fahrsituationsnahen Versuchsumgebung, bezogen auf die Fahrleistung, nicht vom getesteten Seriensystem.

Hypothese 3: Der Prototyp H-MMI benötigt während der Fahrt eine geringere Anzahl von Blicken zur Bedienung als das getestete Seriensystem.

Der Frage nach einer geeigneten Eingabemethode für alphanumerische Zeichen bei Such-Interaktionen wird ebenfalls in diesem Experiment nachgegangen. Dazu dient ein Vergleich zwischen der Alphanumerikeingabe des Seriensystems (Speller) mit einer Handschrifteingabe. Die Handschrifteingabe nutzt ein Touchpad mit einem Zeichenerkenner mit visuellem Feedback für den erkannten Buchstaben (kein akustisches Feedback). Damit ist die Eingabe bei der Handschrifterkennung zum größten Teil eine manuelle Aufgabe (das Schreiben des Buchstabens), im Gegensatz zur visuell-manuellen Aufgabe bei der Eingabe mittels Speller (Suchen und Auswählen des gewünschten Buchstabens auf dem Bildschirm). Für die Untersuchung können folgende Hypothesen zum Vergleich der beiden Eingabevarianten aufgestellt werden:

Hypothese 4: Die Bearbeitungszeiten während der Fahrt sind mit Handschrifteingabe kürzer als bei Eingabe mittels Speller.

Hypothese 5: Die Fahrleistungen während der Fahrt sind mit Handschrifteingabe genau so gut wie bei Eingabe mittels Speller.

Hypothese 6: Während der Fahrt sind die Blickzuwendungen zur Nebenaufgabe mit Handschrifteingabe geringer als bei Eingabe mittels Speller.

Die Messung der kognitiven Belastung mit Hilfe von ICA erlaubt für beide Systeme und beide Eingabemethoden objektive Belastungsverläufe zu ermitteln. Für einen Vergleich dieser Belastungen werden aus den beiden vorangegangen Begründungen zwei weitere Hypothesen getroffen.

Hypothese 7: Der Such-Interaktion Prototyp H-MMI unterscheidet sich, bezogen auf die kognitive Belastung bei der Bedienung während der Fahrt, nicht vom getesteten Seriensystem.

Hypothese 8: Die Handschrifteingabe unterscheidet sich, bezogen auf die kognitive Belastung bei der Bedienung während der Fahrt, nicht von der Spellereingabe.

7.1.3. Methode

Nachfolgend werden der Aufbau und Ablauf des Versuches beschrieben. Der Versuch wurde an einem Laboraufbau im Usability Labor der BMW Group durchgeführt.

7.1.3.1. Versuchsaufbau

Die Fahraufgabe wurde von einem Standard PC erzeugt, mit einen PC Monitor angezeigt und konnte über ein Logitech® Lenkrad und Pedalerie vom Probanden gesteuert
werden. Die zu untersuchenden Systeme wurden auf einem zweiten Monitor dargestellt,
der sich rechts neben dem Hauptmonitor mit der Fahrsimulation befand. Beide Mo-
nitore waren in derselben Entfernung zum Probanden positioniert. Das Bedienelement
der beiden Testsysteme befand sich rechts zur Versuchsperson. In Abbildung 7.1 ist
der verwendete Versuchsaufbau sowie der zur Erfassung der Blickdaten und Beanspruchungsprofile verwendete Eyetracker EyeLink 2 von SR Research, Ltd. zu sehen.

Abb. 7.1.: Allgemeiner experimenteller Aufbau. Proband mit Eyetracker und den beiden
Monitoren für die Fahr- sowie Nebenaufgabe.

7.1.3.2. Verwendete Systeme

Fahraufgabe

Der Fokus des Versuch lag auf einem Systemvergleich bei Bedienung in einer fahrähnlichen Situation. Für diesen Zweck wurde als Fahraufgabe der Lane Change Task (LCT, Mattes [2003]), wie in Abschnitt 2.5.1.2 vorgestellt, verwendet.

Referenzsystem: BMW iDrive

Als Referenzsystem wurde das zu diesem Zeitpunkt aktuelle iDrive FIS aus der BMW 5er Reihe als PC basierte Simulation ausgewählt. Bei diesem System sind die Funktionen über die vier Bereiche Klima, Kommunikation, Navigation und Entertainment aufzurufen (siehe Abbildung 7.2). Die einzelnen Bereiche sind im Hauptmenü durch Schieben des Bedienelementes (Dreh-/Drücksteller mit 4 Schieberichtungen) in die entsprechende Richtung zu erreichen.

Abb. 7.2.: Hauptmenü des BMW iDrive-Systems der BMW 5er Reihe (bis 2008).

Die Inhalte der einzelnen Untermenüebenen sind horizontal angeordnet (siehe Abbildung 7.3). Die Menühierarchie in den Untermenüs ist vertikal angeordnet, womit sich Oberkategorien in der obersten Leiste befinden und entsprechende Unterfunktionen darunter liegen und durch Schieben zu erreichen sind. Die Auswahl von Einzelelementen erfolgt durch Drehen und Drücken. Alphanumerische Zeichen werden standardmäßig über eine horizontale Spellerleiste eingegeben. In der Spellerleiste erfolgt die Auswahl eines Buchstabens ebenfalls durch Rotation des Controllers und anschließendem Drücken. Das System bietet durch den funktional-hierarchischen Aufbau jeweils einen Speller für Buchstaben und einen Speller für Ziffern an.

Abb. 7.3.: Kommunikations-Untermenü des BMW iDrive-Systems der BMW 5er Reihe (bis 2008).

Konzept H-MMI

Für die Untersuchung wurde das Interaktionskonzept H-MMI, wie in Abschnitt 6 vorge-stellt, verwendet. Zusammenfassend sind hier nochmals die Eigenschaften des Konzepts aufgeführt.

- Weitgehender Verzicht auf eine Menü-Hierarchie, stattdessen Verwendung von Such-Interaktion, Objektorientierung und Informationsbrowsing.

- Direktauswahl der am häufigsten benutzten Interaktionsobjekte.

- Die Suche nach Inhalten erstreckt sich auf die gesamte Datenbasis.

- Objekt- statt Geräteorientierung. Das heißt, es werden inhaltlich Objekte zur Verfügung gestellt, unabhängig von den dahinter stehenden technischen Systemen und Funktionen.

- Die Darstellung der Datenobjekte sowie Relationen auf ihnen erfolgt in visuell-räumlicher Form.

Ein Ziel dieses Versuches ist der Vergleich zwischen den Systemen sowie von Speller-Eingabe und Handschrifterkennung. Aus diesem Grund benötigte das Konzept H-MMI neben der eigentlichen Hauptimplementierung noch eine zweite Darstellungsvariante mit Speller-Darstellung im Suchbereich (Abbildung 7.7).

7.1.3.3. Alphanumerische Eingabe

In der vorliegenden Studie wurde neben dem Systemvergleich ein Vergleich zwischen einer Handschrifteingabe über ein Touchpad und einer Alphanumerikeingabe per Speller vorgenommen. Für beide Systeme wurde die Eingabe sowohl per Speller als auch mittels Handschrifterkennung realisiert.

Verwendete Bedienelemente

Die Abbildung 7.4 zeigt das speziell für den Vergleich der Eingabemethoden angefertigte Bedienelement. Vor dem Controller wurde ein entsprechendes kapazitives Touchpad angebracht. Beim Dreh-/Drücksteller des dargestellten Bedienelements wurde die serienmässig verwendete Dreh-/Drücksteller Einheit des BMW iDrive-Systems (bis 2008) eingesetzt. Dieses Bedienelement wurde für alle Versuchaufgaben, welche die Probanden mit dem System iDrive durchführen mussten, angewendet. Für die Aufgaben im System H-MMI wurde der Controller aus Abbildung 5.9 eingesetzt.

Alphanumerikeingabe mittels Handschrifterkennung

Bei der Eingabe alphanumerischer Zeichen mittels Handschrift mussten die Probanden Einzelbuchstaben in Großschrift oder Ziffern auf dem resistiven Touchpad eingeben. Nähere Angaben zur Eingabetechnologie sind Abschnitt 6.5.1 zu entnehmen. Die erkannten Zeichen wurden wie bei der Spellerversion jeweils als visuelles Feedback dem dafür vorgesehenen Eingabefeld dargestellt. Auf ein akustisches Feedback für erkannte Zeichen wurde zum fairen Vergleich mit der Speller-Variante verzichtet. Fehlerkennungen wurden allerdings durch eine kurze akustische Rückmeldung durch ein Tonsignal ausgegeben. Bei der alphanumerischen Handschrifteingabe wurde für das iDrive System aus technischen Gründen dasselbe Bildschirmlayout wie unter der Spellerversion verwendet. Die Darstellung der Buchstaben bzw. Ziffern des Spellers auf dem Bild-

Abb. 7.4.: Controller mit vorgelagertem kapazitiven Touchpad (graue Fläche).

schirm sowie der zugehörige Cursor war während der Eingabe über Handschrifterkennung ebenfalls dargestellt. Da das System H-MMI von vornherein auf die Eingabe mit Handschrifterkennung ausgelegt war, fehlte bei dieser Eingabevariante die Spellerleiste im Bildschirmlayout und das Ausgabefeld für erkannte Buchstaben wurde entsprechend hervorgehoben (siehe Abbildung 7.5).

Alphanumerikeingabe mittels Speller

Bei einem Speller werden die auzuwählenden Buchstaben oder Ziffern auf dem Display dargestellt. Das Markieren des gewünschten Buchstabens erfolgt durch das Versetzen eines Fokuselementes mit Hilfe des Bedienelementes (siehe Abbildung 7.6). Für die beiden verwendeten Systeme wurde der Fokuswechsel durch Rotation des Controllers und die Auswahl des Buchstabens durch Drücken des Controllers umgesetzt. Für das System H-MMI wurde die Spellereingabe grafisch der iDrive Vorgabe angeglichen, wobei anders als im Referenzsystem alle 26 Buchstaben auf einmal dargestellt werden können (siehe Abbildung 7.7). Die Eingabe des Spellers unterscheidet sich systembedingt bei der Darstellung der zur Verfügung stehenden Zeichen. Beim iDrive Speller werden die jeweils

Abb. 7.5.: Bildschirmlayout für Alphanumerikeingabe mit Handschrifterkennung des Systems H-MMI.

nicht mehr verfügbaren Buchstaben (d.h. es ist kein Eintrag mehr mit entsprechenden Buchstaben in der Datenbank vorhanden) ausgeblendet, beim H-MMI Speller hingegen sind zu jeder Zeit alle Buchstaben auswählbar. Sobald ein Buchstabe ausgewählt wurde, erscheint dieser im dafür vorgesehenen Ausgabe-Feld auf dem Display.

7.1.3.4. Beschreibung der Bedienvorgänge

Bei der vorliegenden Untersuchung wurde ein vollständiger Systemvergleich der beiden Systeme sowie beider Eingabemodalitäten mit und ohne zusätzliche Fahraufgabe durchgeführt. Dies erforderte eine beschränkte Auswahl an Bedienvorgängen, um den zeitlichen Aufwand für die Versuchspersonen in Grenzen zu halten. Zudem mussten die Bedienvorgänge von den Probanden vor der Versuchsdurchführung geübt werden, um auftretende Varianz aus Lernvorgängen minimieren zu können. Die Auswahl der Bedienvorgänge wurde im Hinblick auf die Vergleichbarkeit der beiden Systeme vorgenommen, da deren Bedienung in beiden Systemen durchführbar sein musste. Des Weiteren soll-

Abb. 7.6.: iDrive Speller für Buchstabeneingabe und darunter liegendem Ausgabefeld für die ausgewählten Zeichen. Der jeweils markierte Buchstabe wird orange hervorgehoben.

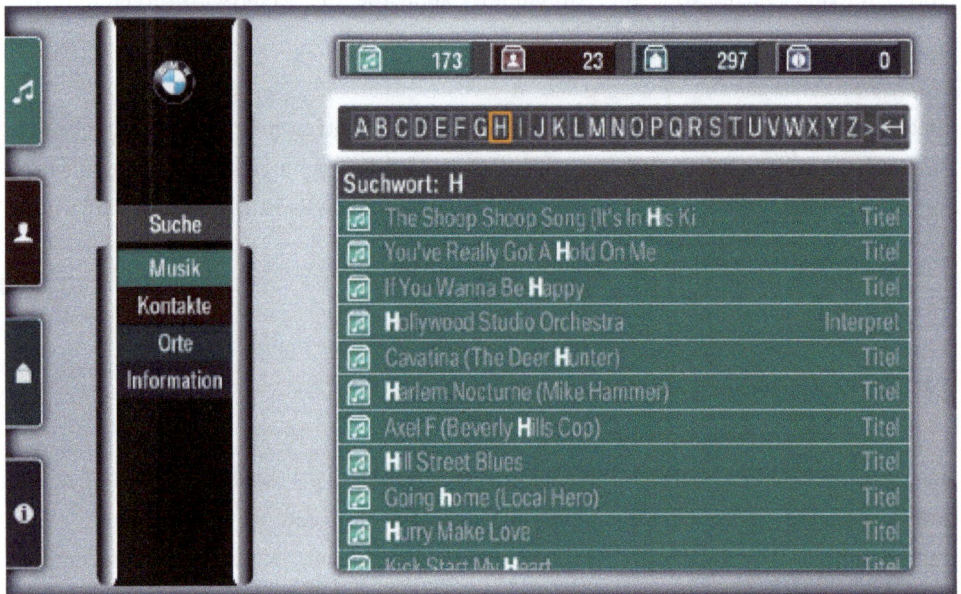

Abb. 7.7.: H-MMI Speller mit Buchstabeneingabe und darunter liegendem Ausgabefeld für die ausgewählten Zeichen. Der jeweils markierte Buchstabe wird orange umrandet.

ten die Aufgaben sowohl Ziffern- wie auch Buchstabeneingabe abdecken. Die in der Untersuchung durchgeführten Bedienvorgänge sind nachfolgend beschrieben:

Navigationszieleingabe (Navi): Die Aufgabe bestand, ausgehend vom Hauptmenü, in der Eingabe eines Navigationszieles mit anschließendem Starten der Zielführung („Nutzen Sie das Navigationssystem und lassen Sie sich zur Paulusgasse in Hannover führen").

Telefonnummerneingabe (Tele): Die Aufgabe bestand, ausgehend vom Hauptmenü, in der Eingabe einer 6-stelligen Telefonnummer („Bitte wählen Sie die Rufnummer 283576").

7.1.3.5. Ablauf

Nach Begrüßung und Erläuterung des Gegenstandes der Untersuchung konnten sich die Probanden zuerst mit der Bedienung der Lane Change Task (LCT) vertraut machen. Am Ende der Eingewöhnungsphase wurde eine Baseline-Fahrt erhoben, für die das Fahren mit dem LCT vom Probanden so lange wiederholt werden musste, bis eine Abweichung von der Vorgabespur von < 1 erfüllt werden konnte (Kriterium entsprechend ISO Draft TC22/SC13/WG8). Nach erfolgreicher Baseline-Fahrt wurde das Eyetracking System kalibriert.

Im Anschluss daran erklärte der Versuchsleiter den Probanden die Bedienvorgänge in den jeweiligen Systemen sowie Eingabemodalitäten. Die Versuchspersonen mussten alle Vorgänge ohne Fahraufgabe mindestens dreimal wiederholen, bis ein sicherer Umgang mit den Systemen und Bedienvorgängen gewährleistet war.

Nach der Übungs- und Eingewöhnungsphase mussten die beiden Bedienvorgänge in beiden Systemen jeweils mit und ohne Fahraufgabe wie auch durch die Variation der Eingabeelemente mit Speller oder mit Handschrifterkennung von jedem Probanden zweimal durchgeführt werden. Zu Validierungszwecken der verwendeten Beanspruchungsmessung mit dem „Index of Cognitive Activity" (ICA; vgl. 2.5.1.4) wurde die Aufgabe „Navi" mit dem System iDrive sogar viermal durchgeführt. Bei der Durchführung wurde auf eine interindividuell permutierte Aufgabenabfolge geachtet, wobei die Versuchspersonen alle Aufgaben zuerst in einem der beiden Systeme durchführten. Die Darbietungsreihenfolge der Systeme wurde ebenfalls permutiert. Nach der Durchführung jedes abgeschlossenen

Bedienvorganges mussten die Versuchspersonen eine Beanspruchungseinschätzung der gerade bearbeiteten Aufgabe abgeben (Skala von 1 bis 10).

Eine Erhebung demografischer Angaben zur Versuchsperson wurde im Anschluss an den praktischen Versuchsteil vorgenommen. Insgesamt ergab sich pro Versuchsperson eine Versuchsdauer von ca. 120 min.

7.1.3.6. Stichprobe

An der Untersuchung nahmen insgesamt 18 Versuchspersonen teil (2 weiblich, 16 männlich). Der Altersdurchschnitt der Teilnehmer lag bei 26,2 Jahren (Alter zwischen 24 und 30 Jahren). Unter den Probanden waren 17 Rechtshänder und ein Linkshänder. Alle Probanden gaben an, im Besitz einer gültigen Fahrerlaubnis zu sein und bezeichneten sich zudem als erfahrene Fahrer.

7.1.3.7. Erhobene Daten

Nachfolgend werden nun die für die Diskussion der Ergebnisse relevanten Variablen angegeben bzw. definiert. In der Untersuchung wurde neben den klassischen Usability Maßen wie Bearbeitungsdauer, Fahrleistung, Blickdaten und subjektiven Maßen auch die Beanspruchung der Probanden während der Versuchsdurchführung mittels ICA gemessen.

Bearbeitungsdauer: Definiert den Zeitabschnitt von Anfang der Bearbeitung der Aufgabe bis zum Beenden der Aufgabe.

Fahrleistung: Definiert als Abweichung der tatsächlich gefahrenen Spur zur Optimallinie. Die Fahrleistung bezieht sich nur auf die Abschnitte der Strecke des LCT, in denen die Bearbeitung der Nebenaufgaben erfolgte. Sie ermöglicht eine Bewertung der Ablenkungswirkung und Beanspruchung des Fahrers durch die Bedienung der Aufgaben (Berechnung nach LCT-Vorgaben siehe ISO Draft TC22/SC13/WG8).

Blickdaten: Mit Hilfe des verwendeten Eyetracking Systems wurde sowohl die Gesamtblickdauer für die Bearbeitung der einzelnen Bedienvorgänge als auch die Einzelblickdauern sowie die Blickabwendung von der Straße während der Aufgabenbearbeitung gemessen.

Beanspruchungsdaten: Mit Hilfe des verwendeten Eyetracking Systems wurde eine Messung der mentalen Beanspruchung der Probanden durchgeführt (ICA). Hiermit lassen sich charakteristische Beanspruchungsprofile während der Aufgabenbearbeitung aufzeigen.

Subjektive Daten: Zusätzlich wurde die subjektiv empfundene Beanspruchung der Probanden erhoben. Nach dem Abschluss jedes Bedienvorgangs wurden die Versuchspersonen nach ihrer erlebten Beanspruchung auf einer Skala von 1 (wenig beanspruchend) bis 10 (stark beanspruchend) gefragt.

7.1.4. Ergebnisse

Um die Eignung des Interaktionskonzepts H-MMI sowie die der Handschrifteingabe während einer fahrtähnlichen Situation zu überprüfen, wurden Bearbeitungszeiten für die gestellten Aufgaben, die dabei entstandene visuelle Ablenkung von der Fahrszene über Blickdaten sowie die entstandenen Fahrdaten gemessen. Durch Zuhilfenahme der Pupillometrie konnten genaue Profile der kognitiven Beanspruchung der Probanden während der Durchführung ermittelt werden. Zusätzlich wurden subjektive Einschätzungen der Probanden erhoben. Diese abhängigen Variablen werden im Folgenden diskutiert.

7.1.4.1. Bearbeitungsdauern

Die Bearbeitungsdauern werden gemittelt über jeweils zwei Wiederholungen angegeben. Zuerst werden die Bearbeitungsdauern der Aufgaben für beide Systeme und beide Eingabemodalitäten ohne Fahraufgabe diskutiert. Anschließend werden die Bearbeitungsdauern mit zusätzlicher Fahraufgabe angegeben.

Bearbeitungsdauern ohne Fahraufgabe

In den Abbildungen 7.8 und 7.9 sind die Bearbeitungsdauern für beide Systeme ohne zusätzliche Fahraufgabe jeweils für die beiden Eingabevarianten Speller und Handschrift dargestellt.

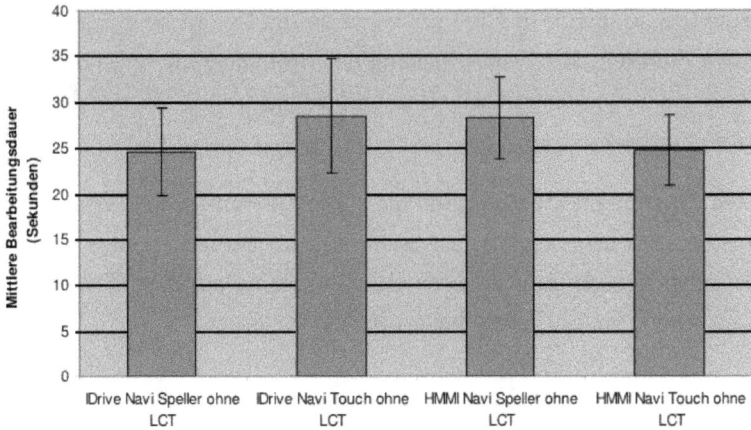

Abb. 7.8.: Mittlere Bearbeitungsdauer der Aufgabe Navigationszieleingabe (Navi) unter Speller und Handschrift ohne zusätzliche Fahraufgabe.

Beim Vergleich der Bearbeitungszeiten im Stand zeigten sich bei entsprechender Varianzanalyse mit Messwiederholung keine signifikanten Unterschiede bei der Aufgabe Navigationszieleingabe sowohl zwischen den Systemen ($F(1, 13)=1{,}087$, $p=0{,}31$) als auch zwischen den Eingabemodalitäten ($F(1, 13)=1{,}44$, $p=0{,}25$). Bei der Aufgabe Telefonnummerneingabe ohne zusätzliche Fahraufgabe ergab der Vergleich zwischen den Systemen ebenfalls kein signifikanten Unterschied ($F(1, 16)=0{,}03$, $p=0{,}85$). Jedoch wurde der Faktor Eingabemodalität signifikant. Im Stand waren die Bearbeitungszeiten mit der Spellereingabe signifikant kürzer als die der Handschrifteingabe ($F(1, 16)=13{,}15$, $p<0{,}01$).

Zu erwarten war aufgrund der Aufgabenstellung, dass sich die Bearbeitungszeiten zwischen den beiden gestellten Aufgaben deutlich unterscheiden. Aufgrund der komplexeren und mehrfachen Eingaben bei der Navigationsaufgabe lagen die Bearbeitungszeiten deutlich über denen der Telefonnummerneingabe.

Der Unterschied zwischen den Eingabeelementen bei der Telefonnummerneingabe ist auf den separaten Nummernspeller zurückzuführen, der entgegen den 26 Buchstaben und 4 Sonderzeichen des Spellers bei der Navigationszieleingabe lediglich die Ziffern 0 bis 9 sowie #, + und * aufweist (siehe Abbildung 7.3, S. 194) und damit eine schnellere Auswahl der einzelnen Ziffer ermöglicht. Für die Handschrifterkennung ist, selbst bei einem eingeschränkten Erkennervokabular für Ziffern, bei der Eingabe von einzelnen

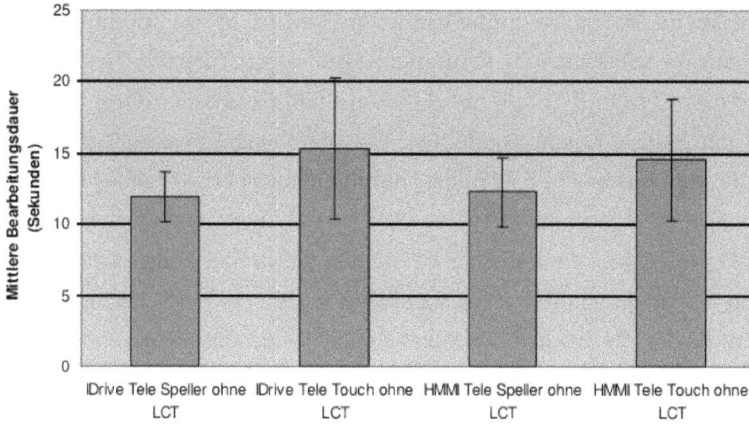

Abb. 7.9.: Mittlere Bearbeitungsdauer der Aufgabe Telefonnummerneingabe (Tele) unter Speller und Handschrift ohne zusätzliche Fahraufgabe.

Ziffern einer Telefonnummer kein Unterschied in der Eingabezeit gegenüber der eines Einzelbuchstabens bei Navigationszielen zu erwarten.

Bearbeitungsdauern mit Fahraufgabe

Bei zusätzlicher Fahraufgabe ergaben sich für die Bearbeitungsdauern die in den Abbildungen 7.10 und 7.11 dargestellten Werte.

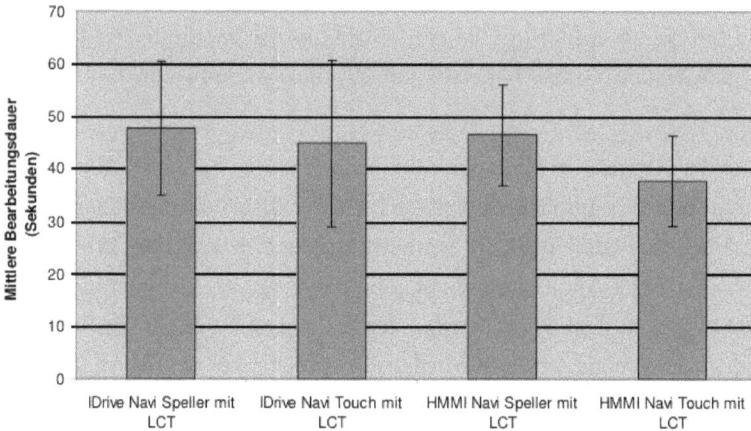

Abb. 7.10.: Mittlere Bearbeitungsdauer der Aufgabe Navigationszieleingabe (Navi) unter Speller und Handschrift mit zusätzlicher Fahraufgabe.

Wie auch schon im Stand, zeigte eine Varianzanalyse mit Messwiederholung für die Navigationszieleingabe während einer Fahraufgabe keinen signifikanten Unterschied zwischen beiden Systemen $(F(1, 16)=3,95, p=0,06)$. Auffällig wurde im Gegensatz zur Standbedienung der Faktor Eingabemodalität. Für die Navigationszieleingabe während der Fahraufgabe war, mit einem 5 % Fehler, nun die Handschrifteingabe signifikant schneller als die Spellereingabe $(F(1, 16)=4,82, p=0,04)$. Dies war systematisch in beiden getesteten Systemen der Fall, da der Effekt der Wechselwirkung zwischen dem Faktor System und Eingabemodalität nicht signifikant wurde $(F(1, 16)=2,10, p=0,16)$. Damit kann zumindest für die Buchstabeneingabe der Navigationszieleingabe Hypothese 4 als bestätigt angesehen werden.

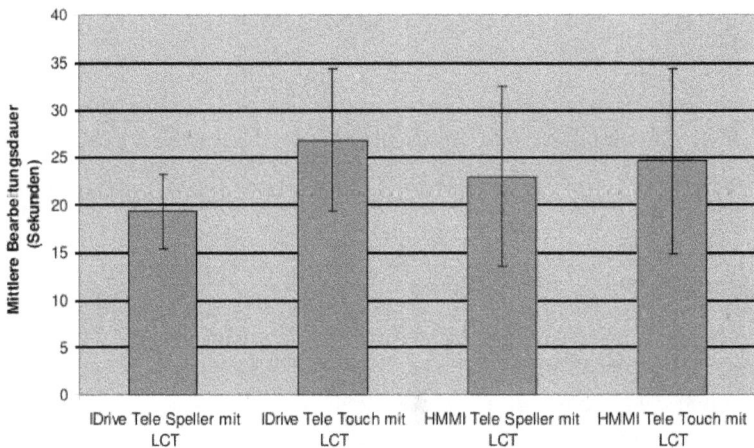

Abb. 7.11.: Mittlere Bearbeitungsdauer der Aufgabe Telefonnummerneingabe (Tele) unter Speller und Handschrift mit zusätzlicher Fahraufgabe.

Die Analyse der Aufgabe Telefonnummerneingabe zeigte bei einer ANOVA[1] mit Messwiederholung keinen signifikanten Unterschied der Bearbeitungsdauern zwischen den Systemen $(F(1, 15)=0,07, p=0,78)$ bei zusätzlicher Fahraufgabe. Wie auch schon im Stand wurde bei der Telefonnummerneingabe der Vergleich zwischen den Eingabearten siginifikant. Entgegen dem Verhalten bei der Zieleingabe war bei der Telefonnummerneingabe jedoch die Eingabe mittels Speller die schnellere $(F(1, 15)=4,78, p=0,04)$. Dies kann auf den zuvor erwähnten unterschiedlichen Aufbau der beiden Spellervarianten (Buchstaben bzw. Ziffern) zurückgeführt werden.

---

[1] *Analysis of variance*

Zusammenfassung Ergebnisse Bearbeitungsdauern

Durch die Ergebnisse konnte nachgewiesen werden, dass sich prinzipiell keine signifikanten Unterschiede in den Bearbeitungszeiten bei den getesteten Aufgaben zwischen den Systemen iDrive und H-MMI ergeben. Dies gilt sowohl für die Untersuchung im Stand wie auch unter zusätzlicher Fahraufgabe, womit Hypothese 1 als bestätigt angesehen werden kann. Für die Navigationszieleingabe ergaben sich aufgrund der Bedienschritte in den Systemen und der Aufgabenstellung deutlich höhere Bearbeitungszeiten als bei der Telefonnummerneingabe.

Das interessanteste Ergebnis bei den Bearbeitungszeiten lieferte der Vergleich der Eingabemethoden. Bei der Auswahl von Elementen eines größeren Zeichensatzes (Buchstaben) zeigte sich unter zusätzlicher Fahraufgabe ein Zeitgewinn bei der Eingabe per Handschrift. Interessant ist vor allem, dass für die angesprochene Navigationszieleingabe der Unterschied erst bei zusätzlicher Fahraufgabe auftritt. Eine Erklärung für dieses Phänomen könnte in der niedrigeren visuellen Belastung der Handschrift-Eingabe liegen. Im Abschnitt über die Blickdauern wird dieses Phänomen anhand der Blickdaten analysiert. Es lässt sich aus den Ergebnissen ableiten, dass die Eingabe mittels Speller ohne Fahraufgabe an sich weniger belastend ist als die Handschrifteingabe. Die Verteilung der visuellen Beanspruchung ändert sich allerdings durch die Hinzunahme der visuell geprägten Fahraufgabe. Die hauptsächlich visuelle Beanspruchung bei der Fahraufgabe konfundiert dann mit der Spellereingabe, was zu längeren Bearbeitungsdauern gegenüber der eher haptisch beanspruchenden Handschrifteingabe führt.

7.1.4.2. Fahrleistung

Um eine Referenz zu den ermittelten Fahrleistungen anzugeben, werden im Folgenden die Ergebnisse der Baseline-Fahrt, also der Fahrt ohne zusätzliche Bearbeitung einer Nebenaufgabe, zusätzlich dargestellt. In die statistische Diskussion werden die Baseline-Daten nicht eingebunden. Die Diskussion der Fahrdaten erfolgt getrennt nach den beiden Aufgaben, wobei in die Ergebnisse nur Daten von 15 der 18 Probanden einflossen. Bei drei Versuchspersonen erfolgte aufgrund technischer Probleme keine Datenerfassung.

Für die Fahrleistung zeigte sich durch eine ANOVA mit Messwiederholung eine signifikant geringere mittlere Spurabweichung ($F(1, 14)=13,76$, $p<0,001$) für das System H-MMI gegenüber dem System iDrive bei der Aufgabe Navigationszieleingabe (siehe

Abbildung 7.12). Ein Post Hoc Test ergab eine signifikant geringere Abweichung für das System H-MMI gegenüber dem System iDrive bei Handschrifteingabe, hingegen aber keinen signifikanten Unterschied zwischen den beiden Systemen bei der Spellereingabe. Eine Analyse der Spurdaten zwischen den beiden Eingabearten zeigte keinen signifikanten Unterschied (F(1, 14)=0,85, p=0,37). Die Wechselwirkung zwischen System und Eingabemodalität war ebenfalls nicht signifikant (F(1, 14)=2,91, p=0,10).

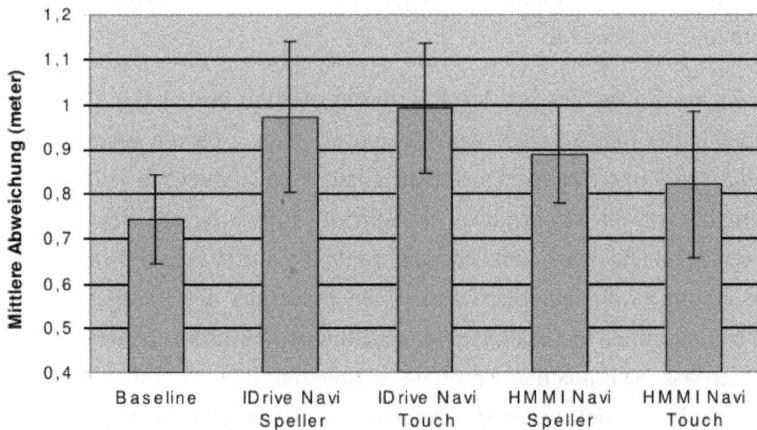

Abb. 7.12.: Mittlere Abweichung von der Spur für beide Systeme und die Eingabemodalitäten Speller sowie Handschrift bei Navigationszieleingabe.

Bei der Analyse der Daten für die Telefonnummerneingabe muss vorweg gesagt werden, dass aufgrund der geringen Bearbeitungsdauern dieser Aufgabe (ca. 20 Sekunden) nur eine geringe Strecke im LCT (maximal zwei Spurwechsel) gefahren werden konnte. Dies erklärt warum hohe Varianzen in der gemessenen Spurabweichung auftraten. Unter diesen Voraussetzungen ergaben sich bei der Analyse der mittleren Spurabweichungen bei der Telefonnummerneingabe keine signifikanten Unterschiede. Die Werte der Spurabweichung sind in Abbildung 7.13 zu sehen. Eine ANOVA mit Messwiederholung wurde weder beim Vergleich zwischen den Systemen (F(1, 14)=0,07, p=0,79) noch bei der Analyse der Eingabemodalitäten (F(1, 14)<1, p=0,90) signifikant. Die Wechselwirkung zwischen Eingabemodalität und System blieb wie auch schon bei der Navigationszieleingabe nicht signifikant (F(1, 14)<1, p=0,87). Mit diesen Ergebnissen können die Hypothesen 2 und 5 als bestätigt angesehen werden, bzw. konnte im Fall der Navigationszieleingabe die Hypothese 2 sogar übertroffen werden.

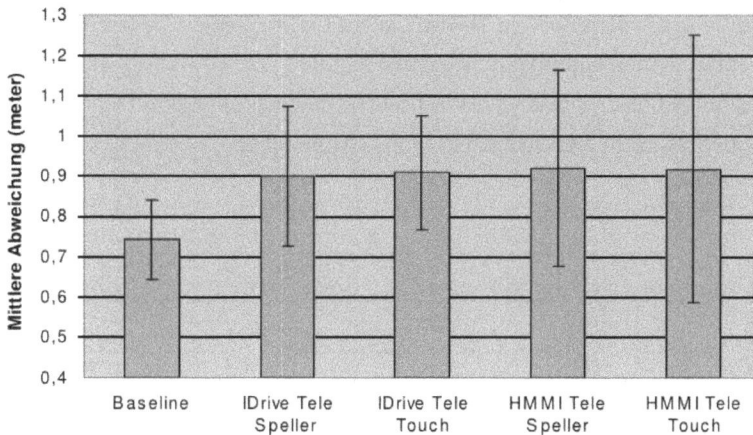

Abb. 7.13.: Mittlere Abweichung von der Spur für beide Systeme und die Eingabemodalitäten Speller sowie Handschrift bei Telefonnummerneingabe.

7.1.4.3. Blickdaten

Die Angabe der Blickdaten erfolgt aufgeteilt in die Bereiche „mittlere Anzahl der Blicke", „mittlere Blickdauern" sowie „prozentuale Blickzuwendungszeiten zwischen Nebenaufgabe und Fahraufgabe". Um die zu analysierenden Variablen aus den Daten des verwendeten Eyetrackers zu extrahieren, wurden während der Versuchsdurchführung für die Dauer der Aufgabenbearbeitung im Datenstrom zeitliche Markierungen gesetzt. Aus den Blickrohdaten wurden danach Blinzler sowie andere Artefaktquellen entfernt. Vor der Versuchsdurchführung wurden die relevanten Blickorte für die Fahraufgabe (Hauptbildschirm) und die Nebenaufgabe (2. Monitor) als Areas of Interest (AOI) in einem Weltmodell festgelegt. Durch dieses Weltmodell konnten die Blicke aus den Eyetracking Daten den jeweiligen AOIs zugewiesen werden. Die Analyse von Blickdaten wurde nur während des Untersuchungsteils mit zusätzlicher Fahraufgabe durchgeführt.

Anzahl der Blicke

Die Ermittlung der Anzahl der Blicke ergibt sich aus den Blicken der Versuchsperson auf das Display der Nebenaufgabe. Die Blickanzahl wurde pro Versuchsperson über zwei Wiederholungen gemittelt und ist in Abbildung 7.14 für die jeweiligen Aufgaben dargestellt. Eine ANOVA mit Messwiederholung zeigte einen klaren Effekt für den Faktor System ($F_{(1, 17)}=22{,}06$, $p<0{,}001$), wobei die geringere Anzahl Blicke bei der Navigationszieleingabe unter dem System H-MMI auftrat. Ein Vergleich zwischen den Eingabevarianten ergab keinen signifikanten Unterschied (F(1, 17)=4,14, p=0,06), bezogen auf die Blickanzahl. Ebenso wurde eine Wechselwirkung zwischen den Faktoren System und Eingabemodalität nicht signifikant (F(1, 17)<1, p=0,96).

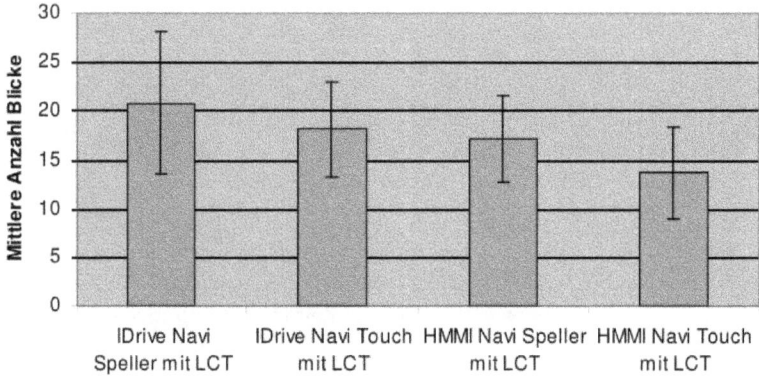

Abb. 7.14.: Mittlere Anzahl der Blicke auf die Nebenaufgabe während der Navigationszieleingabe (Navi) mit Speller sowie Handschrift.

Das gleiche Bild, bezogen auf den Systemvergleich, zeigte sich auch bei der Telefonnummerneingabe (Abbildung 7.15). Die mittlere Anzahl der Blicke auf die Nebenaufgabe im System H-MMI war signifikant geringer als im System iDrive (F(1, 17)=16,07, p<0,001). Damit bestätigt sich die aufgestellte Hypothese 3. Dieser systembedingte Unterschied könnte für die überprüften Aufgaben auf das Fehlen der hierarchischen Menüstruktur im System H-MMI zurückzuführen sein. In den Daten zeigte sich eine signifikante Wechselwirkung (F(1, 17)=9,49, p<0,01), wobei ein LSD Post Hoc Test einen signifikanten Anstieg der Blickanzahl lediglich unter dem System iDrive und alphanumerischer Eingabe per Handschrift zeigte. Ein Effekt der Eingabemodalität war nicht nachweisbar und blieb wie bei der Navigationszieleingabe nicht signifikant (F(1, 17)=3,46, p=0,07).

Blickdauern

Die Blickdauern auf die Nebenaufgabe wurden aus dem Mittelwert der beiden experimentellen Wiederholungen errechnet. Bei der Navigationszieleingabe bestätigt sich das Bild, welches bei der Analyse der Bearbeitungsdauern vermutet wurde. Es konnte eine deutlich verkürzte mittlere Blickdauer auf die Nebenaufgabe bei der Handschrifteingabe gegenüber der Spellereingabe nachgewiesen werden (siehe Abbildung 7.16). Eine

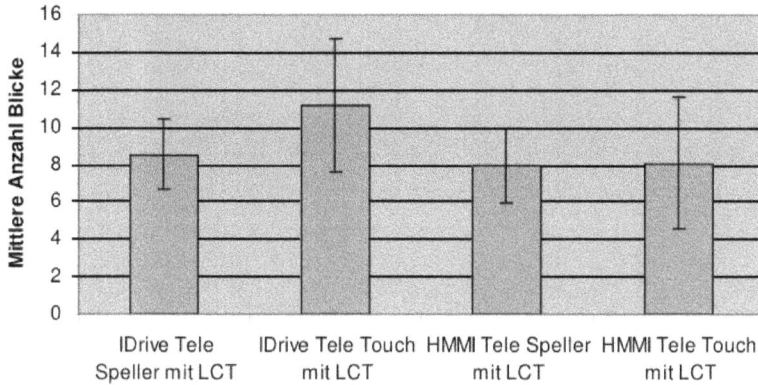

Abb. 7.15.: Mittlere Anzahl der Blicke auf die Nebenaufgabe während der Telefonnummerneingabe (Tele) mit Speller sowie Handschrift.

ANOVA mit Messwiederholung ergab einen signifikanten Effekt zu Gunsten der Handschrifteingabe ($F_{(1, 17)}$=32,83, p<0,001). Zwischen den beiden betrachteten Systemen zeigte sich allerdings kein signifikanter Unterschied ($F_{(1, 17)}$<1, p=0,69).

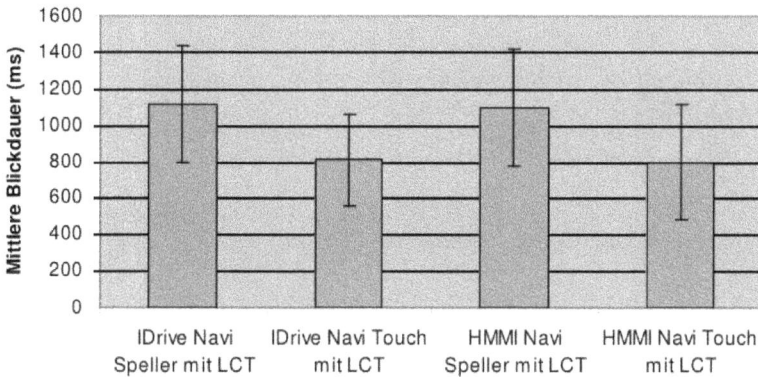

Abb. 7.16.: Mittlere Blickdauer auf die Nebenaufgabe während der Navigationszieleingabe (Navi) mit Speller sowie Handschrift.

Dieselben signifikanten Unterschiede in den Daten traten bei der Telefonnummerneingabe auf(siehe Abbildung 7.17). Die Probanden benötigten bei der Spellereingabe nach einer ANOVA mit Messwiederholung signifikant längere Blicke als bei der Handschrifteingabe ($F_{(1, 17)}$=29,31, p<0,001). Eine signifikant geringere Blickdauer für Handschrift gegenüber Speller wies ein Post hoc Test unter beiden Systemen nach. Wie schon bei der Navigationszieleingabe ließ sich bezogen auf die Blickdauern kein signifikanter Unterschied beim Vergleich der beiden Systemen nachweisen (F(1, 17)=3,27, p=0,08).

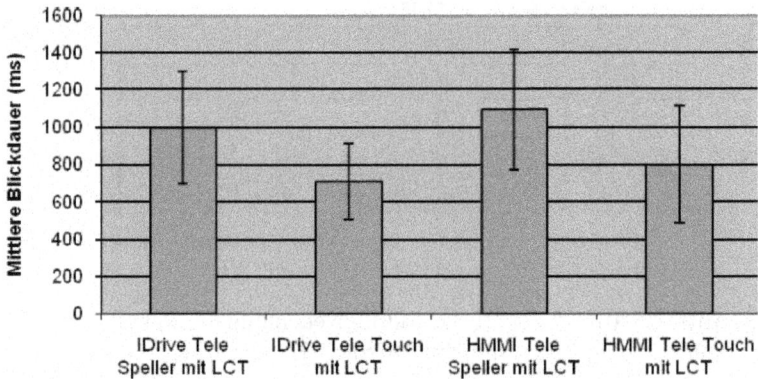

Abb. 7.17.: Mittlere Blickdauer auf die Nebenaufgabe während der Telefonnummerneingabe (Tele) mit Speller sowie Handschrift.

Prozentuale Blickzuwendung auf Nebenaufgabe

Die Überprüfung der Hypothese, dass die Handschrifteingabe eine geringere visuelle Ablenkung erfordert als die Spellereingabe, soll am Faktor der prozentualen Blickzuwendung auf die Nebenaufgabe gezeigt werden. An diesem Wert lässt sich das Potential der alphanumerischen Eingabe über Handschrift einfacher erkennen, da er sich aus dem Quotient der mittleren Blickdauer auf die Nebenaufgabe und der Gesamtblickdauer bzw. Gesamtbearbeitungsdauer bestimmt.

Bei der Navigationszieleingabe war die prozentuale Blickzuwendungsdauer mit Handschrifteingabe deutlich geringer als bei den Aufgaben mit Spellereingabe. Eine ANOVA mit Messwiederholung zeigte hierfür einen hoch signifikanten Effekt (F(1, 17)=60,85, p<0,001). Auch in einem Post Hoc Test zeigte sich eine signifikant niedrigere prozentuale Blickzuwendungsdauer für die Eingabeform Handschrift in beiden Systemen. Ein direkter Vergleich der Beträge der Blickabwendung ergab bei der Navigationszieleingabe unter dem System iDrive eine Verringerung der Blickzuwendung bei Handschrifteingabe von ca. 16 %. Im System H-MMI war eine Reduktion um ca. 9 % zu sehen (siehe Abbildung 7.18), dies bestätigt Hypothese 6. Die Betrachtung der Blickzuwendung zeigte zudem, dass das System H-MMI signifikant geringere Blickzuwendung benötigt als das Vergleichssystem iDrive (F(1, 17)=8,98, p<0,01).

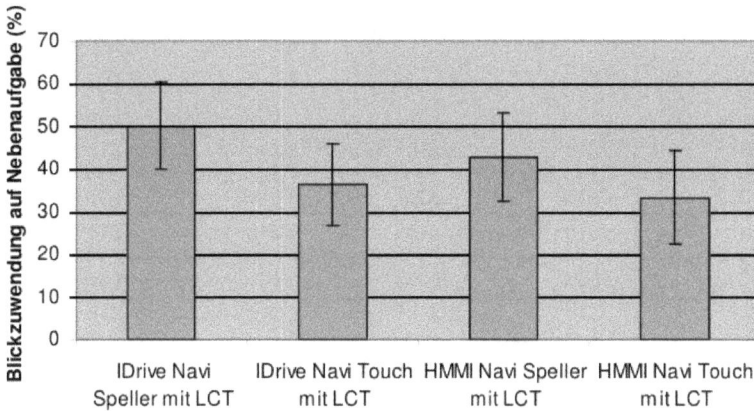

Abb. 7.18.: Prozentualer Anteil der Blickzuwendung auf die Nebenaufgabe während der Navigationszieleingabe (Navi) mit Speller sowie Handschrift.

Dasselbe Bild zeigt sich bei der Analyse der Blickzuwendung während der Telefonnummerneingabe. Eine ANOVA mit Messwiederholung wurde für den Vergleich der Eingabemodalität hoch signifikant ($F(1, 17)=32,24$, $p<0,001$). Die anschließend angewandte Post Hoc Analyse zeigte für beide Systeme einen signifikanten Unterschied zwischen Handschrifteingabe und Speller. Ein direkter Vergleich der Beträge der Blickzuwendung wies bei der Telefonnummerneingabe unter dem System iDrive eine Verringerung der Blickzuwendung bei Handschrifteingabe von ca. 15 % auf. Im System H-MMI war eine Reduktion um ca. 16 % zu sehen (siehe Abbildung 7.19). Während der Telefonnummerneingabe wurde allerdings der Unterschied zwischen den Systemen nicht signifikant ($F(1, 17)=4,10$, $p=0,05$).

Zusammenfassung Ergebnisse Blickdaten

Bei der Analyse der Blickdaten konnte ermittelt werden, dass das Potential der Handschrifterkennung zur alphanumerischen Eingabe in FIS sich vor allem durch die geringere visuelle Zuwendung während einer Fahraufgabe zeigte. Hierbei war der Effekt weniger durch eine geringere absolute Blickanzahl zu erkennen, als vielmehr durch eine deutliche Reduzierung der mittleren Einzelblickdauern. Dies zeigte sich sehr anschaulich bei der Darstellung der prozentualen Blickzuwendung auf die Nebenaufgabe. Demzufolge waren die Blickabwendungszeiten von der Straße bei alphanumerischer Eingabe mittels Handschrifterkennung deutlich reduziert gegenüber der Spellereingabe.

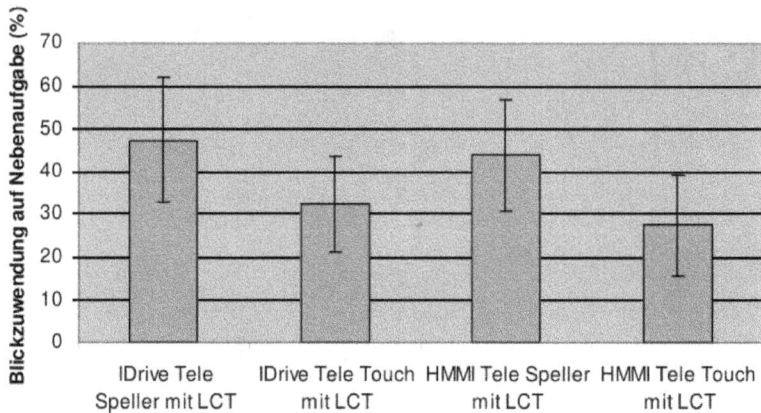

Abb. 7.19.: Prozentualer Anteil der Blickzuwendung auf die Nebenaufgabe während der Telefonnummerneingabe (Tele) mit Speller sowie Handschrift.

Bezogen auf den Systemvergleich konnte festgestellt werden, dass das System H-MMI während einer Fahraufgabe gegenüber dem Seriensystem iDrive mit einer geringeren Anzahl an Blicken auskommt. Zudem benötigt das System H-MMI für den komplexeren Aufgabentyp (Navigationszieleingabe) signifikant geringere prozentuale Blickzuwendung. Dies ist auf die fehlende hierarchische Menüstruktur und den damit einfacheren Bedienablauf innerhalb der komplexen Aufgabenstellung Navigationszieleingabe zurückzuführen.

7.1.4.4. Subjektive Daten

Nachfolgend werden die subjektiven Angaben der Versuchspersonen zur erlebten Anstrengung während der Bearbeitung einer Aufgabe (Skala 1 (sehr gering) bis 10 (sehr stark)) zunächst ohne Fahraufgabe analysiert (siehe Abbildung 7.20).

Ohne Fahraufgabe ergab sich bei einer ANOVA mit Messwiederholung über alle Systeme, Usecases sowie Eingabemodalitäten ein signifikanter Unterschied für die subjektive Beurteilung der Beanspruchung zwischen den beiden Systemen ($F(1, 17)=5,73$, $p=0,02$). Die Beanspruchung bei der Bedienung des FIS Prototypen H-MMI wurde von den Probanden geringer empfunden als unter dem Seriensystem iDrive. Die unterschiedliche Komplexität der beiden Aufgaben, die sowohl system- wie auch aufgabenbedingt war, wurde von den Probanden ebenfalls subjektiv nachempfunden. Es ergab sich ein signifikanter Unterschied, der eine höhere erlebte Beanspruchung bei der Navigationszieleingabe auswies (F(1, 17)=42, p<0,001). Interessant war auch, dass vor allem im Stand, bei dem die Bearbeitungszeiten unter Handschrifteingabe zum Teil langsamer waren als mit der Spellereingabe, kein signifikanter Unterschied bezogen auf Beanspruchung durch die Eingabeform erlebt wurde (F(1, 17)<1, p=0,55).

Wie in Abbildung 7.20 zu erkennen ist, befinden sich die Beanspruchungsangaben ohne zusätzliche Fahraufgabe generell auf niedrigem Niveau. Dies zeigt, dass die Probanden in der Bearbeitung der Aufgaben keine großen Schwierigkeiten sahen.

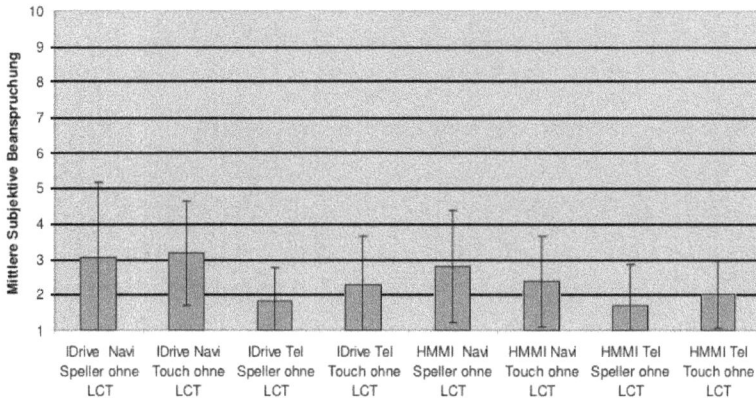

Abb. 7.20.: Mittlere Beanspruchungsratings in den Bedingungen ohne zusätzliche Fahraufgabe (1 = sehr gering, 10 = sehr stark).

Erwartungskonform stiegen die Bewertungen der Beanspruchung unter der zusätzlichen Fahraufgabe an (siehe Abbildung 7.21). Der Vorteil der geringeren subjektiven Belastung im Stand für das System H-MMI verliert sich unter der Hinzunahme der Fahrsituation. Eine ANOVA mit Messwiederholung zeigte keinen signifikanten Unterschied für die erlebte Beanspruchung zwischen beiden Systemen (F(1, 17)=2,34, p=0,14). Wie schon während der Standbedienung ist für die Probanden kein signifikanter Unterschied in der subjektiv empfundenen Beanspruchung bei Bedienung mit den beiden Eingabevarianten auszumachen (F(1, 17)=1,34, p=0,26). Allerdings bleibt auch während der Fahrt die als stärker belastend empfundene Aufgabe der Navigationszieleingabe gegenüber der Telefonnummerneingabe erhalten (F(1, 17)=19,8, p<0,001).

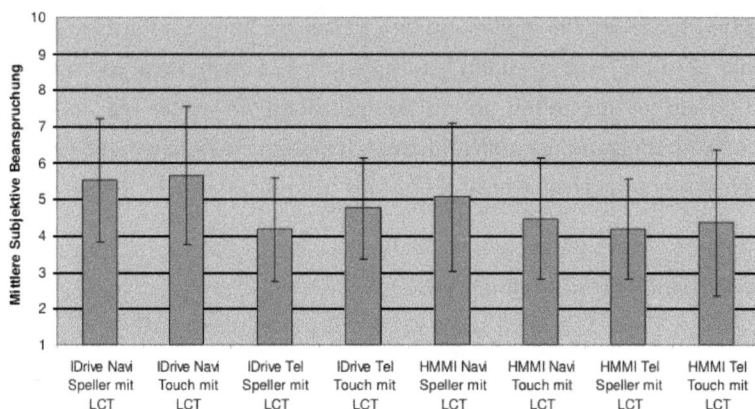

Abb. 7.21.: Mittlere Beanspruchungsratings in den Bedingungen mit zusätzlicher Fahraufgabe (1 = sehr gering, 10 = sehr stark).

7.1.4.5. Beanspruchungsdaten: Index of Cognitive Activity (ICA)

Mit Hilfe des zeitlichen Verlaufes des ICA kann für die jeweiligen Aufgaben über alle Versuchspersonen gemittelt ein für das jeweilige System und die jeweilige Eingabevariante charakteristischer kognitiver Beanspruchungsverlauf während der Bedienung extrahiert werden. Bei den dargestellten ICA Werten handelt es sich um die innerhalb der Versuchsperson standardisierten ICA Werte[2]. Auf die genaue Berechnung des ICA soll hier nicht näher eingegangen werden, Einblicke dazu sind in Abschnitt 2.5.1.4 nachzulesen, weitergehende Informationen über die Beanspruchungsmessung mittels ICA ist Schwalm [2009] zu entnehmen.

Für den Beanspruchungsverlauf war es notwendig, die durch die individuell unterschiedlichen Bearbeitungsdauern der Aufgaben vorliegenden ICA-Verläufe zeitlich zu normieren. Dazu wurde während der Durchführung der Aufgaben einzelne charakteristische Abschnitte zeitlich markiert. Diese Abschnitte wurden dann jeweils auf 250 Datenpunkte normiert, eine Mittelung über alle Versuchspersonen der normierten Einzelverläufe ergab dann den charakteristischen Beanspruchungsverlauf des ICA-Wertes für den jeweiligen Aufgabenabschnitt. Für dieses Vorgehen wurden folgende Annahmen getroffen: Obwohl sich die individuell gemessenen Bearbeitungsdauern innerhalb der festgelegten Abschnitte einer Aufgabe unterscheiden, verhalten sich die einzelnen Arbeitsschritte, welche ein Proband innerhalb dieser Abschnitte durchführt, zeitlich relational gleich.

---

[2]Summe aus ICA Werten für linkes und rechtes Auge

Bei der Eingabe eines Städtenamens bedeutet dies, dass eine Versuchsperson für diese Aufgabe zwar eine längere Zeit benötigen kann als eine andere, bei beiden aber die Eingabe der einzelnen Buchstaben bezogen auf die jeweilige Gesamteingabezeit zum selben Zeitpunkt durchgeführt wird. Die Annahme kann natürlich nur für gelernte und von Bedienfehlern freie Abläufe gelten. Aus diesem Grund wurden für die Berechnung der Beanspruchungsverläufe nur Durchgänge betrachtet, in denen keine Bedienfehler vorgekommen waren.

Für die einzelnen Aufgaben wurden folgende Abschnitte festgelegt:

- **Navigationszieleingabe iDrive:** Insgesamt drei Abschnitte.

  1. **Abschnitt:** Vom Start im Hauptmenü bis zum Start der Eingabe der Stadt.

  2. **Abschnitt:** Vom Start der Eingabe Stadt bis zum Start der Eingabe Straße.

  3. **Abschnitt:** Vom Start der Eingabe Straße bis zum Starten der Zielführung.

- **Navigationszieleingabe H-MMI:** Insgesamt zwei Abschnitte, aufgrund fehlender hierarchischer Menüstruktur.

  1. **Abschnitt:** Vom Start der Eingabe Stadt bis zum Start der Eingabe Straße.

  2. **Abschnitt:** Vom Start der Eingabe Straße bis zum Starten der Zielführung.

- **Telefonnummerneingabe iDrive/H-MMI:** Ein Abschnitt, aufgrund der sehr kurzen Bearbeitungszeiten.

  1. **Abschnitt:** Vom Start der Bedienung bis zum Auslösen des Anrufes.

Im Folgenden werden die Verläufe der Beanspruchung sowohl mit als auch ohne zusätzliche Fahraufgabe diskutiert. Die Verläufe gehen dabei aus allen gültigen Versuchen gemittelt über alle Versuchspersonen und zwei Wiederholungen hervor. Hauptsächlich soll die unterschiedliche Belastung durch die alternativen Eingabemöglichkeiten aufgeschlüsselt werden. Des Weiteren werden die Systeme für den Anwendungsfall Telefonnummerneingabe miteinander verglichen. Für das System H-MMI wird an dessen charakteristischem Beanspruchungsprofil weiteres Verbesserungspotential für die grafische Gestaltung der Benutzeroberfläche aufgezeigt.

Vergleich der Eingabevarianten bei Navigationszieleingabe unter iDrive

Bei den dargestellten ICA Verläufen ist zu erkennen, dass es jeweils zu einem klaren Anstieg der Beanspruchungsverläufe bei einem Abschnittswechsel kommt (siehe Abbildung 7.22). Während der Durchführung mussten sich die Probanden jeweils die Stadt bzw. die Straße des einzugebenden Zieles zu diesen Zeitpunkten ins Gedächtnis rufen. Gleichzeitig musste eine Bedienaktion im System vorgenommen werden, um an zum entsprechenden Eingabedialog zu gelangen. Ebenso ist zu sehen, dass die Beanspruchungsverläufe mit zusätzlicher Fahraufgabe erwartungsgemäß über denen ohne LCT liegen. Dieser Unterschied wird in einer ANOVA mit Messwiederholung auf Versuchspersonenebene signifikant ($F(1, 16) = 44,45$, $p < 0,001$). Die Betrachtung der Unterschiede zwischen der Eingabe über Handschrift und der Spellervariante zeigt ohne zusätzliche Fahraufgabe einen geringfügig höheren Verlauf bei der Handschrifteingabe. Mit zusätzlicher Fahraufgabe verschwinden diese Unterschiede unter der zusätzlichen Belastung des LCT. Ein Post Hoc Test zeigte keinen signifikanten Unterschied zwischen der Speller- und der Handschrifteingabe bei zusätzlicher Fahraufgabe.

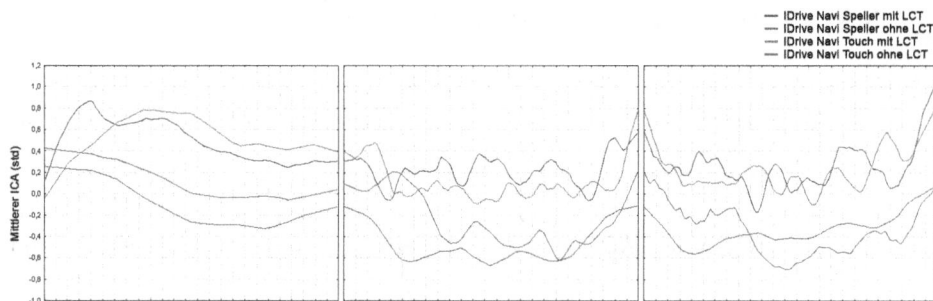

Abb. 7.22.: Beanspruchungsverläufe während der Navigationszieleingabe (Navi) für das System iDrive (zeitlich normiert, standardisiert).

Eine detaillierte Analyse der einzelnen Beanspruchungsverläufe während der Fahrt erscheint an dieser Stelle nicht zielführend, da während der Bearbeitung der Aufgaben jeweils unterschiedlich lange Strecken gefahren wurden und diesbezüglich eine unterschiedliche Anzahl an Schildern von den Versuchspersonen passiert wurde (Schwalm [2009]). Nach den Experimenten von Schwalm hat die Verarbeitung eines Schildes im LCT einen maßgeblichen Einfluss auf den Beanspruchungsverlauf. Daher sind die Beanspruchungen durch systemspezifische Charakteristika der Aufgabe und die Beanspruchungen durch die Gegebenheiten der Fahrsituation in den Daten nicht mehr voneinander zu trennen.

Vergleich der Eingabevarianten bei Telefonnummerneingabe unter iDrive

Für die Telefonnummerneingabe unter iDrive wurde in der Bedingung ohne zusätzliche Fahraufgabe eine nachträgliche Videoanalyse bei zufällig ausgewählten Probanden (N=6) durchgeführt. Diese Analyse hatte zum Ziel, die einzelnen Eingabeschritte der Ziffern genau zu identifizieren und damit eine Verortung im Beanspruchungsprofil zu ermöglichen. Die Eingabezeitpunkte der einzelnen Ziffern sind in Abbildung 7.23 entsprechend markiert.

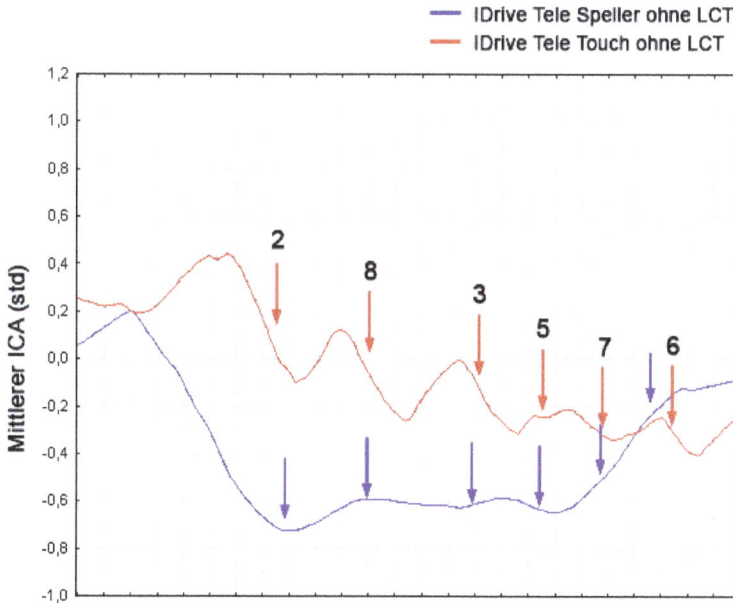

Abb. 7.23.: Beanspruchungsverläufe während der Telefonnummerneingabe (Tele) ohne LCT für das System iDrive (zeitlich normiert, standardisiert). Zusätzlich sind die Eingabezeitpunkte der einzelnen Ziffern markiert.

Der Vergleich der beiden Eingabemodalitäten bei der Telefonnummerneingabe im Stand lieferte einen ähnlichen Verlauf der Belastung jeweils am Anfang und am Ende der Aufgabenbearbeitung. Zu diesen Zeitpunkten unterschieden sich die Aufgaben nicht, da für beide Eingabevarianten dieselben Menüeinstellungen mit dem Dreh-/Drücksteller vorgenommen werden mussten (Auswahl des Telefonnummernspeller bzw. Auswahl der Funktion „telefonieren"). Im Allgemeinen lagen auch bei der Telefonnummerneingabe die Beanspruchungsverläufe der Handschrifteingabe im Stand über denen der Spellereinga-

be. Auffällig war der entsprechend höhere Anstieg der Beanspruchung vor jeder Zifferneingabe mit Handschrift. In diesem Bereich unterschieden sich die beiden Eingabemodalitäten signifikant voneinander ($F(1, 17)=38{,}67$, $p<0{,}001$; ANOVA mit Messwiederholung auf Personenbasis über die von Messzeitpunkt 30 bis 230 gemittelten Werte).
Die Belastungen bei der Handschrifteingabe waren höher als die bei der Spellereingabe.
Dabei war ein Muster für die Eingabe über Handschrift zu beobachten, welches sich in
einem regelmäßigen Ansteigen der Beanspruchungsverläufe vor der Eingabe einer einzelnen Ziffer und in einem Abfallen der Beanspruchung nach Eingabe der Ziffer zeigte. Die
Amplitude dieser Schwingung wird mit zunehmender Anzahl eingegebener Ziffern geringer. Dieses Muster zeigte sich als charakteristisch für die Handschrifteingabe und war
bei der Eingabe mittels Speller nicht zu beobachten. Eine mögliche Erklärung könnte
die komplexere Aufgabe des Zeichnens einer bestimmten Ziffer gegenüber der einfachen
visuellen Auswahl einer Ziffer aus einer kleinen Menge an Elementen (Ziffern 0 bis 9)
sein. Zusammen mit den ICA-Werten der Fahraufgabe ergibt sich das in Abbildung 7.24
dargestellte Bild.

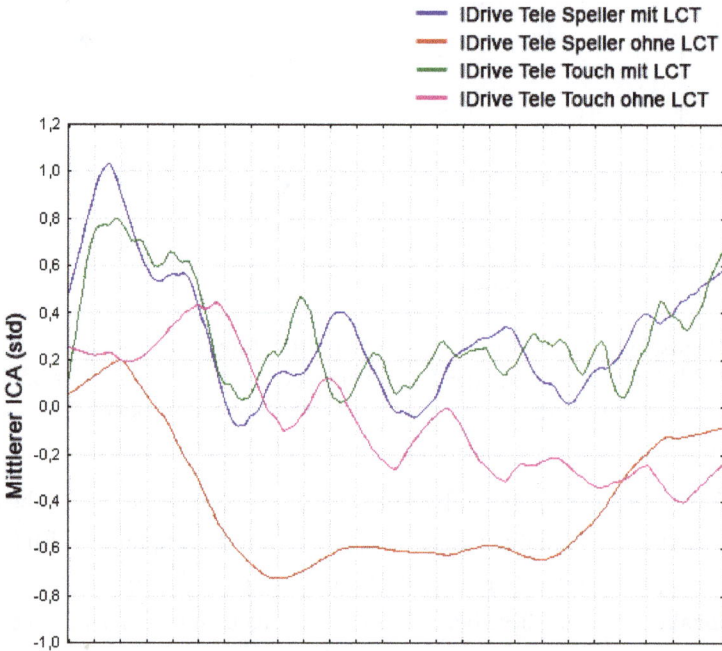

Abb. 7.24.: Beanspruchungsverläufe während der Telefonnummerneingabe (Tele) für
das System iDrive (zeitlich normiert, standardisiert).

Wie bereits bei der Navigationszieleingabe verschwanden die oben gefundenen Unterschiede zwischen Speller- und Handschrifteingabe in den Beanspruchungsverläufen mit zusätzlicher Fahraufgabe. Ebenso liess sich ein solch ausgeprägtes Muster bei der Handschrifteingabe der Ziffern während der Fahrt nicht mehr finden, da die Beanspruchungsverläufe durch die Schilderabfolge der Fahraufgabe beeinflusst wurden. Trotzdem zeigte sich bei der Telefonnummereingabe der erwartete signifikante Anstieg der ICA-Werte für die Bedingungen mit zusätzlicher Fahraufgabe (F(1, 16)=37,35, p<0,001). Auch hier konnte ein Post Hoc Test keine Unterschiede zwischen den beiden Eingabemodalitäten Speller und Handschrift bei zusätzlicher Fahraufgabe nachweisen.

Vergleich der Eingabevarianten bei Navigationszieleingabe unter H-MMI

Die Darstellung der ICA-Verläufe während der Navigationszieleingabe sind in Abbildung 7.25 zu sehen. Auffällig war dabei, dass der Vergleich unter den Speller- und Handschrifteingabebedingungen im Stand keine so großen Unterschiede zeigte wie im System iDrive. Bei der Bedienung von H-MMI zeigten die Verläufe der Eingabemodalitäten ein sehr ähnliches Bild. Die Ähnlichkeit blieb auch bei zusätzlicher Fahraufgabe erhalten. Interessant an den Beanspruchungsverläufen für das System H-MMI war der Anstieg der Beanspruchung rund um den Abschnittswechsel im Stand wie auch während der Fahraufgabe. Das Konzept wies an dieser Stelle, unabhängig von der Eingabemodalität, eine Rotation eines dreidimensional dargestellten Würfels auf, um mit dem nächsten Aufgabenschritt fortfahren zu können. Diese räumliche Transformation eines virtuellen Objektes könnte den Grund für den erhöhten kognitiven Aufwand liefern. Unter der zusätzlichen Fahraufgabe wurde dieser Effekt noch etwas verstärkt, da der Proband schon eine räumliche Repräsentation der Fahrumgebung erstellen musste.

Der zuvor gefundene Anstieg der ICA-Werte unter zusätzlicher Fahraufgabe zeigte sich ebenfalls für das System H-MMI bei der Navigationszieleingabe. Die Werte mit LCT lagen signifikant über den Werten ohne LCT (F(1, 15)=7,13, p<0,001), wobei ein Post Hoc Test wiederum keinen signifikanten Unterschied zwischen den beiden Eingabemodalitäten Speller und Handschrift unter der Bedingung mit zusätzlicher Fahraufgabe finden konnte.

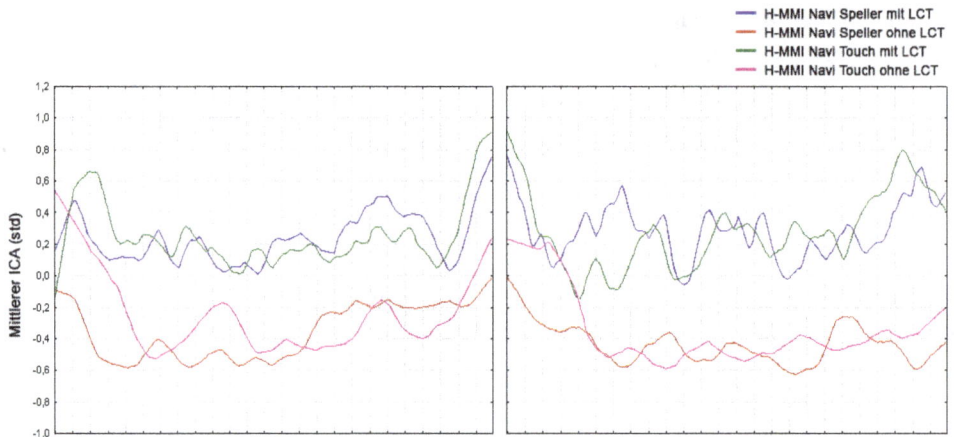

Abb. 7.25.: Beanspruchungsverläufe während der Navigationszieleingabe (Navi) für das System H-MMI (zeitlich normiert, standardisiert).

Vergleich der Eingabevarianten bei Telefonnummerneingabe unter H-MMI

Das gleiche Bild wie bei der Navigationszieleingabe zeigte sich beim Vergleich der Beanspruchungsverläufe zwischen den Eingabevarianten unter H-MMI für die Telefonnummerneingabe (siehe Abbildung 7.26). Die Verläufe ähneln sich jeweils unter den Bedingungen mit LCT und ohne LCT. Während der Standbedienung konnte hier, entgegen den Ergebnissen im System iDrive, keine signifikante Erhöhung der Beanspruchung mit der Handschrifteingabe festgestellt werden ($F(1, 17)=0,49$, $p=0,49$).

Der bei der Zieleingabe noch zu beobachtende Anstieg an den Abschnittsgrenzen ist aufgrund der nicht vorhandenen Würfelrotation bei der Telefonnummerneingabe nicht zu erkennen. Die Aufgabe der Telefonnummerneingabe zeigte wiederum einen signifikanten Anstieg der ICA-Werte ($F(1, 16)=96,3$, $p<0,001$) für die Bedingungen mit zusätzlicher Fahraufgabe. Der nachfolgende Post Hoc Test ergab jedoch keine signifikanten Unterschiede zwischen den beiden Eingabemodalitäten bei zusätzlicher Fahraufgabe.

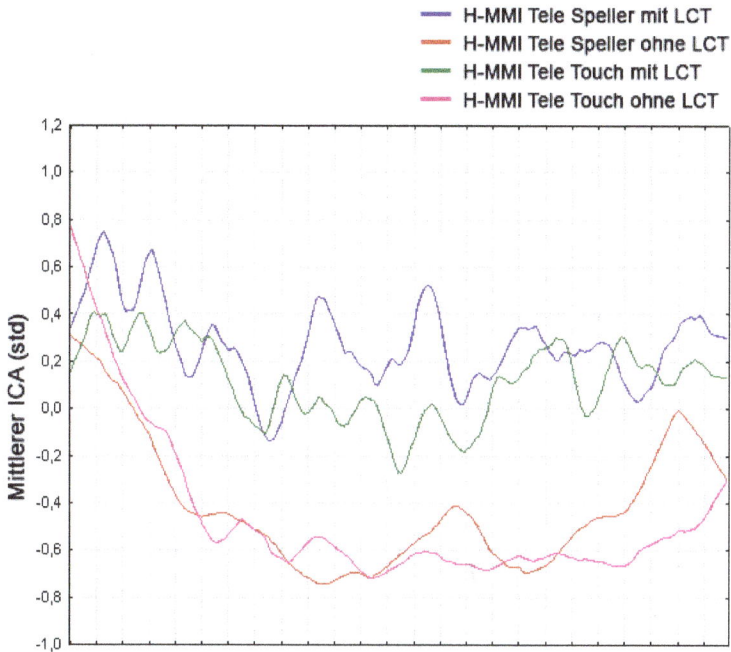

Abb. 7.26.: Beanspruchungsverläufe während der Telefonnummerneingabe (Tele) für das System H-MMI (zeitlich normiert, standardisiert).

Vergleich der Systeme

Der Systemvergleich erfolgt zunächst anhand der Aufgabe der Telefonnummerneingabe im Stand. Die Telefonnummerneingabe eignet sich besser als der entsprechende Vergleich im Usecase Navigation, da die Bedienschritte bei der Aufgabenbedienung in beiden Systemen nahezu identisch sind. Dies ist anhand der sehr ähnlichen ICA-Verläufe in den Abbildungen 7.27 und 7.28 auch deutlich zu erkennen. Bei der Eingabemodalität Speller konnte eine ANOVA mit Messwiederholung keinen signifikanten Unterschied zwischen den beiden Systemen ermitteln ($F(1, 17)=0,002$, $p=0,96$; individuell über die Wiederholungen gemittelte ICA-Werte von Messpunkt 30 bis 230).

Ein anderes Bild zeigte sich bei der Handschrifteingabe (siehe Abbildung 7.28). Eine ANOVA mit Messwiederholung für die individuell gemittelten ICA-Werte von Messpunkt 30 bis 230 ergab signifikant geringere ICA-Werte für das System H-MMI gegenüber dem System iDrive($F(1, 16)=16,86$, $p<0,001$). Eine mögliche Erklärung könnte in der unterschiedlichen Darstellung der beiden Systeme zu finden sein. Das System H-MM ist von vornherein für die Nutzung mittels Handschrifteingabe konzipiert worden und stellt deswegen bei der Eingabe lediglich eine einfache Eingabezeile auf der Benutzeroberfläche dar. Im Gegensatz dazu zeigt das System iDrive im gleichen Usecase eine Benutzeroberfläche, welche für Spellereingaben ausgelegt ist. In iDrive wurde die Handschrifteingabe lediglich als Zusatzoption implementiert und das Screenlayout wurde gegenüber der Spellereingabe nicht verändert. Somit sieht ein Nutzer während der Aufgabe das Bildschirmlayout für eine weiteres Eingabeelement. Dies könnte zu den herausgefundenen höheren Beanspruchungsverläufen führen

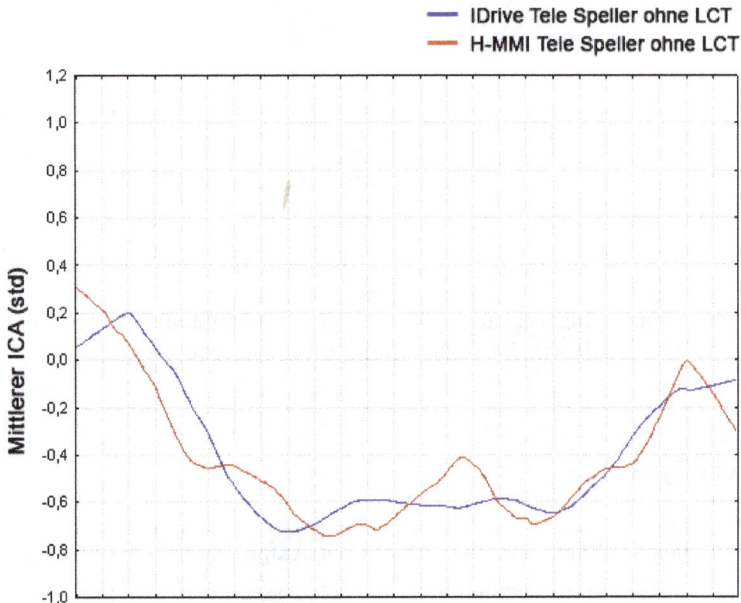

Abb. 7.27.: Vergleich der Beanspruchungsverläufe zwischen den Systemen iDrive und H-MMI während der Telefonnummerneingabe (Tele) ohne LCT (Stand) für die Spellereingabe (zeitlich normiert, standardisiert).

Der Vergleich der Systeme unter LCT diente der Klärung der Frage, ob sich die im Stand gefundenen Unterschiede der Beanspruchungsverläufe Unterschiede zwischen den Systemen auch während einer Fahraufgabe ergeben.

Für beide Aufgaben konnte eine jeweilige ANOVA mit Messwiederholung über die Bedingungen mit zusätzlicher Fahraufgabe keinen signifikanten Unterschied zwischen den Systemen ermitteln (Navi: $F(1, 15)=0,92$, $p=0,35$; Tele: $F(1, 16)=3,73$, $p=0,07$). Zudem konnte ebenfalls für beide Aufgaben keine Wechselwirkung für die Eingabemodalität mit dem Faktor System ermittelt werden (Navi: $F(1, 15)=0{,}19$, $p=0{,}66$; Tele: $F(1, 16)=2{,}57$, $p=0{,}12$). Der im Stand gefundene Unterschied der Systeme bei Handschrifteingabe zeigt sich demzufolge unter der zusätzlichen Belastung der LCT Aufgabe nicht mehr.

Damit kann für diese Untersuchung davon ausgegangen werden, dass das Konzept H-MMI für den Einsatz mit zusätzlicher Fahraufgabe keine höheren Belastungen an den Fahrer stellt als das Referenzsystem iDrive. Dies bestätigt die Hypothesen 7 und 8.

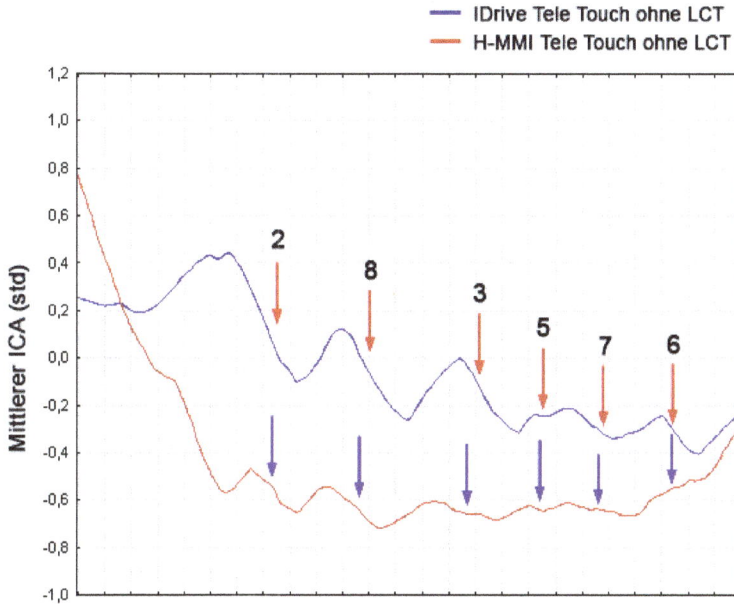

Abb. 7.28.: Vergleich der Beanspruchungsverläufe zwischen den Systemen iDrive und H-MMI während der Telefonnummerneingabe (Tele) ohne LCT (Stand) für die Handschrifteingabe (zeitlich normiert, standardisiert).

Zusammenfassung Ergebnisse Pupillometrie

Die Untersuchung zeigte eine höhere Belastung im Stand bei der Handschrifteingabe gegenüber der Spellereingabe. Diese Unterschiede waren aber bei zusätzlicher Fahraufgabe jedoch nicht mehr zu erkennen. Zudem zeigten die Verläufe einen Anstieg der Belastung an den definierten Abschnittsgrenzen, an denen Veränderungen in der Menüstruktur oder neue Eingabebegriffe memoriert werden mussten. Außerdem konnte ein charakteristischer Verlauf bei der Eingabe von alphanumerischen Zeichen mittels Handschrifterkennung bei der Bedienung dargestellt werden. Anhand der detaillierten Untersuchung der Zifferneingabe konnte für die Handschrifteingabe ein regelmässiges phasisches Ansteigen der Belastung kurz vor der Eingabe der Ziffer aus den Daten abgeleitet werden. Die Amplitude dieses phasischen Anstiegs wurde mit zunehmender Anzahl an eingegebenen Ziffern während der Aufgabenbearbeitung geringer. Die Beanspruchungsverläufe konnten eine weitere Auffälligkeit herausstellen, welche auf das Screenlayout des Systems H-MMI zurückzuführen ist. Die räumliche Darstellung der gesuchten Interaktionsobjekte scheint eine zusätzliche Belastung für die Probanden bei der Manipulation der Objekte darzustellen.

7.1.5. Diskussion

Die Untersuchung hatte den Vergleich des Such-Inteface Prototyp H-MMI mit einem im Serieneinsatz befindlichen System (BMW iDrive) in einer fahrsituationsnahen Versuchsumgebung zum Ziel. Dabei sollte das Konzept H-MMI bezogen auf die Ablenkung und die Belastung während der Fahrt nicht von in Serie befindlichen Systemen abweichen. Das Experiment ermöglichte zudem einen Vergleich zwischen einer Handschrifteingabe und einer im Fahrzeug üblichen Spellereingabe. Untersucht wurden die beiden typischen Anwendungsfälle einer Telefonnummerneingabe und einer Navigationszieleingabe mit Stadt- und Straßennamen.

Die Untersuchung zeigte, dass das System H-MMI bei den Bearbeitungsdauern sowie den Fahrdaten für beide Eingabemodalitäten bei den getesteten Usecases dem Vergleich mit einem Seriensystem Stand hält. Das Ergebnis bestätigt somit die angenommenen Hypothesen 1 und 2. Im Bereich der Blickdaten zeigt das Konzept H-MMI bei Nutzung in der Fahrumgebung eine geringer Anzahl an Blicken gegenüber dem im Serieneinsatz befindlichen Vergleichssystem (Hypothese 3 bestätigt). Bei den untersuchten Belastungsverläufen konnte kein signifikanter Unterschied zwischen den beiden getesteten Systemen während der Fahraufgabe gefunden werden. Dies bestätigt die angenommene Hypothese 7 und zeigt, dass die Such-Interaktion während der Fahrt zu keiner höheren kognitiven Belastung führt als die Interaktion mit der Menühierarchie des verglichenen Seriensystems.

Anhand der Beanspruchungsverläufe des Konzepts H-MMI konnte jedoch ein Indiz auf eine Konzeptverbesserung zur weiteren Reduktion der kognitiven Belastung gefunden werden. Bei der Interaktion mit der räumlich veränderlichen Objektdarstellung (Würfel) zeigten sich Belastungsspitzen in den Verläufen, welche sich bei vorhandener Fahraufgabe noch stärker ausprägten. Die 3D Darstellung des Würfels wurde zur besseren Informationsstrukturierung und zur einfacheren Bildung eines mentalen Modells beim Nutzer eingesetzt. Hier scheint der Vorteil der Informationsstrukturierung mit einem 3D Modell zum Nachteil zu werden, sobald ein Nutzer mit diesem 3D Modell interagieren muss. Der höhere kognitive Aufwand bei der Bedienung der Würfelseiten steigt sogar noch bei vorhandener Fahraufgabe.

Die Handschrifterkennung für eine Suchworteingabe zeigte bei einem für diese Interaktionsform entwickelten System keine Nachteile während des Einsatzes in einer Fahrszene. Bei den Bearbeitungsdauern zeigte sich sogar die in Hypothese 4 angenommenen Vorteile für die Handschrifteingabe während der Fahrt. Bei längeren Eingaben wie bei der untersuchten Navigationszieleingabe war die Eingabe mittels Handschrift über beide Systeme hinweg schneller als mittels Speller. Wie in Hypothese 5 erwartet, waren die Fahrdaten der beiden Eingabemodalitäten nicht signifikant unterschiedlich über beide Systeme. Die Probanden konnten demnach die Spurwechselaufgaben des LCT mit beiden Eingabemodalitäten annähernd gleich gut bewältigen. Die im Stand merklich höhere kognitive Beanspruchung bei der Buchstabeneingabe wurde während der Fahrt kompensiert und es überwogen damit die Vorteile der geringeren Blickabwendung von der Fahrszene. Auch hier konnten die angenommen Hypothesen 6 und 8 durch die erzielten Ergebnisse bestätigt werden. Zudem konnte ein charakteristischer Verlauf der kognitiven Beanspruchung bei der Handschrifteingabe im Stand gefunden werden. Interessant an diesem Teil der Ergebnisse ist, dass bei einem System, welches für die Spellereingabe optimiert, aber mittels Handschrifterkennung bedient wurde, größere kognitive Belastungen im Stand entstehen, als bei einem System, welches nur eine Visualisierung für die Handschrifteingabe anbietet. Zukünftige Untersuchungen sollten sich diesem Sachverhalt annehmen.

Damit bleibt zu diesem Zeitpunkt festzuhalten, dass das Interaktionskonzept H-MMI zusammen mit einer Handschrifterkennung für alphanumerische Eingaben in den getesteten Aufgaben auf dem Stand eines in Serie befindlichen FIS ist. Für die weitere Entwicklung des Konzepts H-MMI wurden in einer Fahrsimulatorumgebung die Vorteile eines akustischen Feedbacks bei der Buchstabeneingabe auf die visuelle Ablenkung untersucht. Mit dieser Weiterentwicklung wurde die Such-Interaktion in einem Fahrversuch für die Untersuchung nach objektiven Kriterien (AAM Versuchssetting) zur Bestimmung der Fahrtauglichkeit getestet.

7.2. Untersuchung im Fahrsimulator zur Prüfung der AAM-Kriterien

7.2.1. Hintergrund

Die Versuche in Kapitel 5 hatten das Ziel, die grundlegenden Eigenschaften des Suchansatzes als Interfaceform soweit auszuarbeiten, um letztlich zu dem prototypischen System H-MMI zu gelangen. Die im vorherigen Abschnitt beschriebene Untersuchung stellte den Vergleich von H-MMI mit dem Seriensystem iDrive von BMW her. Allerdings wurde dieser Vergleich nicht unter „realen Bedingungen" einer automotiven Umgebung untersucht, sondern er bezog sich auf ein fahrähnliches Versuchssetting (LCT). Um die generelle Eignung von H-MMI bezogen auf ihre Ablenkung während der Fahrt zu testen, werden im folgenden Versuch die objektiven Kriterien des „Statement of Principles" der AAM (AAM [2003]) zur Bewertung der Ablenkungswirkung der Bildschirmbedienung untersucht. Die Bewertung der Ablenkungswirkung eines Bedienkonzepts beruht nach den AAM-Kriterien auf der Fahrleistung (Spur- und Abstandshaltung) oder dem Blickverhalten während der Versuchsdurchführung. Die Fahrleistung wird im Vergleich zu einer Referenzaufgabe (Radiobedienung) gemessen, wohingegen sich das Blickverhalten auf objektive Werte während der Versuchsdurchführung stützt. Hierzu müssen die kumulierten Einzelblicke einer Aufgabenbearbeitung unter 20,0 s liegen und das 85-Perzentil der Einzelblickdauern muss kleiner als 2,0 s sein. Die Auswertung dieser beiden Kriterien des Blickverhaltens ist das Hauptziel des Versuches, da die AAM-Vorgaben entweder für das Blickverhalten oder die Fahrleistung erfüllt werden müssen. Im vorliegenden Experiment wurde der Vergleich mit einer Radiobedienung und das damit verbundene Vergleichskriterium der Fahrleistung aus Zeitgründen nicht vorgenommen. Diese Untersuchung unterzieht das System H-MMI dem realen, operationalisiertem Versuchssetting, welches in der Automobilbranche verwendet wird, um FIS nach echten fahrrelevanten Kriterien auf ihren Serieneinsatz zu prüfen.

Neben der Prüfung der AAM-Kriterien sollte der Erstkontakt der Nutzer mit dem System und die allgemeine Usability untersuchen werden. Hierzu kamen unterschiedliche Befragungstechniken (Kurzinterview, Fragebögen, Lautes Denken) zum Einsatz.

7.2.2. Hypothesen

Bestehende FIS strukturieren die angebotenen Funktionen und Informationen mit Hilfe einer hierarchischen Menüstruktur. Das System H-MMI verzichtet für einen Großteil der Daten auf diese Menüstruktur und nutzt zur Interaktion mit diesen Daten eine Such-Interaktion. Ziel des Versuches war der Nachweis, ob das Fehlen einer hierarchischen Menüstruktur zu unzulässig hohen Ablenkungen während der Fahrt führt. Aus diesem Grund sollte das System H-MMI in einem maximal validen Laborsetting während der Fahrt nach den AAM-Kriterien getestet werden.

Hypothese 1: Das System H-MMI erfüllt die AAM-Kriterien für FIS.

7.2.3. Methode

Nachfolgend werden der Aufbau und Ablauf des Versuches beschrieben. Die Untersuchung fand am statischen Fahrsimulator im Usability-Labor der BMW Group statt.

7.2.3.1. Versuchsaufbau

Der Versuchsaufbau bestand aus einem Fahrzeug-Mockup und drei vor dem Mock-Up stehenden Plasma-Bildschirmen, welche die Fahrszene darboten (Abbildung 7.29 und 7.30). Für die Fahrszene wurde von einem Rechnersystem die Außenansicht der nach den AAM-Kriterien geforderten Autobahnfahrszene generiert. Zudem steuerte das Rechnersystem das vorausfahrende Fahrzeug, Fremdfahrzeuge in Fahrt- und Gegenfahrtrichtung sowie die erzeugten Fahrgeräusche. Zusätzlich wurden über das Rechnersystem die fahrdynamischen Parameter der Versuchsfahrten sowie die Daten zur Blickauswertung erfasst. Zur Aufzeichnung der Blicke wurde ein SMI-Blickerfassungssystem eingesetzt. Relevante Blickorte für die Untersuchung wurden durch die Fahrszene, das Instrumenten-Kombi des Mock-Ups, das Bedienelement sowie das zentral angebrachte Informationsdisplay in einem entsprechenden Weltmodell festgelegt.

Abb. 7.29.: Versuchsaufbau der Fahrsimulatorstudie, Blick auf die Fahrszene.

Abb. 7.30.: Versuchsaufbau der Fahrsimulatorstudie, Mockup-Ansicht.

7.2.3.2. Verwendete Systeme

Für die Untersuchung wurde das Interaktionskonzept H-MMI, wie in Kapitel 6 vorgestellt, verwendet. Das Fahrszenario des Fahrsimulators wurde nach den in AAM [2003] festgelegten Anforderungen erzeugt.

Bedienelement

Für die Untersuchung wurde ein prototypisches zentrales Bedienelement mit einem rotatorischen Freiheitsgrad vorgesehen (Controller). Neben dem Drehknopf verfügt das Bedienelement über fünf um den Controller angeordnete Funktionstasten sowie eine im Drehknopf eingebettete berührsensitive Fläche (Touchpad) zur Handschrifterkennung (siehe Abbildung 5.9). Die Funktionstasten wurden mit den in Tabelle 7.1 beschriebenen Funktionen belegt.

Controller	Funktion in H-MMI
Taste 1	Wechsel zwischen Suche und Menü-Bereich
Taste 2	Navigieren durch Menü-Filter- und Objektstruktur
Taste 3	Auswahl von markierten Elementen
Taste 4	Navigieren durch Menü-Filter- und Objektstruktur
Taste 5	Undo-Funktion

Tab. 7.1.: Belegung der Funktionstasten des Bedienelementes.

7.2.3.3. Beschreibung der Bedienvorgänge

Entsprechend der in der experimentellen Forschung üblichen Vorgehensweise wurde den Probanden im Erstkontakt und während der Versuchsfahrten eine strukturierte Abfolge vorab festgelegter Aufgabenstellungen vorgegeben. Nachfolgend werden diese Aufgaben beschrieben und die Abfolge der einzelnen Aufgaben vorgestellt. Die in der Untersuchung verwendeten Bedienvorgänge wiesen unterschiedliche Komplexität auf (bspw. Länge des Bedienwegs und visueller Suchaufwand). Während des Erstkontakts (Aufdeckung von Bedienschwierigkeiten und -fehlern) bearbeiteten die Teilnehmer die folgenden Bedienvorgänge. Die Schwerpunktthemen sind in Tabelle 7.2 angegeben.

Aufgabenbereich Erstkontakt	Bedienvorgang
Auswahl im Hierarchiebereich	Wählen Sie den Sender Antenne Bayern aus.
Bereichswechsel im Hierarchiebereich	Rufen Sie aktuelle Staumeldungen ab.
Bereichswechsel im Hierarchiebereich und Würfelbedienung	Sie wollen mit Herrn Abel telefonieren.
Würfelbedienung und Browsing	Lassen Sie sich nun auch zu Herrn Abel führen.
Wechsel zum Suchbereich und Touchpadeingabe	Lassen Sie sich nach Hannover in die Paulusgasse führen.
Suche nach einem nicht vorhandenen Eintrag	Rufen Sie Frau Allersmaier an.

Tab. 7.2.: Versuchsaufgaben im Stand.

Während der Experimentalfahrten bearbeiteten die Teilnehmer die in Tabelle 7.3 beschriebenen Bedienvorgänge. Wie bereits erwähnt, wurden diese Aufgaben vorab im Stand geübt. Ausgangszustand für jede Bearbeitung war der Hierarchiebereich (links; Cursor steht auf dem 1. Eintrag der Kategorie „Musik").

Aufgabenbereich	Bedienvorgang
Zieleingabe	Lassen Sie sich zur Paulusgasse 12 in Hannover führen.
Ziel über Hierarchiebereich	Lassen Sie sich zu Herrn Abel führen. (Kontakt befindet sich im DZB)
Ziel aus Kontakte	Lassen Sie sich zu Frank Nowitzki führen.
Anruf aus Kontakte	Rufen Sie Joachim Grau an.
MP3-Titelsuche	Sie möchten nun das Lied Stick by me hören.
MP3-Albumsuche	Sie hören gerne Musik von Chuck Berry. Wählen Sie eines seiner Alben aus.
MP3-Suche (Genre und Interpret)	Sie möchten aus dem Genre Oldies Musik von Shirley Bassey hören.
MP3-Suche (Titel und Interpret)	Sie haben das Lied Stick by me gehört. Sie wollen nun vom gleichen Interpreten ein anderes Lied hören.
Klangeinstellung	Stellen Sie so wenig Höhen wie möglich ein.

Tab. 7.3.: Versuchsaufgaben der Experimentalfahrt.

Um Reihenfolgeeffekte zu vermeiden, wurden in der Untersuchung die Abfolge der Blöcke sowie die Abfolge der Bedienvorgänge innerhalb eines Aufgabenblocks zwischen den Teilnehmern variiert. Jeder Bedienvorgang wurde zweimal im Stand und zweimal während der Fahrt durchgeführt. Die Bedienvorgänge im Stand dienten dazu, den Ablauf so lange zu üben, dass während der Fahrt keine Fehler mehr auftraten.

7.2.3.4. Ablauf

Der Ablauf der Untersuchung gliederte sich in mehrere Abschnitte, die im Folgenden kurz beschrieben werden:

Einführung und Eingewöhnungsfahrt: Die Versuchspersonen bekamen vom Versuchsleiter einen Überblick über den Ablauf der Untersuchung mitgeteilt. Neben den Angaben zur Person des Probanden stand in diesem Versuchsteil das Kennenlernen der Fahrsimulation im Vordergrund. Die Probanden wurden mit der Bedienung des Fahrzeugs vertraut gemacht und sie absolvierten eine 10-minütige Eingewöhnungsfahrt ohne Bedienvorgänge. Zur Unterstützung befanden sich der Versuchsleiter mit im Fahrzeug.

Erstkontakt: Die Teilnehmer bearbeiteten unterschiedliche Aufgaben mit dem System im stehenden Fahrzeug. Der Versuchsleiter stellte diese Aufgaben, ohne dass die Versuchspersonen eine vorherige Einweisung in das Konzept erhalten hatten. Dabei waren die Probanden dazu angehalten, laut zu denken. Der Versuchsleiter protokollierte die Anmerkungen sowie etwaige Bedienfehler und -schwierigkeiten. (Dauer: ca. 25 min)

Erläuterung und Übung der Versuchsaufgaben: In diesem Versuchsteil lernten die Probanden die Versuchsaufgaben kennen, die sie anschließend während der Fahrt zu bearbeiten hatten. Die insgesamt neun Bedienvorgänge wurden dabei in zwei Aufgabenblöcke unterteilt. Die Probanden hatten die Möglichkeit, in der Eingewöhnungsphase das System selbst zu bedienen und Fragen an den Versuchsleiter zu stellen. Gegen Ende dieser Phase sollte sichergestellt sein, dass alle Unklarheiten bzgl. der Bedienung des Systems und der Bearbeitung der UseCases ausgeräumt waren. Ziel dieser Phase war es, die Teilnehmer so zu trainieren, dass sie während der sich anschließenden Experimentalfahrten als geübte Nutzer gelten konnten. Zur Erfüllung der AAM-Kriterien wurden zur Versuchsdurchführung geübte Systemnutzer in den getesteten Usecases gefordert. (Dauer pro Block: ca. 10 min)

Kalibrierung des Blickerfassungssystems: Dieser Abschnitt diente zur individuellen Kalibrierung des Blickerfassungssystems SMI. (Dauer: ca. 5 min)

Experimentalfahrten: Nachdem die Aufgaben im stehenden Fahrzeug trainiert wurden, folgten die Experimentalfahrten in einem realitätsnahen Autobahnszenario (3-spurige Autobahn mit relativ dichtem Verkehrsaufkommen). Um ein Maß für die Verträglichkeit mit der Fahraufgabe zu erhalten, hatten die Probanden die Aufgabe, einem vorausfahrenden Fahrzeug zu folgen, die Spur möglichst exakt zu halten und dabei das System zu bedienen. Der Abstand zum Vorderfahrzeug, das sich dynamisch zwischen 80 und 100 km/h bewegte, sollte möglichst konstant bei etwa 50 bis 70 Metern gehalten werden.

Während der Experimentalfahrten wurden fahrdynamische Daten (Spurhaltung und Abstand zum Vorderfahrzeug) erhoben, anhand derer die Verträglichkeit mit der Fahraufgabe bewertet werden konnte. Das SMI-Blickerfassungssystem zeichnete zusätzlich das Blickverhalten der Probanden auf. Falls die Versuchsperson während der Aufgabenbearbeitung den Vorausfahrenden nicht mehr folgen konnte, hatte der Versuchsleiter die Möglichkeit einzugreifen und den Vorausfahrenden kurzfristig abzubremsen. Die Fahrtdauer betrug für jede Experimentalfahrt ca. 12 bis 15 Minuten, jeder einzelne Aufgabentyp wurde dabei zwei Mal durchgeführt. Während der Experimentalfahrt wurde zudem ein ungefähr 30 Sekunden dauernder Abschnitt während der Fahrt aufgenommen, in dem keine Bearbeitung erfolgte. In dieser Zeit wurden die Fahrdaten zur Kontrollbedingung aufgezeichnet.

Abschlussbefragung: Am Ende der Untersuchung wurden die Probanden hinsichtlich der schwerwiegendsten Bedienschwierigkeiten und über Vor- und Nachteile von H-MMI befragt. Für die Usability-Werte des Systems wurde der SUS-Fragebogen verwendet. Für allgemeine Fragen zu charakteristischen Systemmerkmalen und ergonomischen Kriterien wurde ein spezifisch entworfener Fragebogen eingesetzt.

Der gesamte Versuchsablauf dauerte somit ungefähr 100 - 110 Minuten.

7.2.3.5. Stichprobe

Die Probandengruppe wurde nach den Merkmalen der Käufergruppe von Fahrzeugen aus dem Premiumsegment ausgewählt. Insgesamt nahmen 19 Versuchspersonen (16 männlich und 3 weiblich) im Alter von 29 bis 53 Jahre teil. Das Durchschnittsalter betrug 43,1 Jahre. Damit eine problemlose Blickerfassung mit dem verwendeten Blickerfassungssystem gewährleistet werden konnte, befanden sich unter den Probanden keine Brillenträger.

7.2.3.6. Erhobene Daten

Das „Statement of Principles" der AAM gibt detailliert vor, welche abhängigen Variablen bzw. Messungen zur Bewertung der Ablenkungswirkung heranzuziehen sind. Diese werden nachfolgend dargestellt. Darüber hinaus wurden die Probanden auch hinsichtlich der erlebten Ablenkung und Beanspruchung befragt:

Objektive Daten:

- **Bearbeitungsdauer:** Definiert den Zeitabschnitt vom Anfang der Bearbeitung der Aufgabe bis zum Beenden der Aufgabe.

- **Fahrleistung:** Um die Ablenkungswirkung durch die Bedienung und die Beanspruchung des Fahrers bewerten zu können, wurden Leistungsdaten während der Fahrt erhoben. Das Augenmerk lag vor allem auf der Leistung bei der Spurhaltung (Variabilität des Randabstands - SDLP[3]) und bei der Abstandshaltung (Variabilität des Sekundenabstands zum Vorausfahrenden), die in der verkehrspsychologischen Forschung als beanspruchungssensitive Maße gelten. Allerdings wurde aus Zeitgründen auf den Vergleich zu der Referenzaufgabe „Radiobedienung" verzichtet, so dass die aufgenommene Fahrleistung lediglich zum Vergleich innerhalb der gestellten Aufgaben betrachtet werden kann.

- **Blickverhalten:** Zur Messung des Blickverhaltens wurden sowohl die Gesamtblickdauer für die Bearbeitung der einzelnen Bedienvorgänge als auch die Einzelblickdauern berechnet. Gemäß dem „Statement of Principles" soll die Gesamtblickdauer (Total Glance Time) für einen Bedienvorgang nicht mehr als 20 sec betragen und das 85-Perzentil der Einzelblickdauern nicht über 2 sec liegen (mindestens 85 % der Blicke sollen demnach kürzer als 2 sec dauern).

Subjektive Daten:

- **Erlebte Beanspruchung während der Fahrt:** Im Rahmen der Fahrsimulationsstudie wurde zudem untersucht, wie stark ablenkend die Fahrer die Bedienvorgänge während der Fahrt empfanden. Aus diesem Grund wurden die Versuchspersonen im Anschluss an die jeweiligen UseCases um eine verbale Einschätzung der erlebten Beanspruchung von 1 (wenig beanspruchend) bis 5 (stark beanspruchend) gebeten.

- **Allgemeine Usability:** Die Versuchspersonen füllten nach der Untersuchung zur Erhebung der allgemeinen Usability eine System Usability Skala (SUS) aus (siehe Abschnitt 2.5.2.1). Zudem wurden spezifische Systemmerkmale durch die Probanden bewertet (Skala von -3 (sehr schlecht) bis +3 (sehr gut)). Zur weiteren Messung der allgemeinen Usability und als Indiz zur spezifischen Verbesserung

---

[3]Standard deviation of lane position

des Systems H-MMI wurden die größten Bedienschwierigkeiten während der Versuchsdurchführung protokolliert.

- **Protokoll der Erstkontaktphase:** Während des Erstkontakts der Probanden mit dem System H-MMI protokollierte der Versuchsleiter Anmerkungen sowie etwaige Bedienfehler und -schwierigkeiten.

7.2.4. Ergebnisse

Im Folgenden werden die Ergebnisse der Fahrversuche mit dem System H-MMI unter den gestellten AAM-Bedingungen dargestellt und diskutiert. Zuerst werden die objektiven Daten zur Auswertung der AAM-Kriterien aufgeführt, abschließend werden die subjektiven Daten zur Auswertung der allgemeinen Usability dargestellt.

7.2.4.1. Analyse der Bearbeitungsdauer

Obwohl die Bearbeitungsdauer während der Fahrt kein AAM-Kriterium ist, wirkt sie sich in nicht unerheblichem Maße auf die erlebte Ablenkung aus. Die Darstellung der Bearbeitungsdauern soll vornehmlich den Vergleich zwischen den gestellten Aufgaben ermöglichen und eventuelle Extremwerte aufzeigen. Als Bearbeitungsdauer wurde die Zeitspanne zwischen dem Ende der Aufgabeninstruktion durch den Versuchsleiter und der Fertigstellung der Aufgabe durch den Probanden festgelegt. Jeder Bedienvorgang wurde während der Fahrt zweimal in Folge durchgeführt. In Abbildung 7.31 sind die mittleren Bearbeitungsdauern über alle Teilnehmer dargestellt. Die längsten Bearbeitungsdauern zeigten sich bei der „Zieleingabe" (ca. 46 s) und der MP3-Suche nach „Genre und Interpret", beziehungsweise nach „Titel und Interpret" (ca. 34 s).

7.2.4.2. Bearbeitungsdauern nach Messzeitpunkt und Bearbeitungsphase

Um mögliche Lerneffekte im Laufe der Untersuchung nachvollziehen zu können, wird im Folgenden die Bearbeitungsdauer des ersten Bedienvorganges mit der des zweiten verglichen. Zusätzlich wurde die Bearbeitungsdauer in zwei Phasen eingeteilt, um eine detailliertere Betrachtung der Lerneffekte zu ermöglichen. Durch den Aufbau des Interaktions-Konzepts von H-MMI sind die Lerneffekte im Bereich der Sucheingabe so-

Bearbeitungszeiten

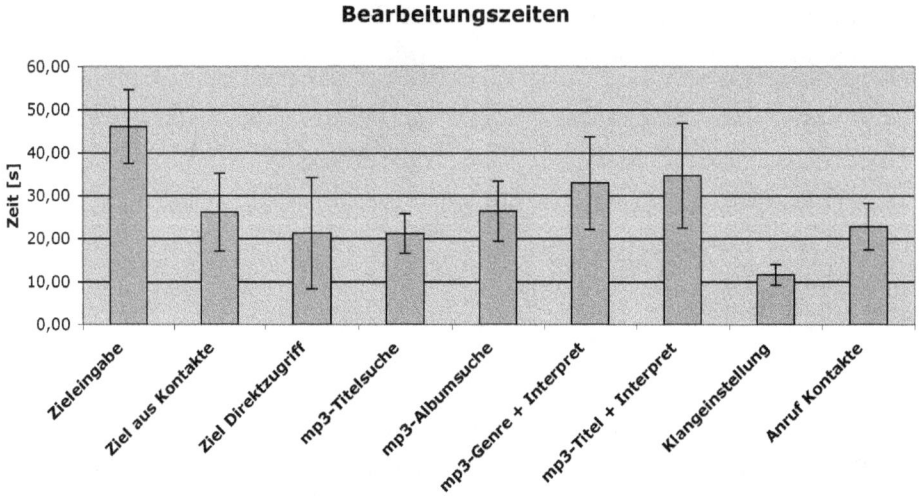

Abb. 7.31.: Mittlere Bearbeitungsdauer [sec] +/- 1 SD für alle Bedienvorgänge.

wie die danach folgende Auswahl der Funktion von Interesse. Deshalb wurden folgende Phasen festgelegt:

- Phase 1: Bedienweg bis zur Würfelbedienung (Menünavigation und Buchstabeneingabe)

- Phase 2: Würfelbedienung

Abbildung 7.32 zeigt zunächst, dass bei den meisten Bedienvorgängen die mittlere Bediendauer bei der zweiten Wiederholung etwas abnimmt, hier also noch Lerneffekte zu beobachten sind. Ausnahmen stellt die „MP3-Titelsuche" sowie die „MP3-Suche nach Titel und Interpret" dar.

7.2.4.3. Analyse des Blickverhaltens

Zur Erreichung der Vorgaben der AAM wurde in diesem Experiment aufgrund des Versuchssettings die Untersuchung der Blickabwendung herangezogen. Das Ergebnis für die Gesamtblickdauern der Aufgaben ist in Abbildung 7.33 zu sehen. Alle Aufgaben konnten demnach mit einer kumulierten Blickabwendung deutlich unter dem geforderten Wert von 20,0 s bearbeitet werden.

Bearbeitungszeiten getrennt nach Bedienphasen

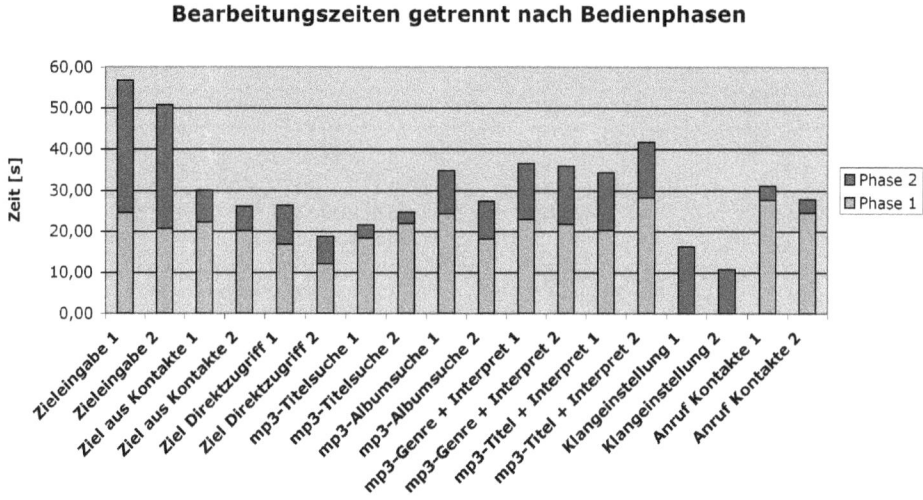

Abb. 7.32.: Bearbeitungsdauer [sec] getrennt nach Messzeitpunkten und Phasen.

Gesamtblickdauern

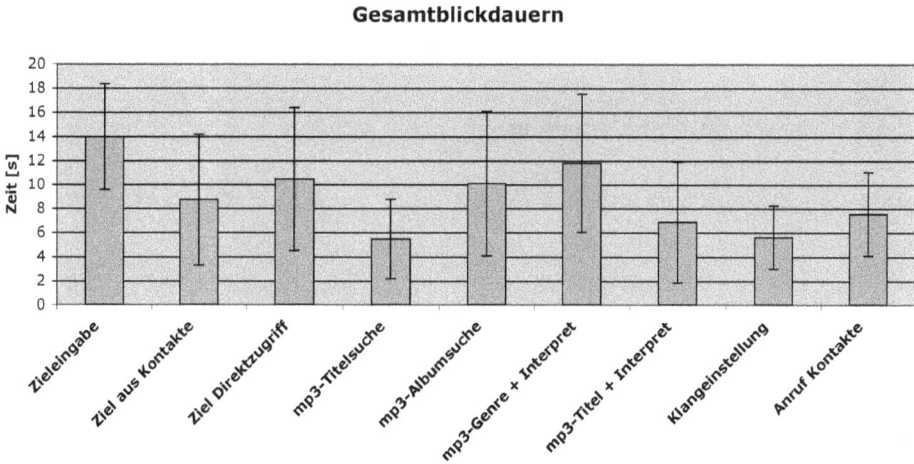

Abb. 7.33.: Gesamtblickdauern pro Aufgabe.

Das zweite objektive Kriterium zur Erreichung der AAM-Blickablenkungsvorgaben ist das Einzelblickverhalten. Das 85-Perzentil der Einzelblicke für alle Aufgaben ist in Abbildung 7.34 dargestellt. Ebenso wie bei der Gesamtblickdauer blieben die Werte für die Einzelblickdauern deutlich unter dem geforderten Grenzwert von 2,0 s. Das bedeutet, dass das Konzept H-MMI das geforderte AAM-Kriterium durch das Unterschreiten der Blickablenkungsvorgaben erreicht.

85-Perzentil der Einzelblickdauern

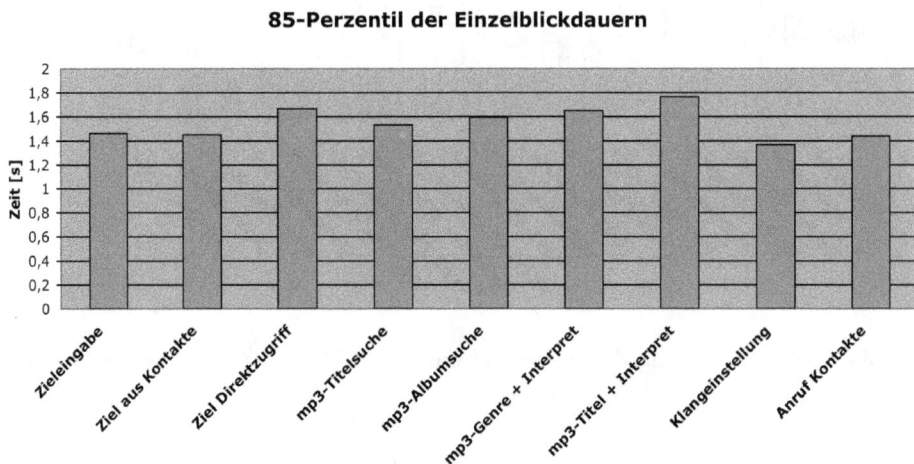

Abb. 7.34.: 85-Perzentil der Einzelblicke.

7.2.4.4. Analyse des Fahrverhaltens

Nachdem anhand des Blickverhaltens die Tauglichkeit des Systems nach AAM-Kriterien bereits nachgewiesen wurde, werden im Folgenden der Vollständigkeit halber die im Versuch ermittelten Fahrdaten angegeben. Auf eine Interpretation nach AAM-Kriterien wird verzichtet.

Variabilität der Spurhaltung

Die Analyse des Fahrverhaltens wird anhand der Werte der mittleren Spurabweichung (SDLP) bestimmt. Für die Einschätzung der Fahrleistung wurden zur Kontrolle Fahrdaten ohne aktive Bearbeitung einer Nebenaufgabe ermittelt (Konrtollbedingung).

Standardabweichung der Spurposition

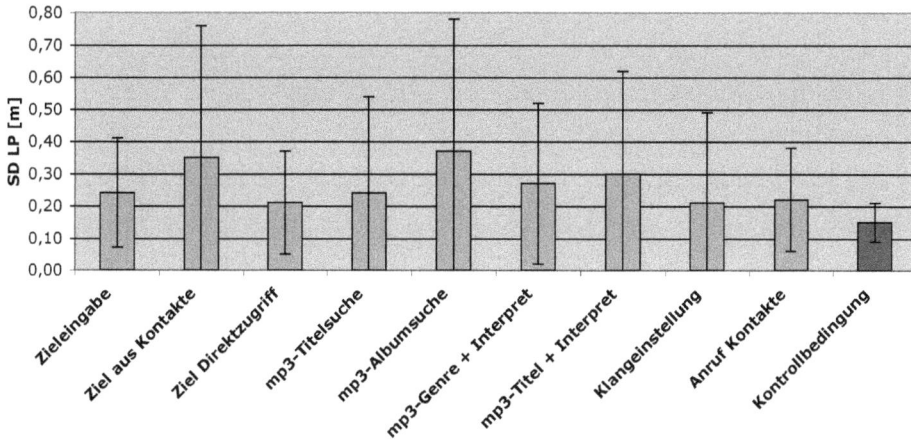

Abb. 7.35.: Mittlere SDLP [m] +/- 1 SD für alle Bedienvorgänge.

Die Abbildung 7.35 zeigt zunächst eine relativ große Datenstreuung zwischen den Probanden. Die Fahrer waren unterschiedlich gut in der Lage, während der Bearbeitung die Spur zu halten. Die höchsten Abweichungswerte wurden in der Untersuchung bei „Ziel aus Kontakte" und „MP3-Albumsuche" erreicht. Alle Usecases wiesen eine im Vergleich zur Kontrollbedingung erhöhte SDLP auf.

Variabilität des Folgeabstandes

Nachfolgend wird dargestellt, wie stark der Abstand des Versuchspersonenfahrzeugs zum vorausfahrenden Fahrzeug während der Aufgabenbearbeitung variiert. Dabei wird gemäß AAM-Vorgabe die Standardabweichung des Folgeabstands in Sekunden herangezogen. Auch im Falle der Variabilität des Folgeabstands ist eine Kontrollbedingung zum Vergleich dargestellt.

Die Abbildung 7.36 zeigt für einige Bedienvorgänge eine starke Streuung zwischen den Probanden. Das bedeutet, dass die Fahrer unterschiedlich gut in der Lage waren, dem Vorausfahrenden zu folgen. Die Usecases „Zieleingabe", „MP3-Genre und Interpret" sowie „Anruf Kontakte" führten zu den höchsten Streuungen, während „MP3-Titelsuche" und „Klangeinstellung" ähnlich wie die Kontrollbedingung variierten.

Standardabweichung des Folgeabstandes

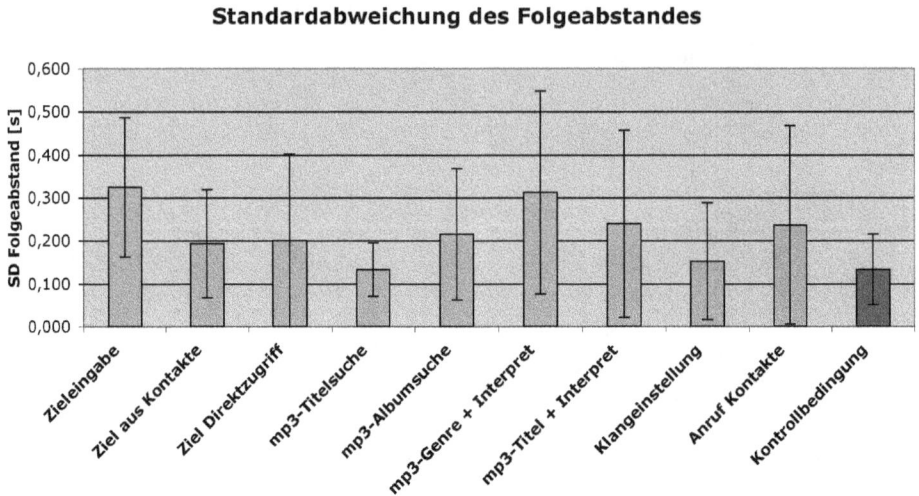

Abb. 7.36.: Standardabweichung Folgeabstand [sec] für alle Bedienvorgänge.

7.2.4.5. Qualitative Ergebnisse

Nach den objektiven Daten zur Ermittlung der AAM-Kriterien werden nun die qualitativen Ergebnisse der Fragebogenauswertung und der Erstkontaktuntersuchung angegeben. Dieser Abschnitt dient der Einschätzung der allgemeinen Usability und zeigt Verbesserungspotentiale am bestehenden H-MMI Konzept auf.

Erlebte Beanspruchung während der Fahrt

Die Versuchspersonen mussten direkt im Anschluss an die Aufgabenbearbeitung eine Einschätzung der Beanspruchung durch die Bearbeitung der Usecases abgeben. Die Angabe der Beanspruchung war ein Wert auf einer Skala von 1 (wenig beanspruchend) bis 5 (stark beanspruchend). In Abbildung 7.37 sind Mittelwerte und Streuungen dieser Ratings aufgeführt. Die Angabe wurde nach jedem Aufgabenblock durchgeführt (also nachdem ein Bedienvorgang zweimal in Folge während der Fahrt absolviert wurde).

Wie aus Abbildung 7.37 hervorgeht, lagen alle Mittelwerte im moderaten Bereich. Das bedeutet, dass die Bedienvorgänge von den Versuchspersonen als vergleichsweise wenig beanspruchend erlebt wurden. Die spezielle MP3-Suche erzielte mit 2,75 den höchsten Mittelwert. Bei diesem Usecase mussten die Probanden bei Kenntnis eines Titels, dessen

Beanspruchungsrating

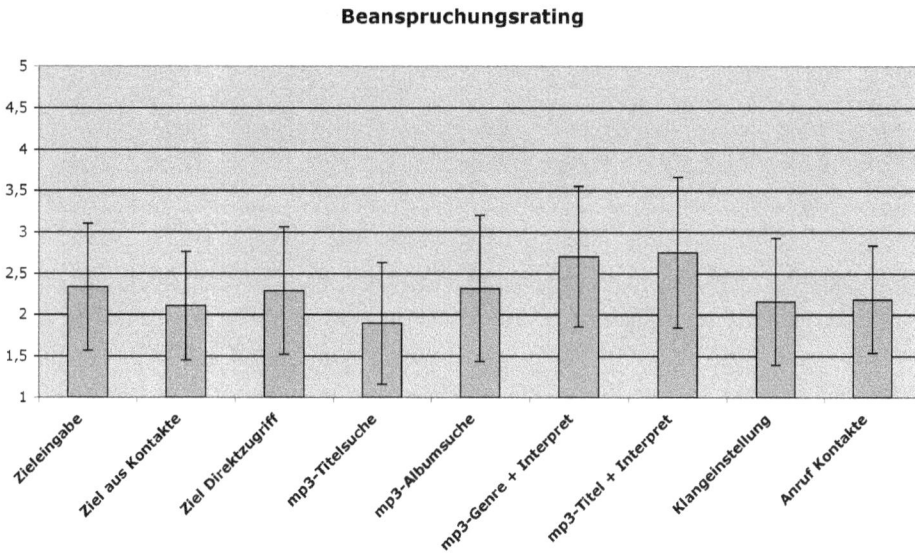

Abb. 7.37.: Einschätzung der erlebten Beanspruchung während der Fahrt (Mittelwert +/- 1 SD).

Interpreten sie aber nicht wussten, von jenem unbekannten Interpreten ein anderes Lied suchen. Als am Wenigsten beanspruchend wird die einfache Suche eines Musiktitels bewertet.

Allgemeine Usability

Die Versuchspersonen füllten im direkten Anschluss an die Fahrsimulationsfahrt mit dem Konzept H-MMI den SUS-Fragebogen (siehe Abschnitt 2.5.2.1) aus. Das H-MMI-Konzept erhielt einen guten SUS-Gesamtscore von 75,25 (SD = 14.98). Im Vergleich zu dem in 2005 bewerteten Seriensystem (MW = 80,7; SD = 14,07) erzielte das Konzept H-MMI einen geringfügig kleineren Wert. Der Konzeptstand kann daher durch Umsetzung der gefundenen Usability-Potentiale noch weiter verbessert werden. Die Abbildung 7.38 zeigt die Bewertung des Konzepts H-MMI, aufgeteilt auf die Einzelskalen der SUS (Maximalwert 5,0). Die Darstellung verdeutlicht, dass das Konzept allgemein gut bewertet wird. Die größten Einbußen sind bei den Kategorien „Expertenunterstützung" und „sicher im Gebrauch" zu verzeichnen. Dies ist vor allem auf die Auffindbarkeit des Bedienelements zur alphanumerischen Eingabe zurückzuführen. In den Angaben der

Versuchspersonen beim Erstkontakt wurde dies sehr häufig genannt und muss daher für eine weitere Nutzung des Konzepts noch verbessert werden.

Befragung spezifischer Systemmerkmale

Am Ende der Untersuchung füllten die Probanden einen Fragebogen aus, welcher auf eine Bewertung von spezifischen Systemmerkmalen sowie die Ermittlung der größten Bedienschwierigkeiten ausgelegt war. Die Bewertung der Einzelbereiche erfolgte auf einer Skala von -3 (sehr schlecht) bis +3 (sehr gut). Wie die Abbildung 7.39 verdeutlicht, erhielt das Konzept H-MMI in den spezifischen Bereichen abschließend eine sehr gute Bewertung. Vor allem die positiven Bewertungen der Effizienz, des Touchpads und der Freude am Bedienen stechen dabei heraus. Verbesserungsbedarf besteht am ehesten bei der Fehlerrobustheit (Auftretenshäufigkeit von Eingabefehlern), der Transparenz (Wechsel zwischen den Bereichen) und der optischen Anmutung.

Befragung zur größten Bedienschwierigkeit

Bei der Befragung nach den größten Bedienschwierigkeiten mit dem untersuchten System H-MMI wurde von den Probanden hauptsächlich auf die Auffindbarkeit des Touchpads hingewiesen. Dieses befand sich auf der Rotationsachse des Drehstellers und die dafür vorgesehene Fläche wurde von den Probanden nicht als touchsensitiv wahrgenommen. Doch erst das Wahrnehmen der Toucheingabefläche ermöglicht das richtige Platzieren des eingebenden Fingers auf der Fläche. Dies wiederum korreliert in hohem Maße mit der Erkennungsleistung des Zeichenerkenners. An dieser Stelle wird das vorhandene ergonomische Verbesserungspotential des verwendeten Eingabeelementes sichtbar. Daneben wird der Wechsel zwischen Hierarchiebereich und Suchbereich viermal genannt. Hierbei handelt es sich vor allem um ein Problem des Erstkontakts. Zu Beginn der Nutzung des Systems war es manchen Probanden zunächst unklar, dass es zwei Bereiche gibt, in denen Daten und Funktionen des Systems bedient werden können.

7.2.4.6. Protokoll der Erstkontaktphase

Die Ergebnisse der Erstkontaktphase (Beobachtung und Befragung) zeigten, dass für den Erstnutzer einige Einstiegshürden existierten, die zum Teil auf das verwendete zen-

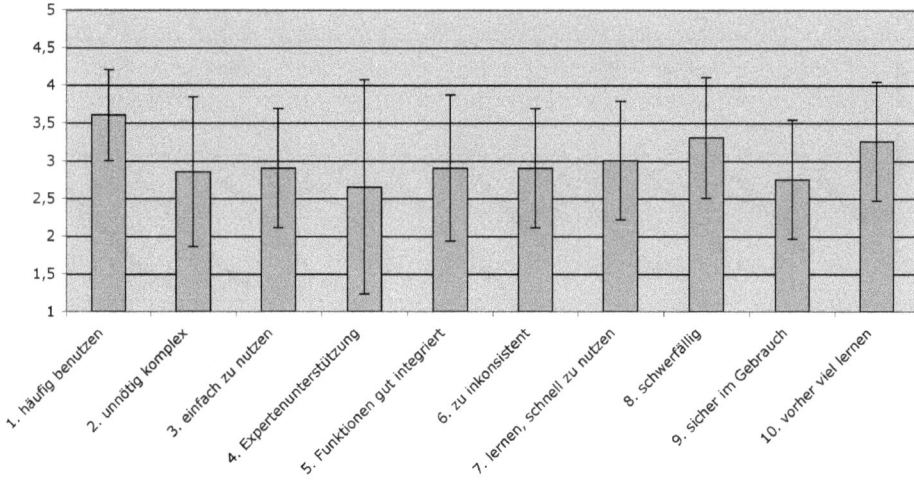

(a) Einzelbewertung (Skala 1-5, ungerade Fragen Optimum = 5, gerade Fragen Optimum = 1).

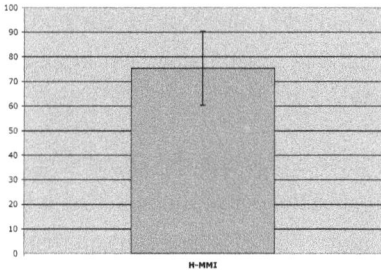

(b) Gesamtbewertung (Skala 0-100).

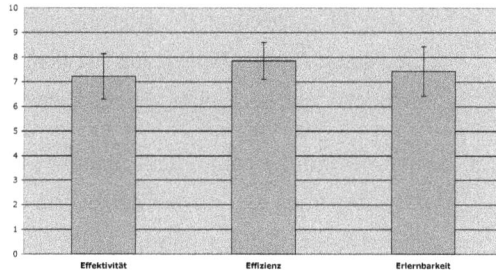

(c) SUS-Gruppierungen nach Effektivität, Effizienz und Erlernbarkeit (Skala 0-10).

Abb. 7.38.: Ergebnisse auf der System Usability Scale im Vergleich.

Angaben zu spezifischen Themen

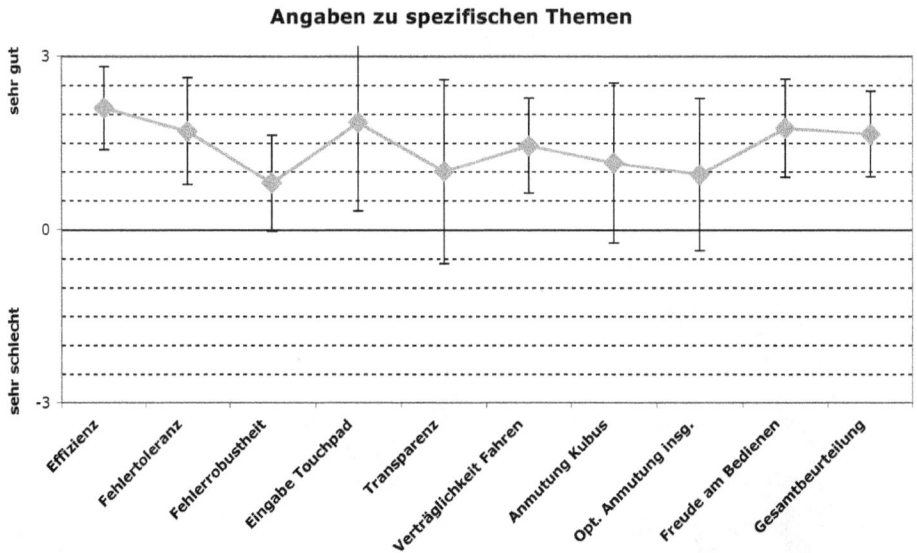

Abb. 7.39.: Bewertung spezieller Themen des Konzepts H-MMI (MW +/- 1SD).

trale Bedienelement, zum Teil aber auch auf mangelnde grafische Herausarbeitung der Bedienlogik und der Struktur des Systems zurückzuführen waren.

- Für den Menüwechsel im Hierarchiebereich erwarteten die Nutzer ein anderes Bedienelement, das besser zur Struktur des Systems passt (bspw. ein kippbarer Controller statt der beiden Bereichswechseltasten).

- Kaum einer der Probanden erkannte ohne Hilfestellung, dass die Oberfläche des Controllers auch einen touchsensitiven Bereich enthält, der alphanumerische Eingaben erlaubt. Eine grafische Hilfestellung könnte hier Verbesserungspotentiale ausschöpfen.

- Die Teilnehmer wünschten sich zudem einen definierten Ausgangszustand des Systems und eine (Hauptmenü-)Taste, mit deren Hilfe dieser Ausgangszustand problemlos erreicht werden kann.

- Das grafische Layout machte zu wenig deutlich, dass das System über zwei Bereiche (Hierarchiebereich und Suchbereich) verfügt. Der Suchbereich wurde eher durch Zufall entdeckt. In diesem Fall muss eine geeignetere grafische Repräsentation der Suche gewählt werden, da die verwendete Lösung mit Hilfe eines Hardkeys nicht auffällig genug ist.

- Die Nutzerführung wurde zum Teil als inkonsistent erlebt, da die Bedienelemente in den verschiedenen Bereichen unterschiedliche Funktionen haben: so dienen bspw. die Tasten (links/rechts) neben dem Controller dem Wechsel zu den anderen Hauptkategorien im Hierarchiebereich, in der Objektansicht ermöglichen sie die Rotation des Würfels.

Neben den Nennungen der Verbesserungsmöglichkeiten zur Usability wurde von den Probanden vor allem die neuartige Struktur des Systems und die Suchfunktion positiv herausgestellt:

- Die Möglichkeit, im Suchbereich auf die gesamte Datenbasis des Systems zurückgreifen zu können ohne in eine tiefe Menühierarchie einsteigen zu müssen, traf bei den Versuchsteilnehmern auf breite Zustimmung.

- Darüber hinaus sahen die Probanden einen weiteren Vorteil in der Vernetzung des Systems: über die perspektivische Darstellung des Würfels können unterschiedliche Optionen für einen Eintrag aufgerufen und Querverbindungen genutzt werden (bspw. Telefon und Navigation).

7.2.5. Diskussion

Das Ziel der Untersuchung des Such-Interaktionskonzepts H-MMI im Fahrsimulator war die Ablenkungswirkung des Ansatzes nach den objektiven Kriterien des „Statement of Principles" der AAM zu bestimmen. Nach den Kriterien darf das Blickverhalten der Probanden bei der Bedienung die gesetzten Grenzwerte von 20,0 s Gesamtblickabwendung und 2,0 s Einzelblickdauer bei einer Aufgabenbedienung nicht überschreiten. Für das Konzept H-MMI konnte, wie in Hypothese 1 angenommen wurde, mit 19 Versuchspersonen in einem Experiment an einem statischen Fahrsimulator die Einhaltung dieser Grenzen nachgewiesen werden. Damit besteht das Konzept die Anforderungen, welche für einen Einsatz in einem serienreifen FIS notwendig sind.

Ein weiteres Ergebnis konnte bei der Beobachtung der Probanden während der Versuchsdurchführung ermittelt werden. Die eingesetzte Suchmethode, bei der unvollständig eingegebene Suchwörter eine sofortige Anzeige der Ergebnisse ermöglichten, führte bei den Versuchspersonen zu keinen Schwierigkeiten während der Fahrt. Die zu beobachtende Strategie von vielen Probanden bestand darin, so lange weitere Buchstaben in das System einzugeben, bis im Ergebnisfeld nur noch wenige Treffer zu sehen waren. Dies lässt vermuten, dass der Aufwand der Buchstabeneingabe mit der Handschrifterkennung für diese Probanden wohl als geringer empfunden wurde, als die Suche eines Eintrages in einer langen Ergebnisliste.

8. Fazit

Die Arbeit zeigt einen Ansatz für FIS zur Integration mobiler Endgeräte ins Fahrzeug. Die größten Herausforderungen hierbei liegen in der großen Variabilität der Funktionsmengen auf mobilen Endgeräten sowie deren Volatilität. Neben der funktionalen Betrachtung muss ein Mobilgeräte integrierendes FIS mit dynamischen Datenmengen umgehen können und dabei für den Nutzer während der Fahrt bedienbar bleiben. Der gewählte Ansatz aus *objektorientierter Bedienung, Such-Interaktion* und *Befüllung der hierarchischen Menüstruktur nach Pareto-Prinzip* unterstützt diese Anforderungen einer Integration mobiler Endgeräte und erfüllt für das prototypische System H-MMI die Anforderungen für Bedienung im Fahrzeug.

8.1. Wissenschaftlicher Beitrag

In Kapitel 3 wurden zur Klassifikation der Integration mobiler Endgeräte in FIS systematische Integrationsszenarien eingeführt. Die unterschiedlichen Anforderungen bei einer Integration werden daraus ersichtlich und liefern je nach geforderter Integrationstiefe die Basis für die Konzeption des integrierenden FIS. Soll das FIS eine möglichst hohe Anzahl mobiler Funktionalität aufnehmen können und dazu ein möglichst hohes Potential für eine ablenkungsarme Nutzung der Funktionen bieten, muss eine Integration nach dem Szenario „Freie Auswahlmöglichkeit aus Daten und Funktionen" angestrebt werden.

Um die Nutzung mobiler Endgeräte im Fahrzeug zu ermöglichen, wird die Konzeption des FIS durch die drei grundlegenden Maßnahmen bei der Interaktion - *Objektorientierung, Pareto-Prinzip* und *Such-Interaktion* gestützt. Die Such-Interaktion als Bestandteil eines FIS steht dabei als zentraler Ansatz der Arbeit im Vordergrund. In Abschnitt 3.2 zeigt eine Treffer- und Laufzeitanalyse mit Realdaten aus mobilen Endgeräten eine allgemeine Verifikation des Ansatzes in FIS. Darauf aufbauend wurden in

Kapitel 4 mehrere unterschiedliche Konzeptideen für eine Benutzeroberfläche im Fahrzeug erarbeitet. Eine Überprüfung der Angemessenheit der Ideen für FIS durch Experten erlaubte die Aufstellung einiger Grundelemente der Such-Interaktion in FIS (siehe Abschnitt 4.3.3) sowie die Konzentration auf zwei Konzeptideen zur weiteren empirischen Untersuchung.

Für die Such-Interaktion wurden verschiede Suchmethoden konzipiert und untersucht. Für die Interaktion im Fahrzeug stellte sich eine Suchmethode, bei der die Ergebnisse direkt nach Eingabe des Buchstabens auch für unvollständige Suchworte angezeigt werden, als am sinnvollsten heraus (siehe Abschnitt 5.1.4). Die singuläre Betrachtung der Suchmethoden weist der Einschränkung des Suchraumes durch entsprechende Kategorien einen Vorteil gegenüber den uneingeschränkten Suchmethoden aus. Die Einschränkung des Suchraumes ist Teil der gesamten Such-Interaktion und somit ein wichtiger Bestandteil des Bedienkonzepts und im Zuge dessen von der Realisierung des Bedienkonzepts abhängig. Von daher wurde die Fragestellung, welche der beiden Suchmethoden (eingeschränkt oder uneingeschränkt) für ein FIS geeigneter ist, nochmals mit für beide Methoden spezifisch entwickelten Bedienkonzepten untersucht.

Die Untersuchungen zum Vergleich zwischen „Uneingeschränkte Suche" (US-Ansatz) und „Kategorie-Suche" (KS-Ansatz) in Kapitel 5 zeigen, dass für beide Ansätze keine Auffälligkeiten hinsichtlich ihrer Unterbrechbarkeit bei der Bedienung nachzuweisen sind. Die ermittelten objektiven Daten weisen aus, dass der US-Ansatz verglichen mit dem KS-Ansatz einfacher und schneller zu bedienen ist. Verglichen mit dem KS-Ansatz sprachen die Probanden dem US-Ansatz eine bessere Bedienbarkeit, eine größere Attraktivität und eine höhere pragmatische Qualität aus. Dies zeigt, dass ein Ansatz wie er in Internet- oder Desktopsuchmaschinen eingesetzt wird (US-Ansatz) von den Nutzern auch für die Verwendung im Fahrzeug präferiert wird.

Das System H-MMI bedient sich hinsichtlich der Darstellung der Such-Interaktion demnach dem US-Ansatz. Der Systemvergleich zwischen H-MMI und einem Serien-FIS konnte keine signifikanten Unterschiede bei den Bearbeitungsdauern, den Fahrleistungen oder der kognitiven Belastung bei dem verwendeten Versuchsdesign nachweisen. Die Nutzer benötigten für die Bedienung von H-MMI jedoch eine geringere Anzahl von Blicken und eine geringere Blickzuwendung zur Erfüllung ihrer Nebenaufgaben.

Neben der Benutzeroberfläche hängt die Such-Interaktion von der Eingabemöglichkeit alphanumerischer Zeichen ab. Für das System H-MMI findet die Eingabe von Einzelbuchstaben mittels Handschrifterkennung Anwendung. Ein Vergleich zwischen Einzelbuchstabeneingabe per Handschrifterkennung und Speller zeigt keine signifikanten Unterschiede der beiden Eingabemethoden bezogen auf ihre kognitive Beanspruchung. Die Nutzer hatten jedoch mit Hilfe der Handschrifterkennung geringere Blickzuwendungszeiten zur Nebenaufgabe. Der Effekt ist weniger durch eine geringere absolute Blickanzahl zu erkennen, sondern hauptsächlich aufgrund einer deutlichen Reduzierung der mittleren Einzelblickdauern.

Abschließend konnte dem System H-MMI und damit dem Ansatz aus *objektorientierter Bedienung*, *Such-Interaktion* und *Befüllung der hierarchischen Menüstruktur nach dem Pareto-Prinzip* die Eignung für ein FIS nach den objektiven Kriterien der AAM nachgewiesen werden.

8.2. Diskussion und Ausblick

Die in Kapitel 1 ausgeführte Motivation zur Integration mobiler Endgeräte, die in Abschnitt 2.4.2 erläuterten Anforderungen an FIS sowie die in Abschnitt 2.4.3 aufgeführten Herausforderungen in hierarchischen FIS führen zur Fragestellung dieser Arbeit. Aus Sicht des Nutzers ergibt sich die triviale Anforderung, dass die auf seinem mobilen Endgerät existierenden Funktionen ebenso im Fahrzeug nutzbar sind. Aus Systemsicht bedeutet dies eine Integration in FIS von variablen Funktionsmengen und volatilen Funktionen. In dieser Arbeit werden diesbezüglich zwei Hauptaufgaben verfolgt. Sowohl das Gesamtsystem als auch jede Einzelfunktion müssen während der Fahrt bedienbar und nicht zu stark ablenkend sein.

Bezogen auf das Gesamtsystem können jedoch zwei unterschiedliche Integrationsausprägungen verfolgt werden. Zum einen ein FIS, das Funktionen integriert und damit Funktionen maximal automotiv-tauglich macht. Das Hauptaugenmerk dieses Ansatzes liegt auf der Konsistenz des Gesamtsystems, bei dem eine durchgängige Bedien- und Designphilosophie über alle Funktionen - initial im FIS befindliche sowie von Endgeräten integriert - gewährleistet wird. Zum anderen könnte ein Weg verfolgt werden, bei dem jede Einzelfunktion soweit an den automotiven Kontext angepasst wird, dass diese gerade während der Fahrt bedienbar ist. Das Ergebnis wäre ein Gesamtsystem mit starker Ähnlichkeit der funktionalen Ausprägungen wie auf dem mobilen Endgerät. Hierfür wäre die Konsistenz nur für grundlegende Bedienvorgänge gegeben, die z. B. durch die Wahl des

Eingabeelements festgelegt sind. Die Ansätze der Arbeit verfolgen den erstgenannten Weg. Zukünftige Forschungen sollten den zweiten Ansatz genauer untersuchen, um die Grenzen der Bedienbarkeit und Verständlichkeit des Gesamtsystems für den Nutzer aufzudecken. Im Vergleich beider Ansätze kann somit die Nutzerpräferenz ermittelt werden, welche bei realen Systemen den geforderten produktprägenden Merkmalen (einheitliches Design, einheitliches Bedienkonzept) gegenüberzustellen ist.

In der Arbeit kommt durch konsequente Anwendung einer Suchworteingabe als wesentlicher Bestandteil der Interaktion der alphanumerischen Eingabe besondere Bedeutung zu. In den Prototypen wurde Einzelbuchstabeneingabe mittels Handschrifterkennung auf einem Touchpad realisiert. Diese Eingabeform hat sich in den Fahrsimulationsuntersuchungen als vielversprechende Eingabemethode im Fahrzeug erwiesen. Dennoch könnte die Erkennungsqualität, die Akzeptanz und der Bedienspaß für den Nutzer sowie die Bediensicherheit weiter gesteigert werden. Bei dem eingesetzten Erkenner wurde noch sehr wenig kontextspezifische Information zur Erkennung genutzt. Verbesserungen der Erkennungsqualität sowie weitere Entwicklungen im Bereich der berührungsempfindlichen Oberflächen würden es erlauben, die Handschrift noch besser in das Interaktionskonzept zu integrieren.

Um den Aufwand der alphanumerischen Eingabe bei der Interaktion weiter zu senken, müssen neben Verbesserungen der Erkennerleistung (z.B. durch Einbeziehung der Redundanz der Sprache oder des Nutzungskontextes) auch die Korrektur von Rechtschreibfehlern sowie ein für FIS optimierter Ranking-Algorithmus Bestandteile eines realen Systems sein. Ein zukünftig durchzuführender systematischer Vergleich der Feedbackvarianten aus Abschnitt 6.5.2 sollte Aufschluss über die sinnvollste Feedbackvariante während der Fahrt geben.

Der verfolgte Ansatz im Konzept H-MMI trennt die Gesamtfunktionalität des Systems in einen hierarchischen Menübereich und eine Such-Interaktion. Die Funktionen des Menübaums ergeben sich aufgrund ihrer Nutzungshäufigkeit und dem Pareto-Prinzip. In einem realen System ist somit der Inhalt der Menüstruktur dynamisch. Zukünftige Entwicklungen sollten sich mit dem Ablauf der Adaption der Menüstruktur während der Nutzung beschäftigen, damit für den Nutzer immer transparent ist, was sich in der Menüstruktur befindet.

In Abschnitt 3.1.5 wurden Integrationsszenarien für mobile Endgeräte eingeführt. Wie erläutert steht ein Großteil der persönlichen Daten und Funktionen eines Nutzers heutzutage auf mitgeführten mobilen Endgeräten zur Verfügung. Prognosen zeigen neben den mobilen Endgeräten als ein Bookend auch die Nutzung der Daten durch Cloud-Services, welche durch eine vollständige Vernetzung des Fahrzeugs mit dem Internet genutzt werden könnten. Die Bandbreite der unterschiedlichen zukünftigen Entwicklungsmöglichkeiten ist in Abbildung 8.1 dargestellt. Diesen Lösungsraum müssen zukünftige Integrationsansätze von Funktionen in FIS abdecken. Bei einer Integration nach dem Szenario „Freie Auswahlmöglichkeit aus Daten und Funktionen" spielt es allerdings keine Rolle, ob die Funktionen und Daten von einem mobilen Endgerät oder von Diensten eines Cloud-Services integriert werden.

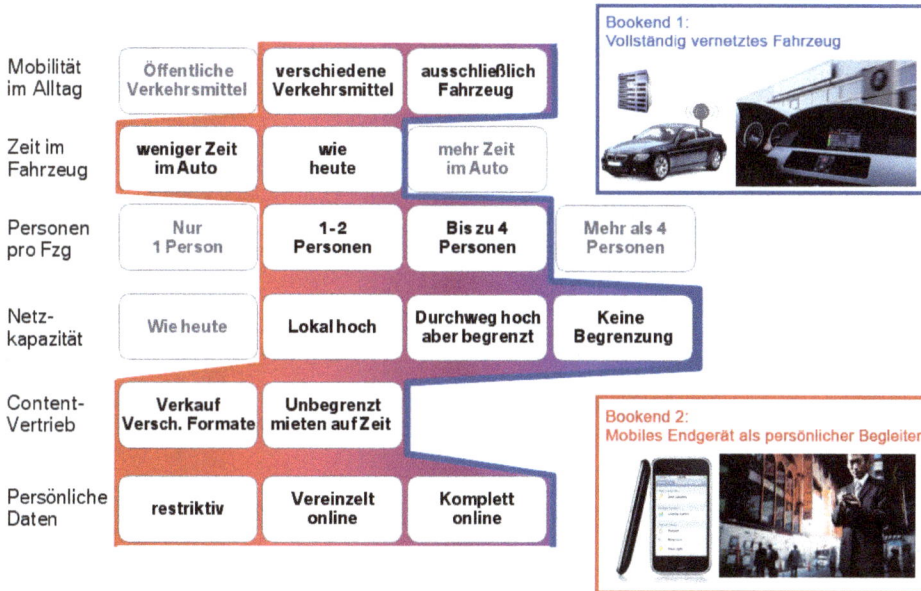

Abb. 8.1.: Ausblick auf die Nutzung von mobilen Daten und Funktionen, (Quelle: BMW Entwicklungsprozess).

A. Ergebnisse Laufzeit- und Trefferanalyse

A.1. Ergebnisse Laufzeiten und Treffer

Tabelle A.1 zeigt die wichtigsten Datenwerte der Testreihen im Überblick.

Kontakte (700)	1	2	3	4	5	2+2	2+3
Laufzeit [ms]	1,8	1,3	1,2	1,2	1,1	2,4	6,4
gültige Komb.	23	97	154	169	184	544	753
Gesamttreffer	1642	1427	744	570	503	1066	1221
Trefferschnitt	71,39	14,71	4,83	3,37	2,73	1,96	1,62
Musik (26.000)							
Laufzeit [ms]	136,8	9,0	1,8	0,9	0,6	38,4	12,9
gültige Komb.	26	423	2549	6558	8429	24284	157488
Gesamttreffer	293114	286076	262893	209016	150910	1543228	2811922
Trefferschnitt	11273,62	676,3	103,14	31,87	17,9	63,55	17,85
POI (900.000)							
Laufzeit [ms]	4015,9	151,5	14,7	2,7	1,3	250,4	76,5
gültige Komb.	26	610	5974	33576	93668	41833	395580
Gesamttreffer	3976861	3902334	3382344	3089913	2707222	7418785	12394064
Trefferschnitt	152956,19	6397,27	566,18	92,03	28,9	177,34	31,33

Tab. A.1.: Laufzeit- und Trefferresultate im Überblick.

A.2. Ergebnisse Schwellwertwahrscheinlichkeiten

Tabelle A.2 zeigt die wichtigsten Datenwerte der Testreihen im Überblick.

Zeichen Treffer	1	2	3	4	5	2+2	2+3
Kontakte (700)							
2	0,0	11,34	44,81	59,76	72,28	81,43	84,2
4	0,0	21,65	69,48	79,88	84,78	91,36	97,08
6	0,0	37,11	77,92	86,39	89,67	95,77	98,14
8	0,0	47,42	84,42	90,53	94,57	96,69	99,07
10	0,0	53,61	88,96	94,08	95,65	97,61	100
12	0,0	61,86	92,21	97,04	97,28	98,9	100
Musik (26.000)							
2	0,0	15,37	22,05	37,02	48,65	21,65	34,77
4	0,0	22,22	30,87	49,68	62,05	33,8	52,64
6	0,0	25,3	36,09	56,04	68,05	40,58	61,39
8	0,0	28,13	40,88	60,6	71,99	45,52	67,77
10	0,0	30,5	44,21	63,82	74,81	48,9	71,96
12	0,0	32,15	46,02	66,21	76,84	51,95	75,19
POI (900.000)							
2	0,0	9,02	21,33	27,82	42,42	28,91	40,11
4	0,0	15,9	28,12	40,0	57,55	39,24	54,41
6	0,0	20,0	32,47	47,41	65,65	45,39	62,28
8	0,0	23,11	35,65	52,45	70,78	49,51	67,51
10	0,0	25,74	38,2	56,26	74,37	52,72	71,28
12	0,0	26,72	40,26	59,15	77,06	55,24	81,0

Tab. A.2.: Schwellwertwahrscheinlichkeiten im Überblick.

B. Portfolio Such-Interfaces

B.1. Konzeptidee 01 - „Tabs"

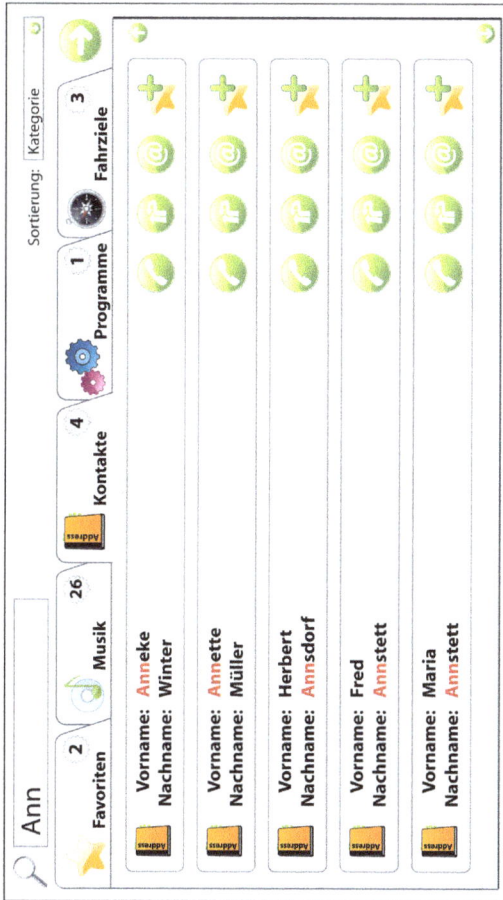

Abb. B.1.: Konzeptidee „Tabs" - Suchergebnisse werden in Tabs separiert angezeigt.

B.2. Konzeptidee 02 - „Bubbles"

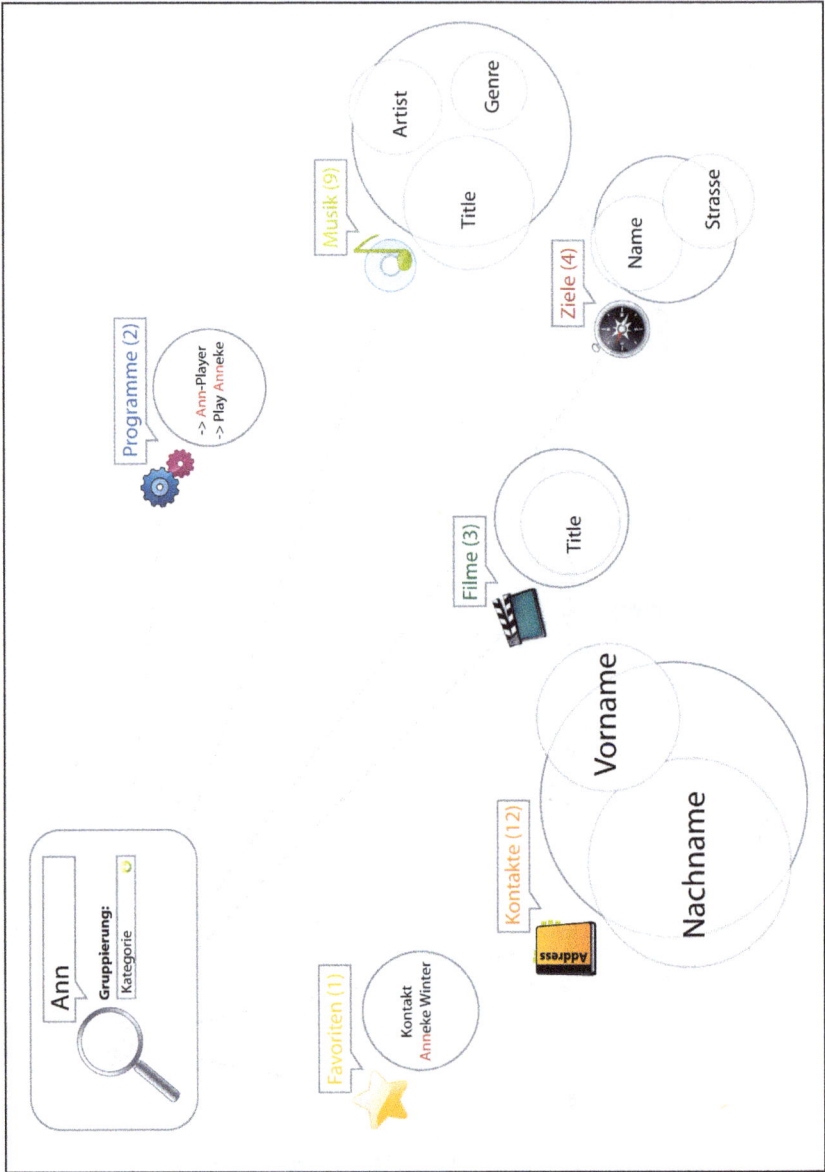

Abb. B.2.: Konzeptidee „Bubbles 1" - Startbildschirm. Suchergebnisse werden pro Kategorie in Kreisen angezeigt.

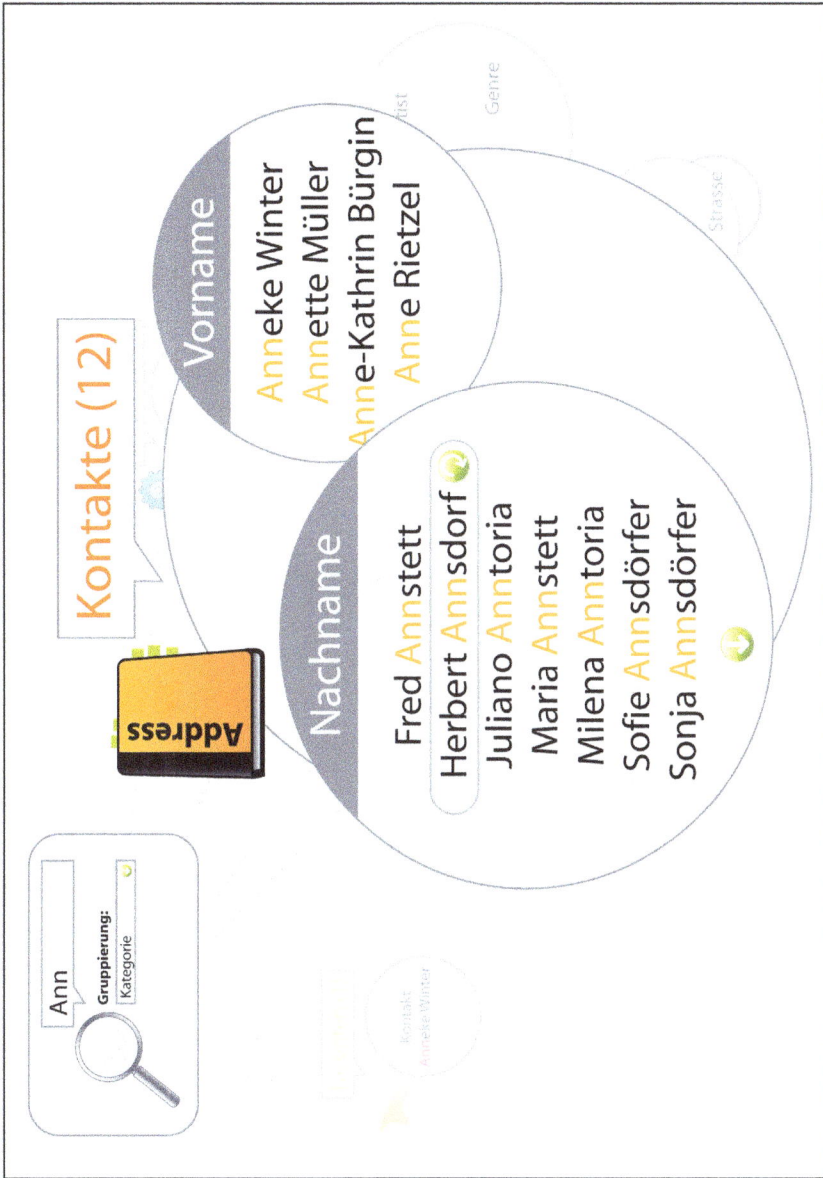

Abb. B.3.: Konzeptidee „Bubbles 2" - Auswahl des Bubbles für Kontakte. Unterkategorien sind wiederum kreisförmig angeordnet. Ergebnisse werden listenförmig präsentiert.

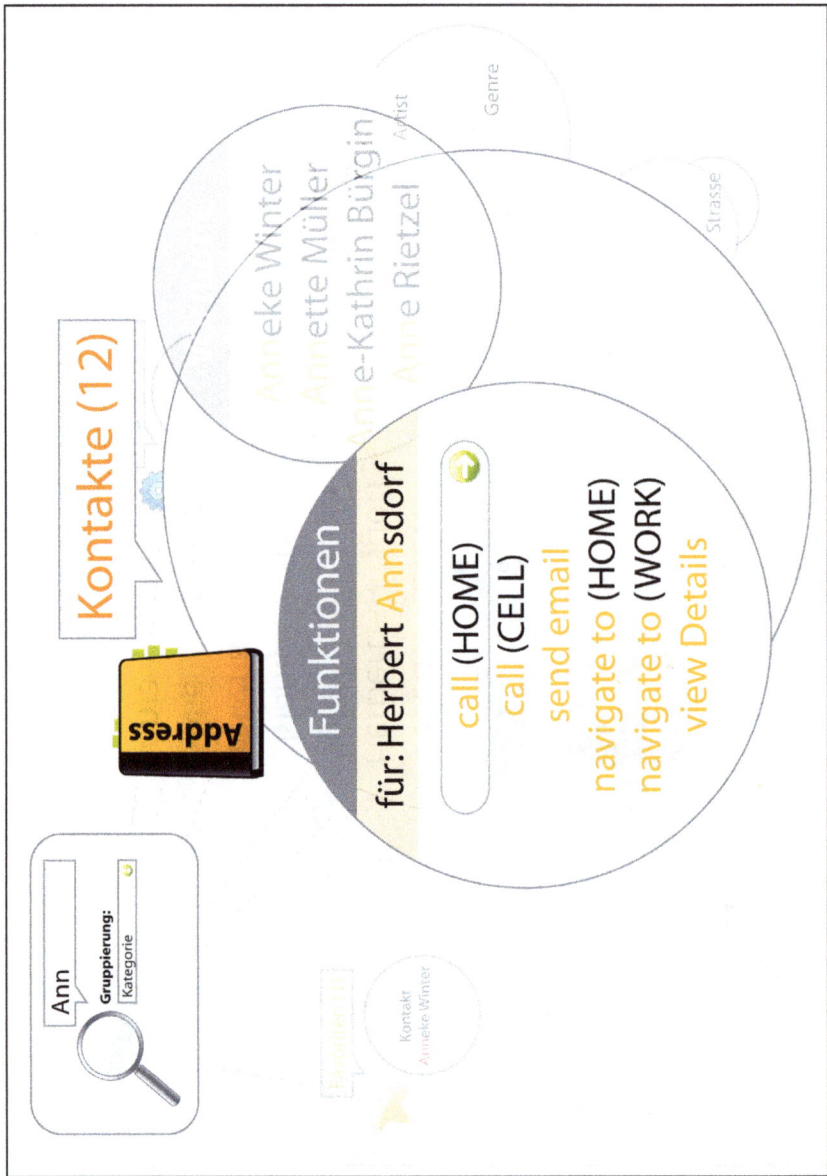

Abb. B.4.: Konzeptidee „Bubbles 3" - Ein ausgewähltes Element wird auf der Rückseite einer Bubble angezeigt.

B.3. Konzeptidee 03 - „Kategorienkreisel"

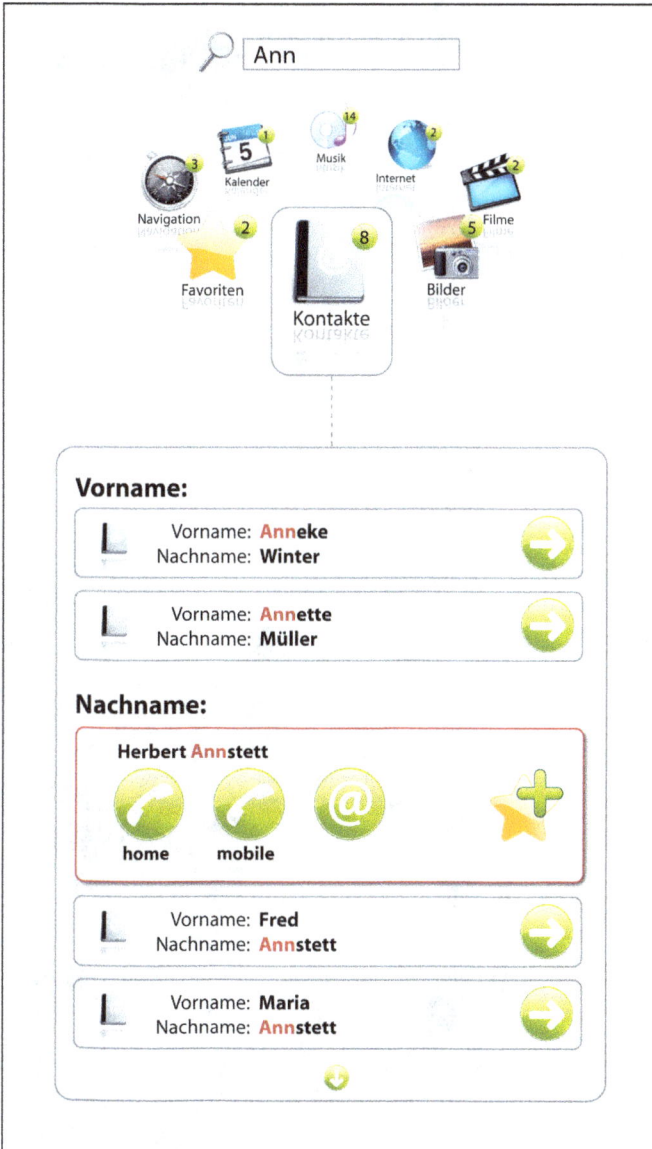

Abb. B.5.: Konzeptidee „Kategorienkreisel 1" - Kategorien werden im Kreisel ausgewählt. Im unteren Bereich wird die Ergebnisliste nach Eingabe eines Scuhbegriffs angezeigt.

Abb. B.6.: Konzeptidee „Kategorienkreisel 2" - Mögliche Integrationsform ins Fahrzeug.

B.4. Konzeptidee 04 - „Visual Sandbox"

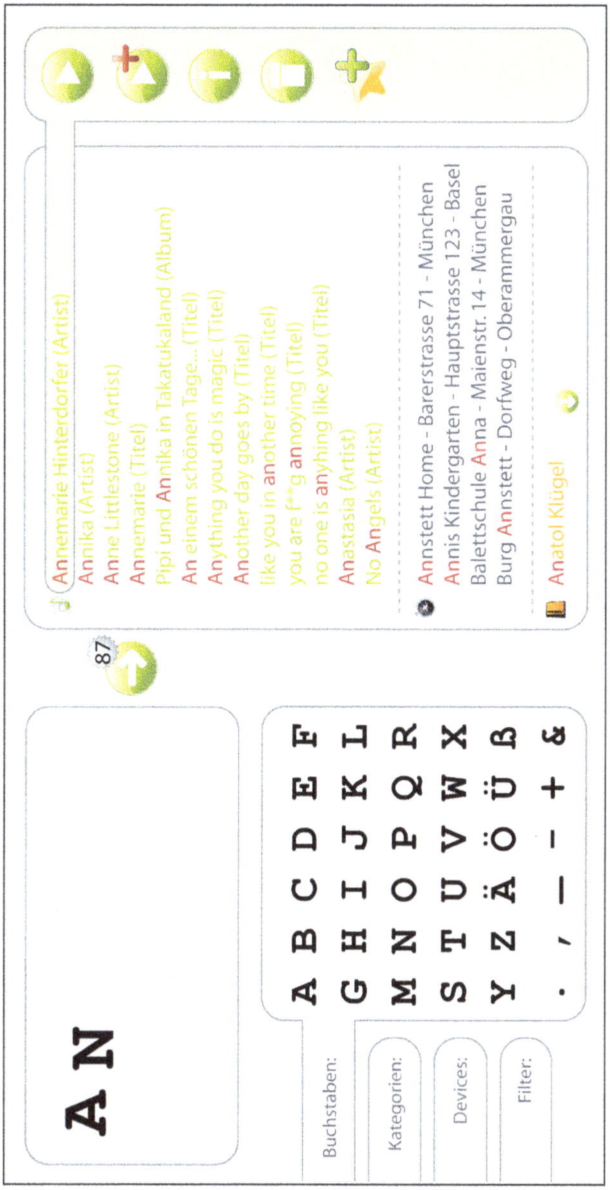

Abb. B.7.: Konzeptidee „Visual Sandbox 1" - Im Feld links (Sandbox) oben werden Suchanfragen grafisch erstellt.

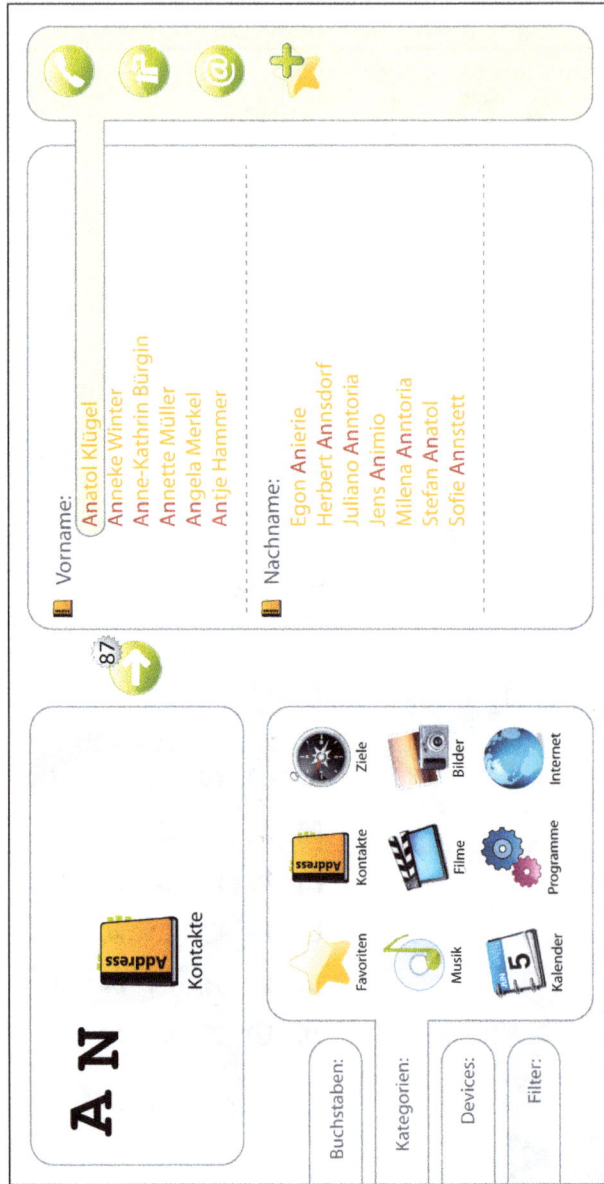

Abb. B.8.: Konzeptidee „Visual Sandbox 2" - Verfeinerung der Suchanfrage durch Auswahl eines Kategorienfilters (Kontakte).

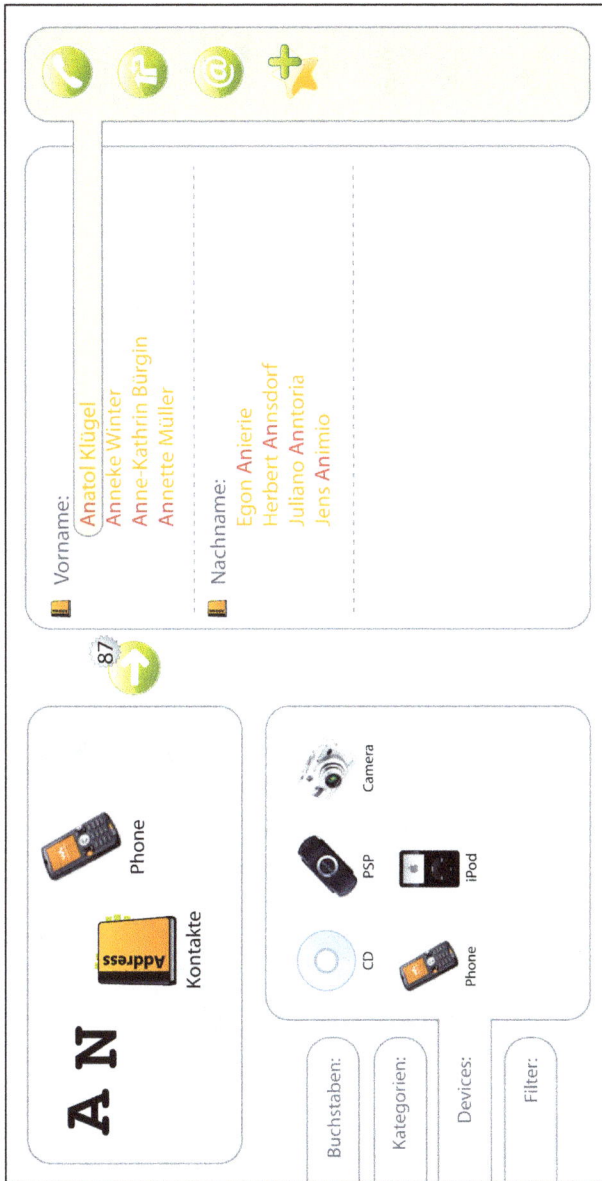

Abb. B.9.: Konzeptidee „Visual Sandbox 3" - Verfeinerung der Suchanfrage durch Auswahl eines Gerätefilters (Phone).

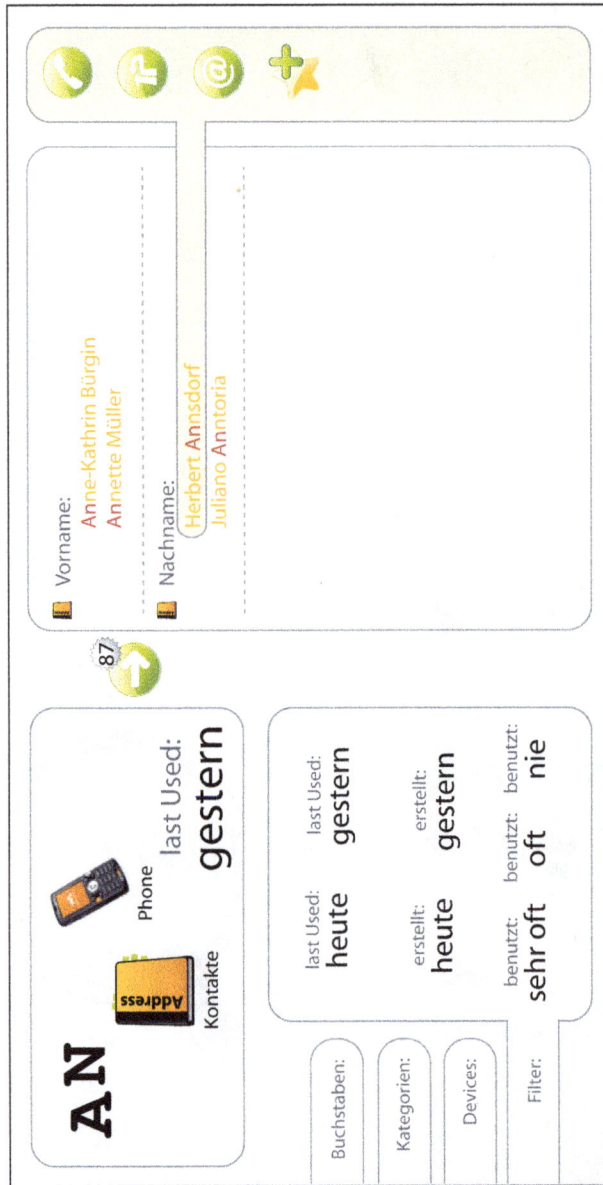

Abb. B.10.: Konzeptidee „Visual Sandbox 4" - Verfeinerung der Suchanfrage durch Auswahl eines erweiterten Filters (last used: gestern).

B.5. Konzeptidee 05 - „Fisheyescrolling"

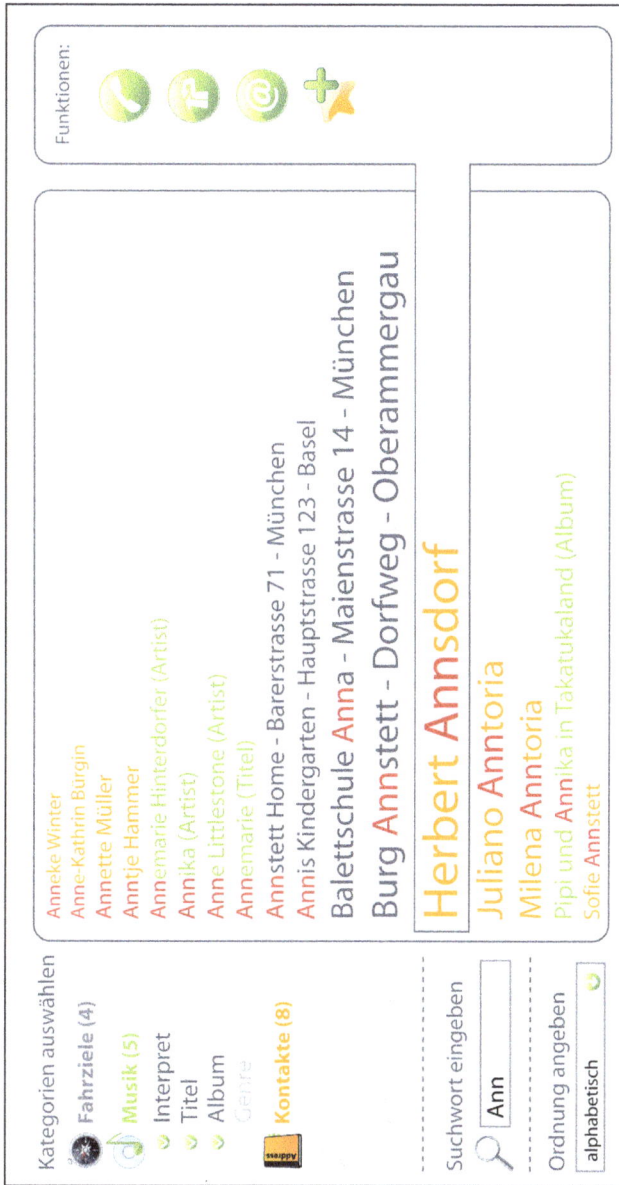

Abb. B.11.: Konzeptidee „Fisheyescrolling" - Ergebnisliste wird in zu einer nicht linearen Fisheye-Ansicht verzerrt, wodurch mehr Elemente der Ergebisliste abgebildet werden können.

B.6. Konzeptidee 06 - „Tagclouds"

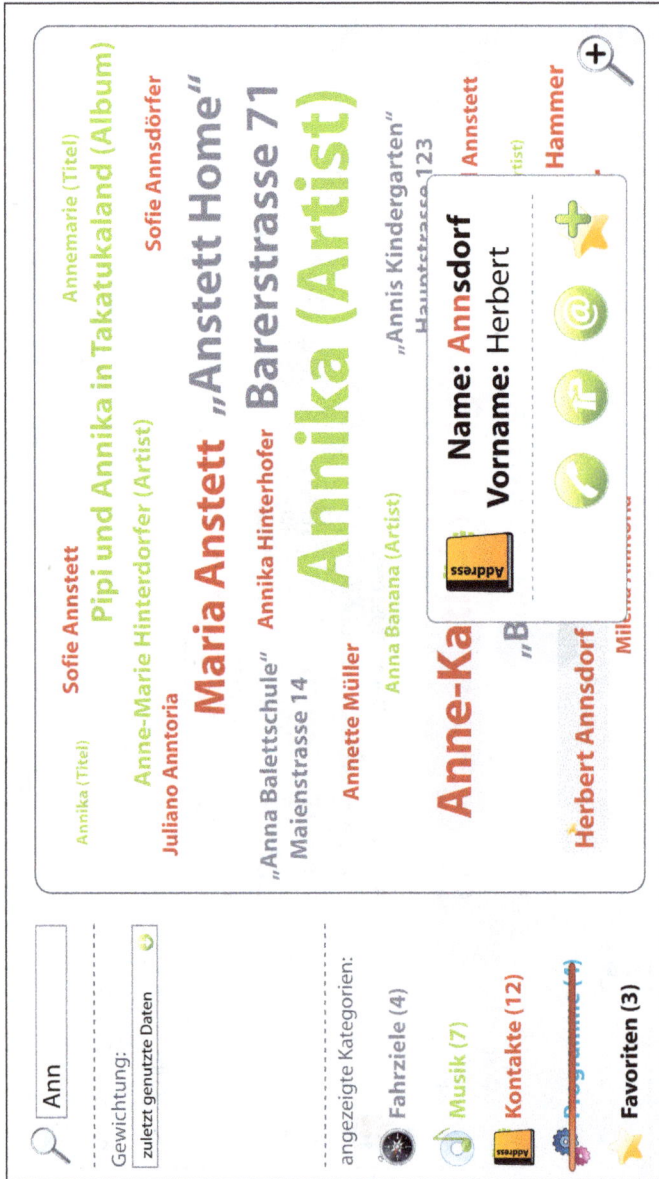

Abb. B.12.: Konzeptidee „Tagclouds" - Ergebnisliste wird in Form einer Schlagwort-Wolke dargestellt.

B.7. Konzeptidee 07 - „Omnipräsente Suche"

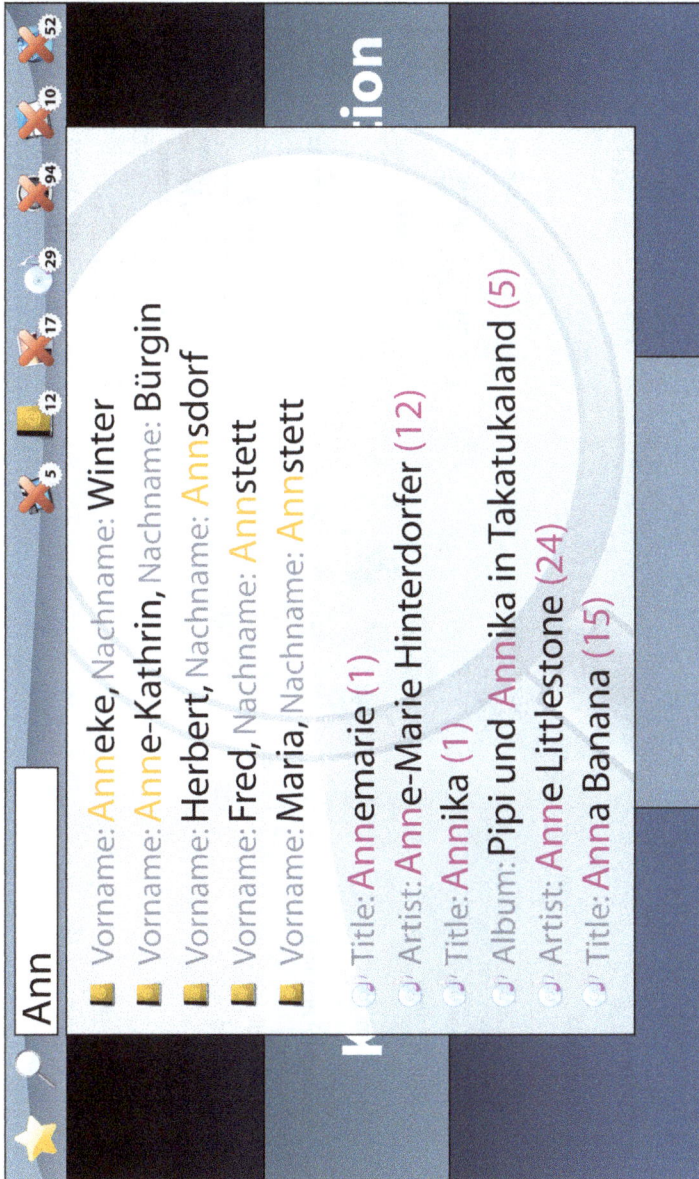

Abb. B.13.: Konzeptidee „Omnipräsente Suche" - Wie in Desktopsuchsystemen ist hier die Suche in ein vorhandenes FIS integriert.

B.8. Konzeptidee 08 - „Funktionsbasierte Suche"

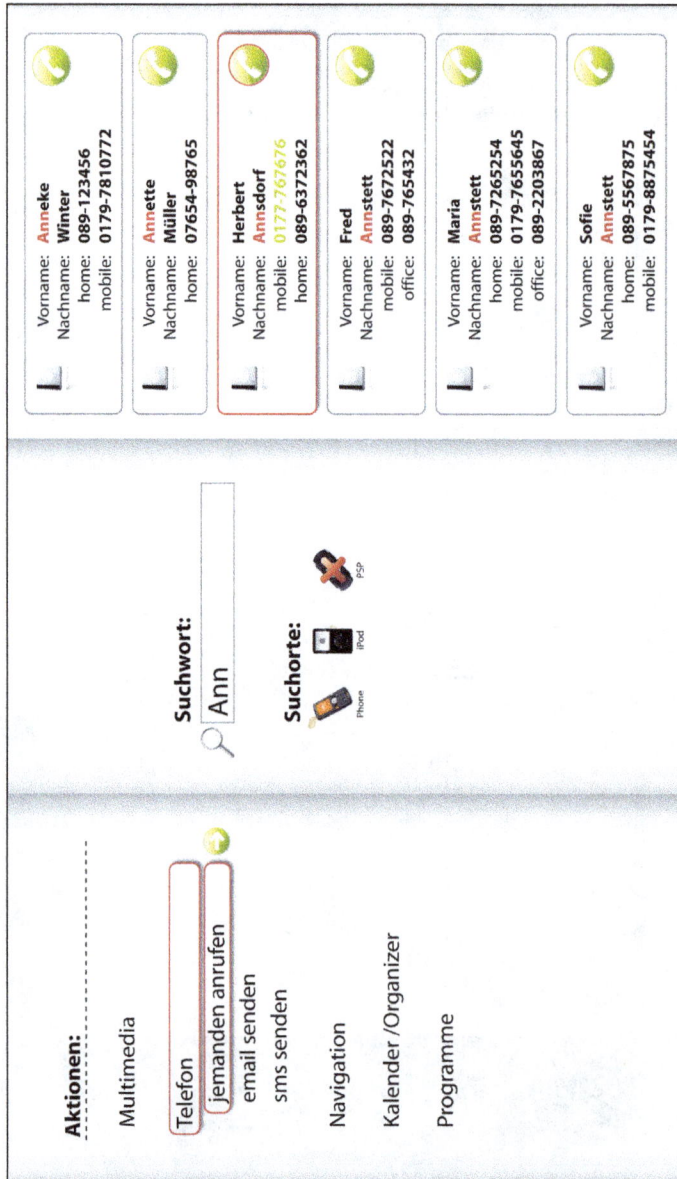

Abb. B.14.: Konzeptidee „Funktionsbasierte Suche" - Der Suchraum muss am Beginn anhand der gewünschten Funktion eingeschränkt werden.

B.9. Konzeptidee 09 - „Ablaufbasierte Suche"

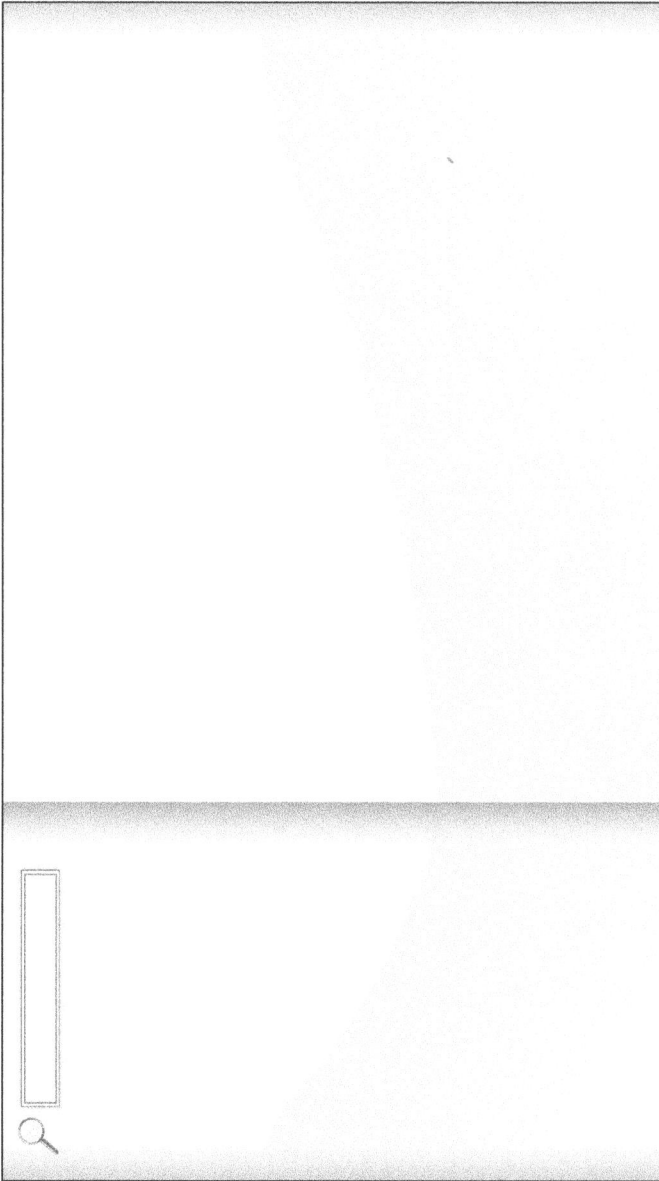

Abb. B.15.: Konzeptidee „Ablaufbasierte Suche 1" - Startbildschirm. Der Nutzer wird über einen sequentiellen Ablauf zur Verfeinerung seiner Suchanfrage aufgefordert.

Ann

58

Anne	Anneke Geburtstag	=> details
	Anneke Winter	=> details
	Anneke - Botanischer Garten	=> details
	Annemaries große Weltreise	=> details
	Karo und Anneke auf Great Kappel	=> details
	The Police - Roxanne - Greatest Hits	=> details
	Annette Müller	=> details
	Anne-Kathrin Bürgin	=> details
Anni	Annika Geburtstag	=> details
	Anni und Dennis	=> details
	Anni feiert Geburstag - 24.01.2007	=> details
	Wedding Anniversary Mama&Papa	=> details
Anns	Herbert Annsdorf	=> details
	Fred Annstett	=> details
	Dominik Annstett	=> details

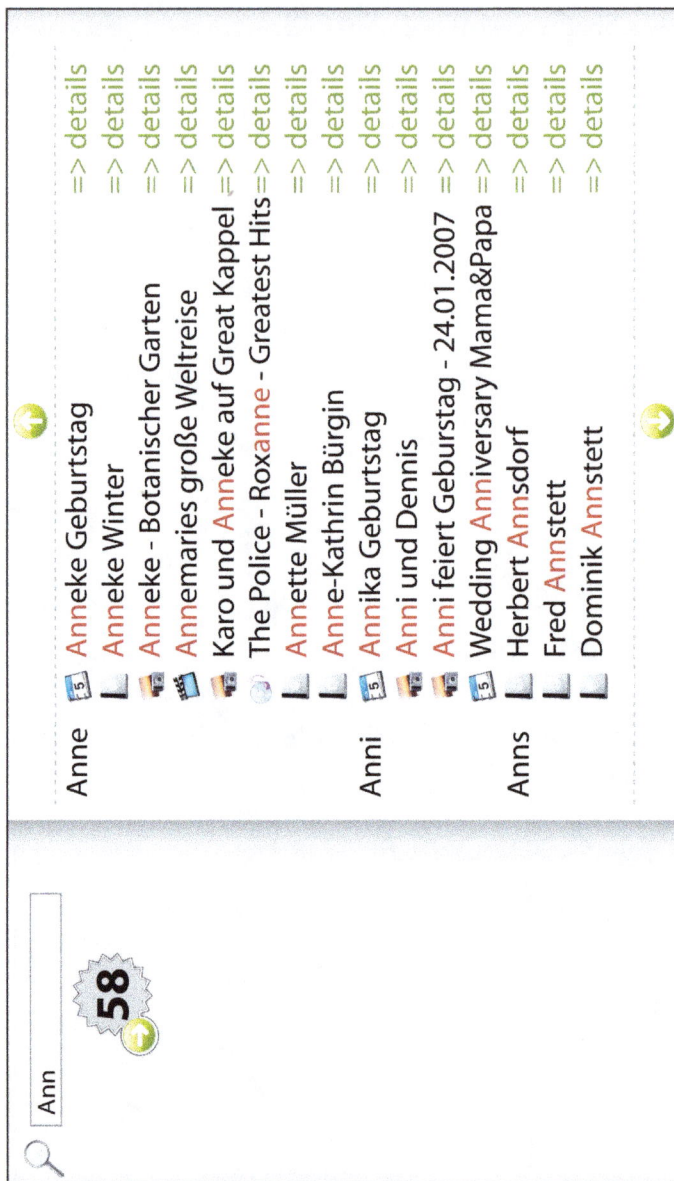

Abb. B.16.: Konzeptidee „Ablaufbasierte Suche 2" - Bildschirmdarstellung nach Eingabe des Suchbegriffs (Ann).

Ann

58

Sortierung:

Kategorie

Anneke Geburtstag - 03.06.1979	=> details
Wedding Anniversary Mama + Papa	=> details
Anneke Winter	=> details
Fred Annstett	=> details
Dominik Annstett	=> details
Der Mann aus Annstätten	=> details
Annemaries große Weltreise	=> details
Anneke in Australien	=> details
Karo und Anneke auf Great Kappel	=> details
Anneke - Botanischer Garten	=> details
Annie Lennox - Here comes the rain...	=> details
The Police - Roxanne - Greatest Hits	=> details

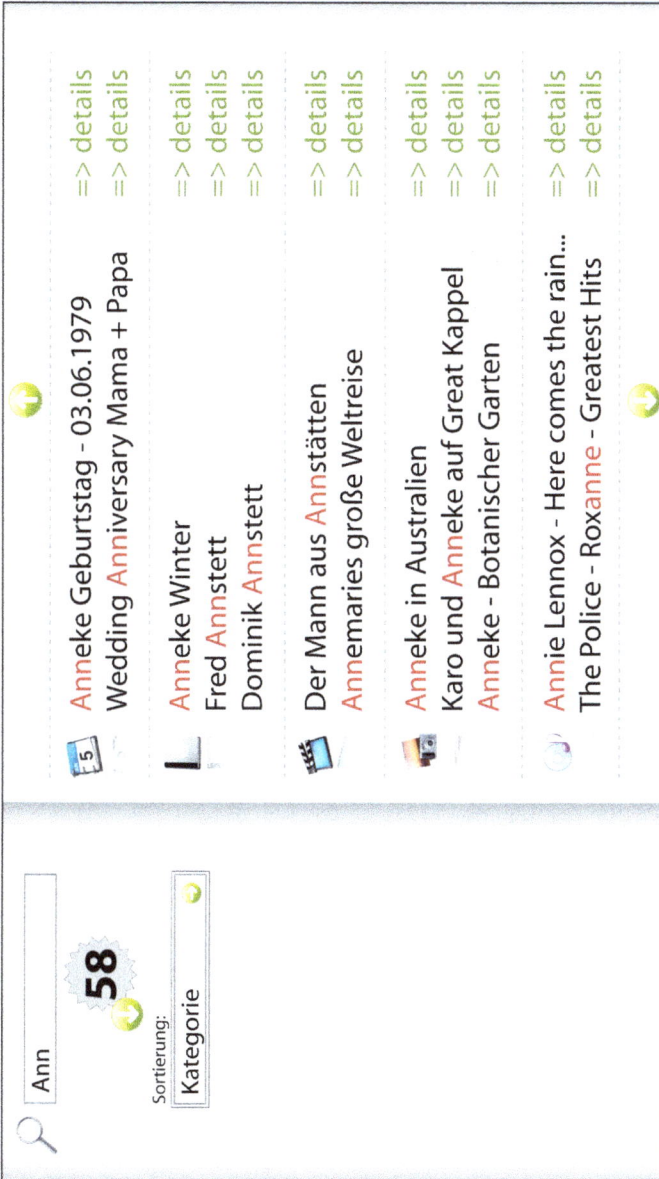

Abb. B.17.: Konzeptidee „Ablaufbasierte Suche 3" - Bildschirmdarstellung nach zusätzlicher Wahl der Kategoriesortierung.

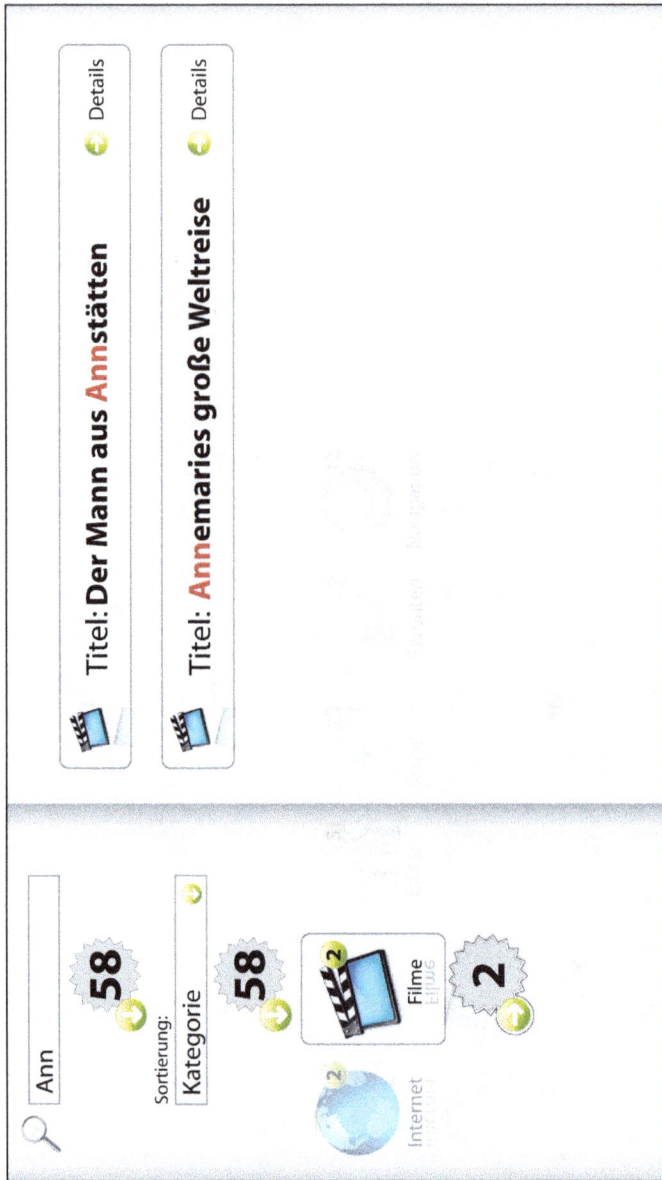

Abb. B.18.: Konzeptidee „Ablaufbasierte Suche 4" - Bildschirmdarstellung nach zusätzlicher Eingabe eines Kategoriefilters (Kontakte).

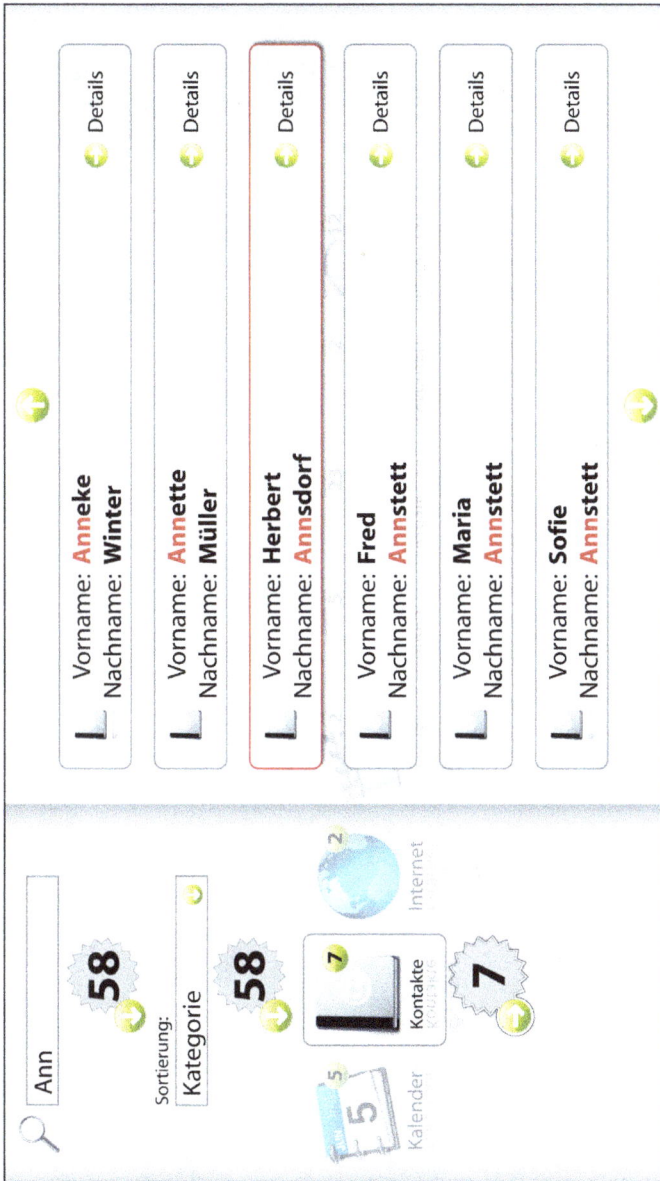

Abb. B.19.: Konzeptidee „Ablaufbasierte Suche 5" - Ansicht eines ausgewählten Kontaktes.

B.10. Konzeptidee 10 - „2,5 Dimensionen"

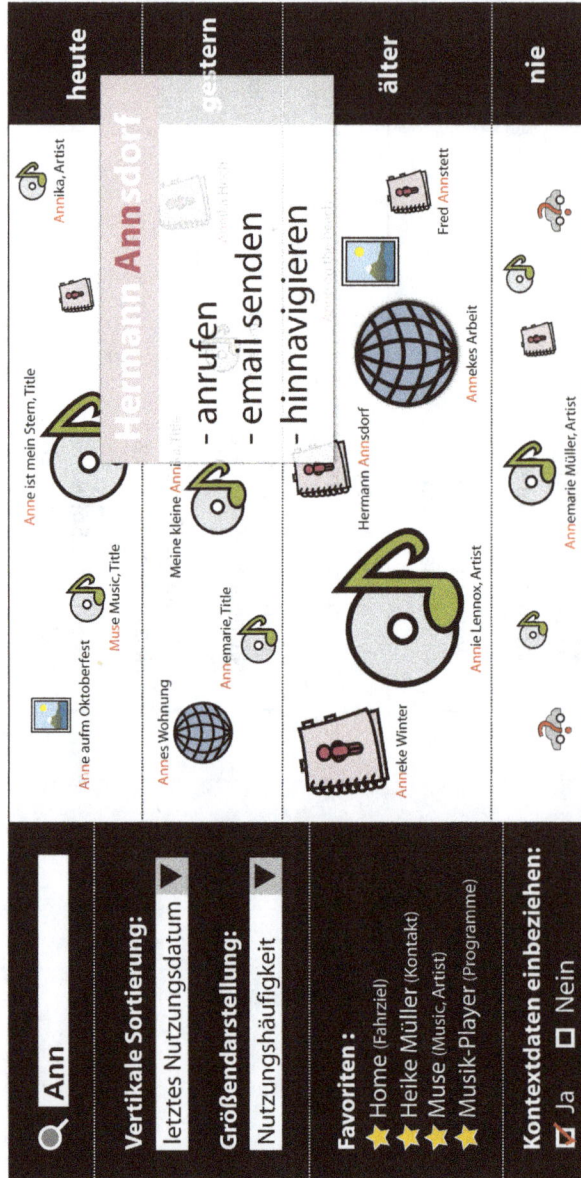

Abb. B.20.: Konzeptidee „2,5 Dimensionen" - In der Ergebnisliste werden Größe, Ort und Icon nach Einbeziehung des vom Nutzer gewünschten Kontextes variiert.

B.11. Konzeptidee 11 - „Stapelscrolling"

Abb. B.21.: Konzeptidee „Stapelscrolling 1" - Die Form der Ergebnisliste ist als farb-codierter Stapel dargestellt. Die Farbcodierung entspricht den links dargestellten Kategorien.

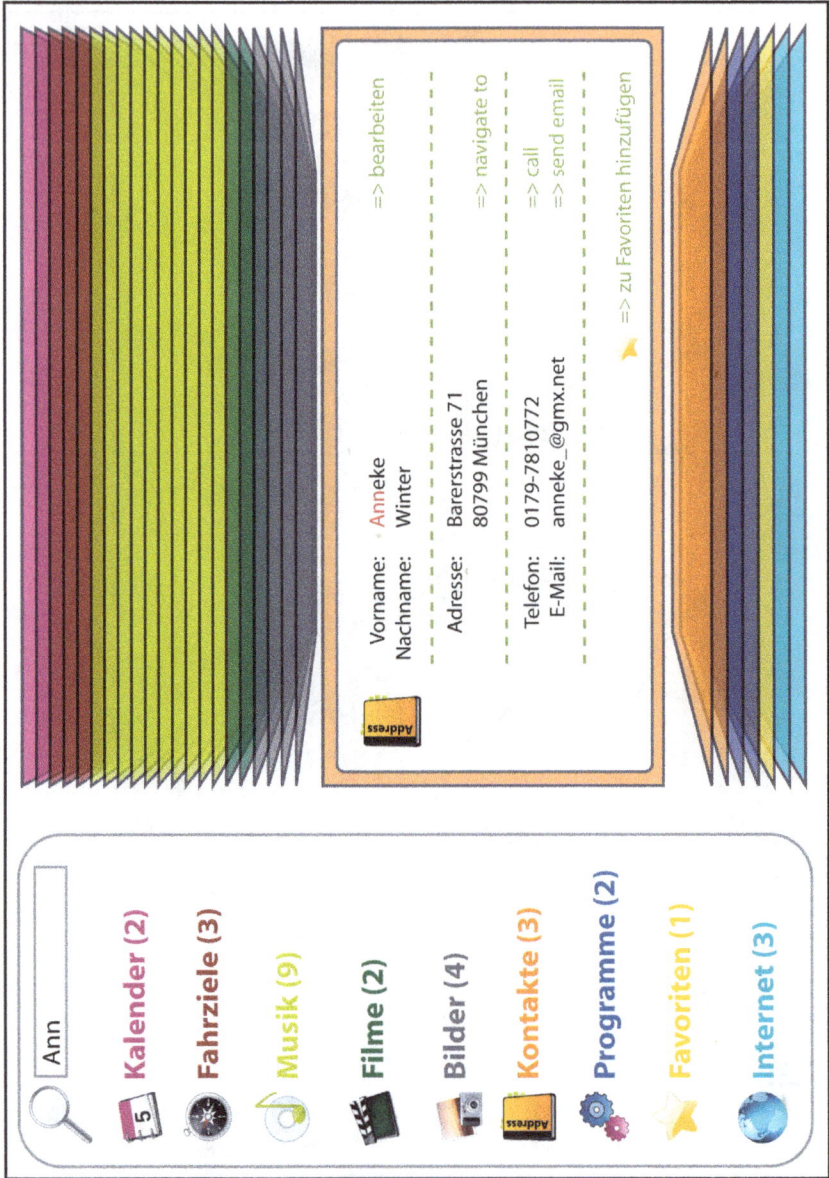

Abb. B.22.: Konzeptidee „Stapelscrolling 2" - Darstellung eines selektierten Elements.

B.12. Konzeptidee 12 - „Filterunterbringung"

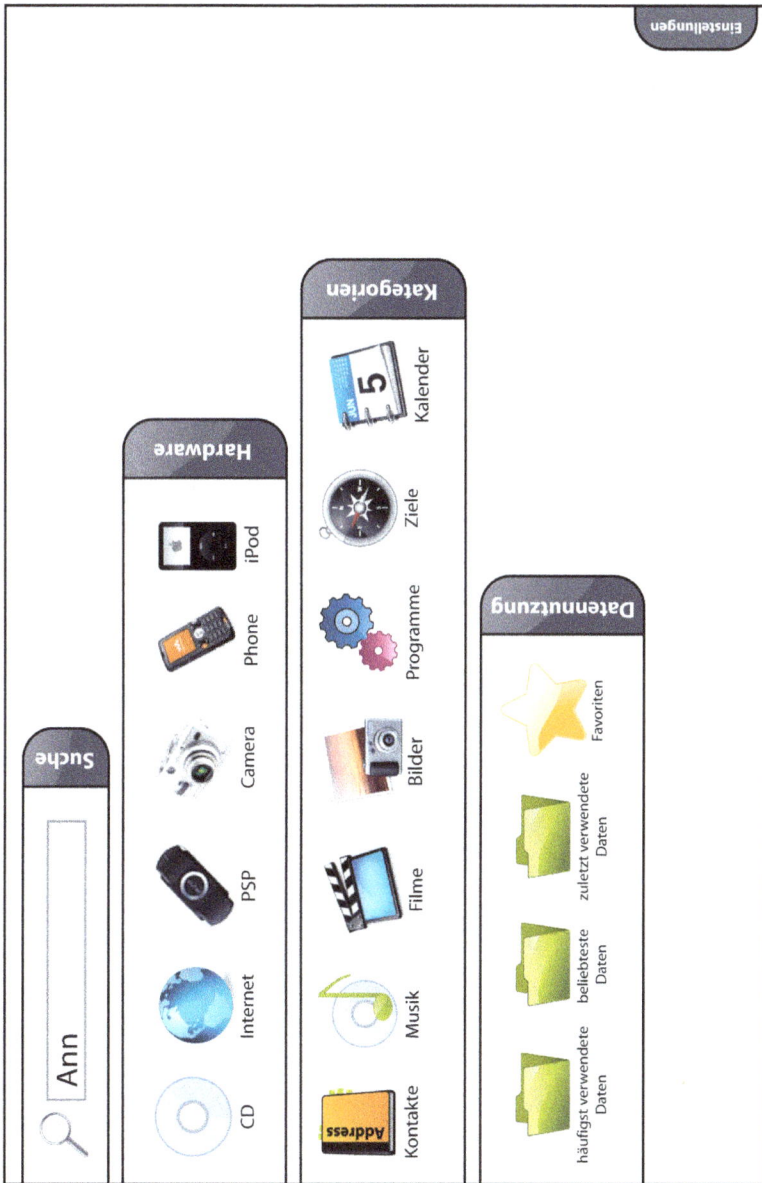

Abb. B.23.: Konzeptidee „Filterunterbringung" - Darstellungsvariante zur platzsparenden Anzeige von diversen Filtern. Die Filterbänder können nach links platzsparend verschoben werden.

B.13. Konzeptidee 13 - „3D Vieleck"

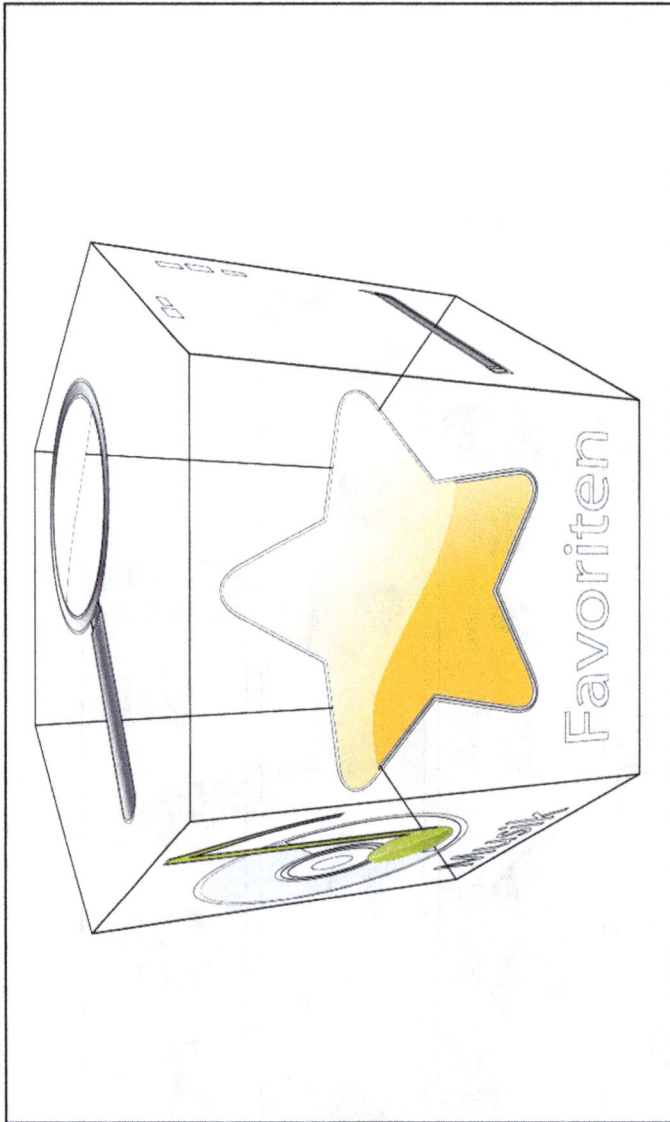

Abb. B.24.: Konzeptidee „3D Vieleck" - Die Interaktion wird anhand eines 3D Körpers geleitet. Kategorien werden über die Seiten eingestellt. Auf der Oberseite des Objekts können Suchbegriffe eingegeben werden, auf der Unterseite werden entsprechende Ergebnisse dargestellt.

B.14. Konzeptidee 14 - „3D Box"

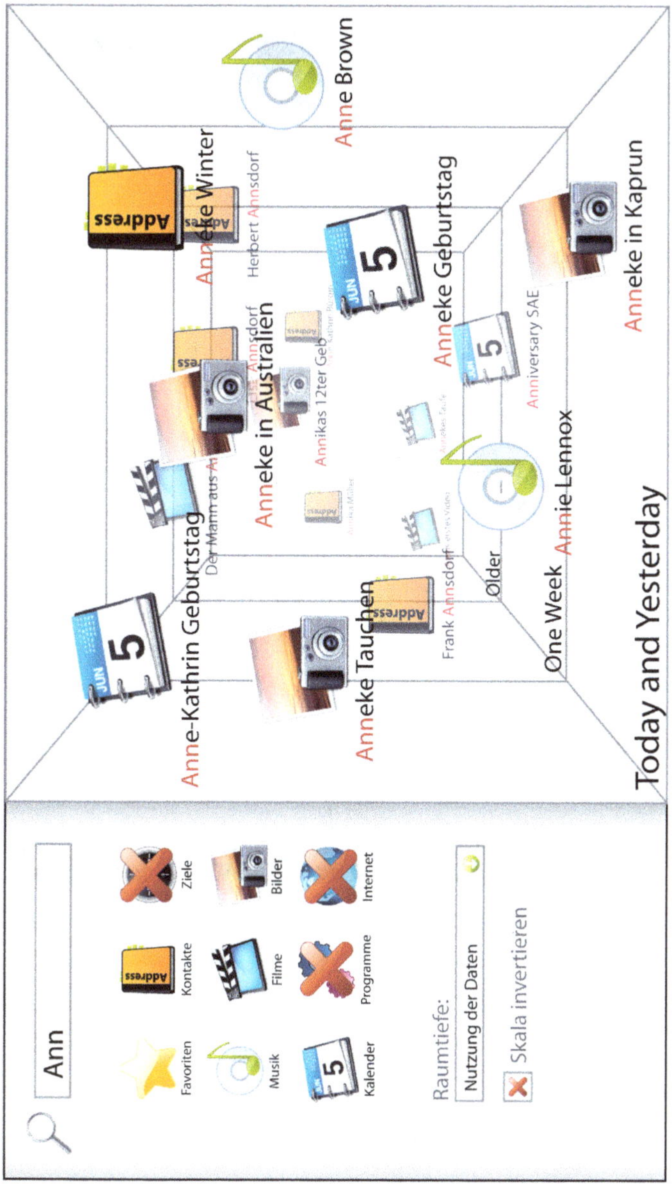

Abb. B.25.: Konzeptidee „3D Box" - Darstellung der Ergebnisliste ist an die Konzeptidee „2,5 Dimensionen" angelehnt, jedoch mit werden die Ergebnisse zusätzlich noch im Raum angeordnet.

B.15. Konzeptidee 15 - „No Name"

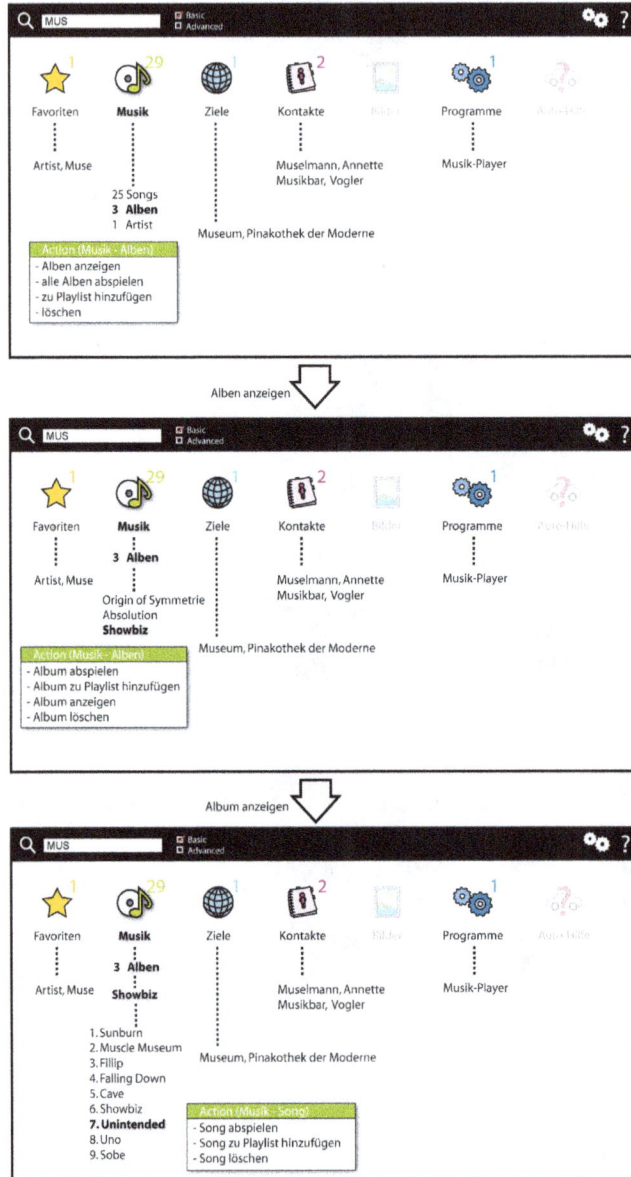

Abb. B.26.: Konzeptidee „No Name" - Variante der Visualisierung, welche das „Tabs" Konzept nochmals verfeinert .

B.16. Konzeptidee 16 - „Drehmenü"

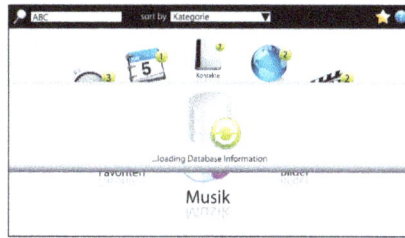

Abb. B.27.: Konzeptidee „Drehmenü" - Variante der Visualisierung, welche das „Kate-gorienkreisel" Konzept nochmals verfeinert .

C. Screenshots der Konzepte US und KS

C.1. US (Uneingeschränkte Suche)

Abb. C.1.: Suche nach dem Suchwort „MA" bzw. „MA MU" im US-Ansatz.

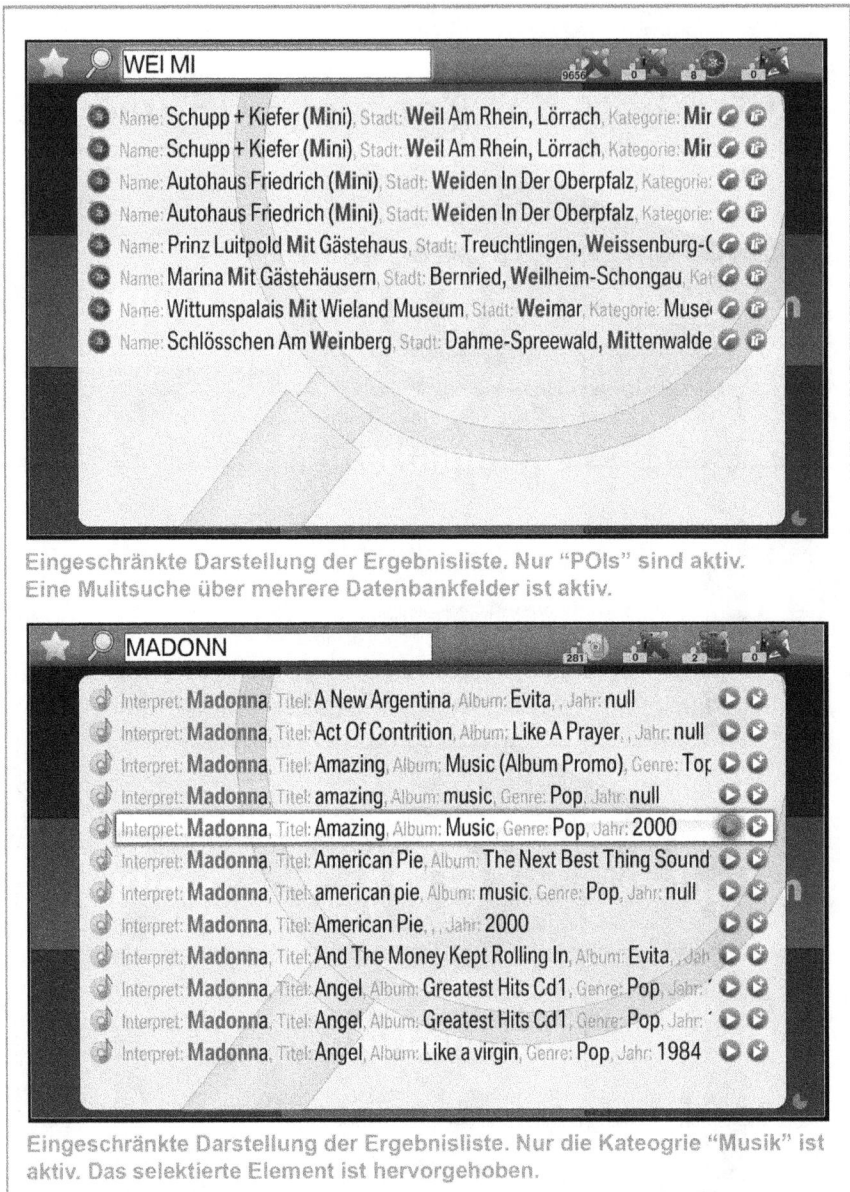

Abb. C.2.: Suche nach dem Suchwort „WEI MI" bzw. „MADONN" im US-Ansatz.

C.2. KS (Kategorie-Suche)

Darstellung mit Kategorienkreisel und aggregierter Ergebnisliste

Darstellung mit erweiterten Filtern und atomarer Ergebnisliste

Finale Darstellung mit voller Informationsanzeige zu dem selektierten Element

Abb. C.3.: Ablauf einer Musiksuche im KS-Ansatz.

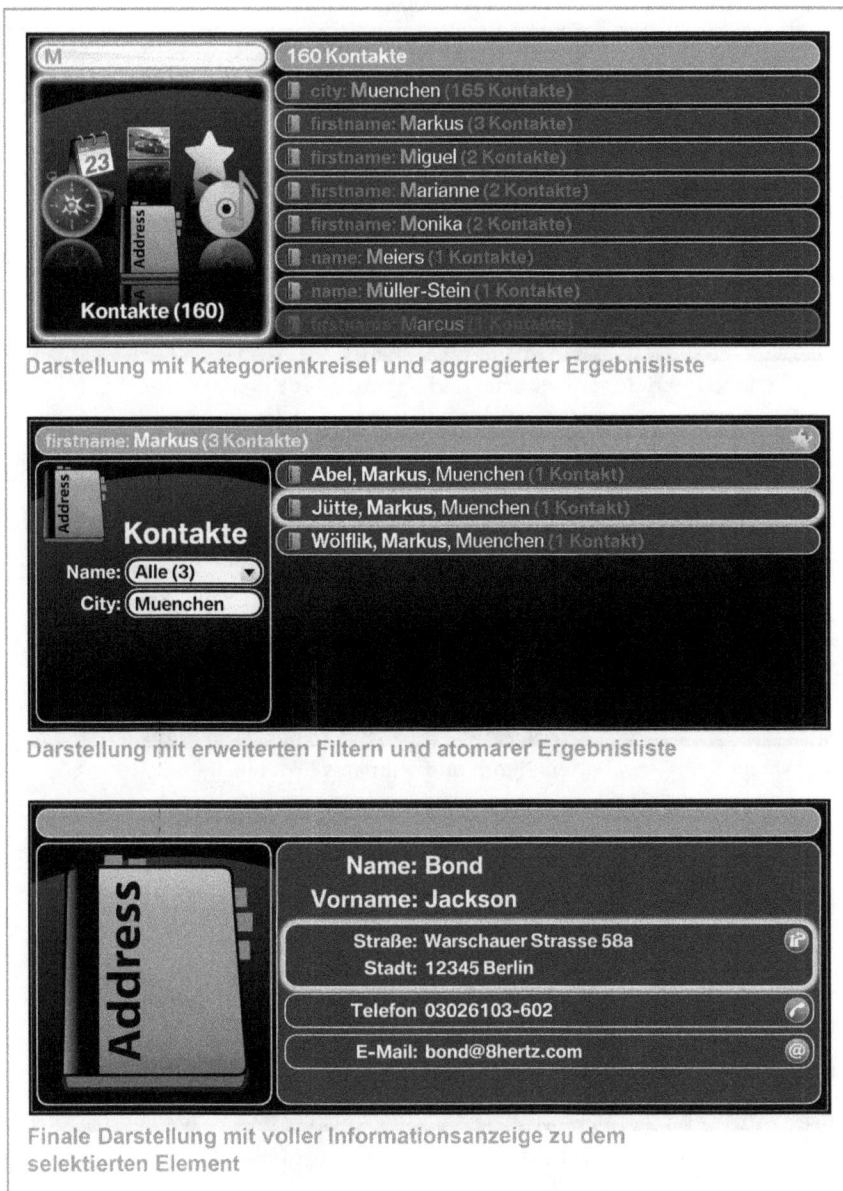

Darstellung mit Kategorienkreisel und aggregierter Ergebnisliste

Darstellung mit erweiterten Filtern und atomarer Ergebnisliste

Finale Darstellung mit voller Informationsanzeige zu dem selektierten Element

Abb. C.4.: Ablauf einer Kontaktsuche im KS-Ansatz.

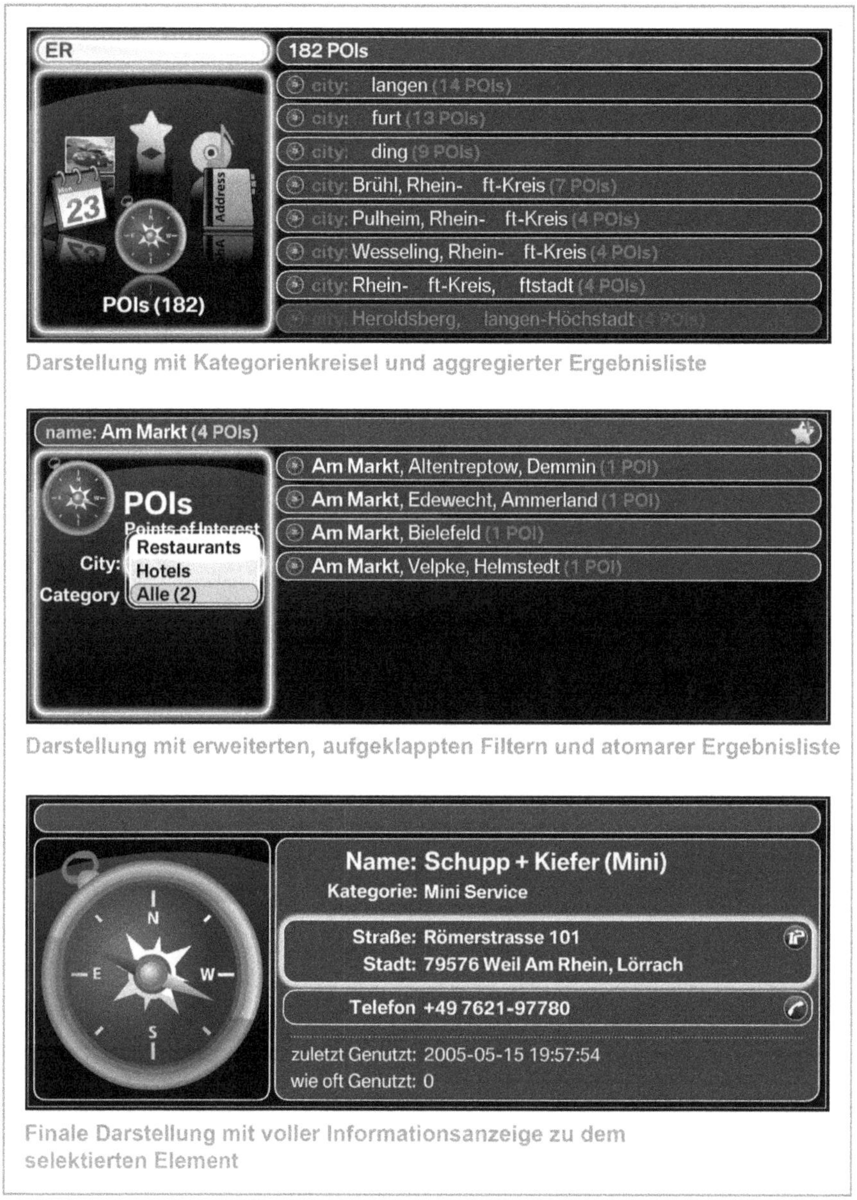

Darstellung mit Kategorienkreisel und aggregierter Ergebnisliste

Darstellung mit erweiterten, aufgeklappten Filtern und atomarer Ergebnisliste

Finale Darstellung mit voller Informationsanzeige zu dem selektierten Element

Abb. C.5.: Ablauf einer POI-Suche im KS-Ansatz.

Literaturverzeichnis

[AAM 2003] AAM: *Statement of Principles, Criteria and Verification Procedures on Driver Interactions with Advanced In-Vehicle Information and Communication Systems.* 1. Alliance of Automobile Manufacturers, 2003

[Ablaßmeier 2008] ABLASSMEIER, Markus: *Multimodales, kontextadaptives Informationsmanagement im Automobil*, Technische Universität München. Lehrstuhl für Mensch-Maschine-Kommunikation, Diss., 2008

[Ablaßmeier u. a. 2005] ABLASSMEIER, Markus ; McGLAUN, Gregor ; POITSCHKE, Tony ; GAST, Jürgen ; RIGOLL, Gerdhard: A Robust, Context-adaptive and Multimodal Search Engine for Efficient Information Retrieval in Car Environment. In: SALVENDY, G. (Hrsg.) ; HCI (Veranst.): *11th International Conference on Human-Computer Interaction HCI International, Las Vegas, Nevada* HCI, Lawrence Erlbaum Associoates, Inc., 2005, S. 22–27

[Ablaßmeier u. a. 2004] ABLASSMEIER, Markus ; NIEDERMAIER, Bernhard ; RIGOLL, Gerhard: A New Approach of Using Network Dialog Structures in Cars. In: *8th World Multiconf. on Systemics, Cybernetics and Informatics.* Orlando, USA, 2004

[ACM SIGCHI 1992] ACM SIGCHI: *Curricula for human-computer interaction.* New York, NY, USA: ACM, 1992. (ISBN 0–89791–474–0)

[Althoff 2004] ALTHOFF, Frank: *Ein generischer Ansatz zur Integration multimodaler Benutzereingaben*, Technische Universität München, Diss., 2004

[Althoff u. a. 2005] ALTHOFF, Frank ; LINDL, Rudi ; WALCHSHÄUSL, Leonhard: Robust Multimodal Hand- and Head Gesture Recognition for controlling Automotive Infotainment Systems. In: *VDI-Tagung: Der Fahrer im 21. Jahrhundert.* Braunschweig, Germany, November 2005

[Amditis u. Robertson 2005] AMDITIS, Angelos ; ROBERTSON, Patrick: *Nomadic devices in the AIDE Project*. http://www.aide-eu.org/pdf/aide_nf_050623_amditis. pdf. Version: 2005, Abruf: 23. Juni 2005

[Arasu u. a. 2001] ARASU, Arvind ; CHO, Junghoo ; GARCIA-MOLINA, Hector ; PAEP-CKE, Andreas ; RAGHAVAN, Sriram: Searching the Web. In: *ACM Trans. Internet Technol.* 1 (2001), Nr. 1, S. 2–43. http://dx.doi.org/http://doi.acm.org/10. 1145/383034.383035. – DOI http://doi.acm.org/10.1145/383034.383035. – ISSN 1533–5399

[Audi] AUDI: *Audi Homepage Lexikon MMI*. http://www.audi.de/de/brand/de/ tools/advice/glossary/mmi.browser.filter_i_m.html, Abruf: 25.09.2009

[Beatty 1982] BEATTY, Jackson: Task-evoked pupillary responses, processing load, and the structure of processing resources. In: *Psychological Bulletin* 91 (1982), March, Nr. 2, S. 276–292

[Beatty u. a. 2000] BEATTY, Jackson ; LUCERO-WAGONER, Brennis ; CACIOPPO, John T. ; TASSINARY, Louis G. (Hrsg.) ; BERNTSON, Gary G. (Hrsg.): *The pupillary system. Handbook of psychophysiology*. 2. New York, NY, USA : Cambridge University Press., 2000. – 142–162 S.

[BITKOM 2009] BITKOM: *Mehr als vier Milliarden Handy-Nutzer weltweit*. Bundesverband Informationswirtschaft, Telekommunikation und neue Medien e.V, August 2009. http://www.bitkom.org/60376.aspx?url=BITKOM_Presseinfo_ Handy-Nutzer_weltweit_05_08_2009.pdf&mode=0&b=Presse

[BITKOM 2010] BITKOM: *More than five billion mobile phone users*. Bundesverband Informationswirtschaft, Telekommunikation und neue Medien e.V, August 2010. http://www.eito.com/pressinformation_20100811.htm

[BMW Group 2007] BMW GROUP: *intern*. 2007

[BMW Group 2010] BMW GROUP: *BMW iDrive-System*. http://www.bmw.de/de/ de/insights/technology/technology_guide/articles/idrive.html?source= index&article=idrive. Version: 2010, Abruf: 30.06.2010

[Broadbent 1958] BROADBENT, D. E.: *Perception and Communication*. Oxford University Press, 1958

[Brooch u. a. 1999] BROOCH, Grady ; RUMBAUGH, Jim ; JACOBSON, Ivar: *The Unified Modelling Lan- guage User Guide*. 1. Addison-Wesley, 1999

[Brooke 1996] BROOKE, J.: SUS: A quick and dirty usability scale. In: JORDAN, P. W. (Hrsg.) ; WEERDMEESTER, B. (Hrsg.) ; THOMAS, A. (Hrsg.) ; MCLELLAND, I. L. (Hrsg.): *Usability evaluation in industry*. London : Taylor and Francis, 1996

[Broy 2007] BROY, Verena: *Benutzerzentrierte, graphische Interaktionsmetaphern für Fahrerinformationssysteme*, Technische Universität München, Diss., 2007

[Bubb 2003] BUBB, Heiner: Fahrerassistenz primär ein Beitrag zum Komfort oder für die Sicherheit? In: *VDI-Berichte* 1768 (2003)

[ChannelPartner] CHANNELPARTNER: *Zahl der Handy-Nutzer übersteigt 1,5-Milliarden-Grenze*. http://www.channelpartner.de/news/207388/index.html, Abruf: 03.02.2010

[Chittaro u. De Marco 2004] CHITTARO, Luca ; DE MARCO, Luca: Driver distraction caused by mobile devices: studying and reducing safety risks. In: *International Workshop on Mobile Technologies and Health: Benefits and Risks*, 2004

[CoEC 2006] CoEC: *Comission Recommendation of 22 December 2006 on safe and efficient in-vehicle information and communication systems: Update of the European Statement of Principles on human machine interfaces*. Brussels: Comission of European Communities, December 2006

[Cooper 2003] COOPER, Alan: *About Face 2.0: The Essentials of Interaction Design*. Bd. 1st edition. Wiley, 2003

[Cudalbu u. a. 2005] CUDALBU, C. ; ANASTASIU, B. ; RADU, R. ; CRUCEANU, R. ; SCHMIDT, E. ; BARTH, E.: Driver monitoring with a single high-speed camera and IR illumination. In: *Proceedings of the International Symposium on Signals, Circuits and Systems*. Romania, July 2005, S. 219–222

[Eckert 2003] ECKERT, Claudia: Mobil, aber sicher. In: MATTERN, Friedemann (Hrsg.): *Total vernetzt; Szenarien einer informatisierten Welt*. Springer Verlag, 2003. – ISBN 3–540–00213–8, S. 85–120

[Engström u. a. 2004] ENGSTRÖM, Johan ; ARFWIDSSON, Jan ; AMDITIS, Angelos ; ANDREONE, Luisa ; BENGLER, Klaus ; CACCIABUE, Pietro C. ; ESCHLER, J. ; NATHAN, Florence ; JANSSEN, Wiel: Meeting the Challanges of Future Automotive HMI

Design: Overview of the AIDE Integrated Project. In: *Proceedings, ITS Congress in Europe*. Budapest, 2004

[Engström u. a. 2006] ENGSTRÖM, Johan ; ARFWIDSSON, Jan ; AMDITIS, Angelos ; ANDREONE, Luisa ; BENGLER, Klaus ; CACCIABUE, Pietro C. ; JANSSEN, Wiel ; KUSSMANN, Holger ; NATHAN, Florence: Towards the Automotive HMI of the Future: Mid-Term Results of the AIDE Project. Version: 2006. http://dx.doi.org/ 10.1007/3-540-33410-6_28. In: VALLDORF, Jürgen (Hrsg.) ; GESSNER, Wolfgang (Hrsg.): *Advanced Microsystems for Automotive Applications 2006*. Springer Berlin Heidelberg, 2006 (VDI-Buch). – ISBN 978–3–540–33410–1, 379-405

[Fischer] FISCHER, Heide: *Soundex-Algorithmus: das Verfahren*. http://www. sound-ex.de, Abruf: 30.6.2010

[Geiser 1990] GEISER, Georg: Struktur von Mensch-Maschine-Systemen. In: *Mensch-Maschine-Kommunikation*. Oldenbourg, 1990, S. 9–10

[Goldstein 2007] GOLDSTEIN, E. B.: *Wahrnehmungspsychologie*. 7. Spektrum Akademischer Verlag, 2007

[Google] GOOGLE: *Startseite*. www.google.com, Abruf: 2008

[Hancock u. a. 2003] HANCOCK, Peter A. ; LESCH, Mary ; SIMMONS, Lucy: The distraction effects of phone use during a crucial driving maneuver. In: *Accident Analysis and Prevention* (2003), Nr. 35, S. 501–514

[Hancock u. a. 1999] HANCOCK, Peter A. ; SIMMONS, Lucy ; HASHEMI, L. ; HOWARTH, H. ; RANNEY, T.: The Effects of In-Vehicle Distraction on Driver Response During a Crucial Driving Maneuver. In: *Transportation Human Factors* (1999), Nr. 4, S. 295–309

[Hanowski u. a. 2006] HANOWSKI, R. J. ; OLSON, R. L. ; HICKMAN, J. S. ; DINGUS, T. A.: The 100-Car Naturalistic Driving Study: A Descriptive Analysis of Light Vehicle-Heavy Vehicle Interactions from the Light Vehicle Driver's Perspective / U.S. Department of Transportation; Federal Motor Carrier Safety Administration. 2006 (FMCSA-RRR-06-004). – Forschungsbericht

[Hassenzahl u. a. 2003] HASSENZAHL, Marc ; BURMESTER, Michael ; KOLLER, Franz: AttrakDiff: Ein Fragebogen zur Messung wahrgenommener hedonischer und pragmatischer Qualität. In: *Mensch und Computer 2003: Interaktion in Bewegung* Mensch & Computer 2003, G. Szwillus and J. Ziegler, 2003, S. 187–196

[Hassenzahl u. a. 2008] HASSENZAHL, Marc ; BURMESTER, Michael ; KOLLER, Franz: Der User Experience (UX) auf der Spur: Zum Einsatz von www.attrakdiff.de. In: BRAUN, H. (Hrsg.) ; DIEFENBACH, S. (Hrsg.) ; HASSENZAHL, M. (Hrsg.) ; KOLLER, F. (Hrsg.) ; PEISSNER, M. (Hrsg.) ; RÖSE, K. (Hrsg.): *Usability Professionals 2008*, 2008, S. 78–82

[Heise Online a] HEISE ONLINE: *Gartner sieht stabilen Handy-Markt.* `http://www.heise.de/mobil/meldung/Gartner-sieht-stabilen-Handy-Markt-887207.html`, Abruf: 02.06.2011

[Heise Online b] HEISE ONLINE: *Der weltweite Handymarkt wächst wieder.* `http://heise-online.mobi/news/Der-weltweite-Handymarkt-waechst-wieder-583260.html`, Abruf: 03.02.2010

[Henning 2001] HENNING, Peter A.: *Taschenbuch Multimedia.* 2. Carl Hanser Verlag, 2001 (ISBN 3–446–21751–7)

[Hildisch u. a. 2007] HILDISCH, Andreas ; STEURER, Juergen ; STOLLE, Reinhard: HMI generation for plug-in services from semantics descriptions. In: *Proceedings International Conference on Software Engineering (ICSE-2007), Workshop on Software Engineering for Automotive Systems.* Minneapolis, MN, May 2007

[Hoch 2009] HOCH, Stefan: *Kontextmanagement und Wissensanalyse im kognitiven Automobil der Zukunft.* München, Technische Universität München. Lehrstuhl für Mensch-Maschine-Kommunikation, Diss., 2009

[Hosking u. a. 2007] HOSKING, Simon ; YOUNG, Kristie ; REGAN, Michael: The effects of text messaging on young novice driver performance. In: FAULKS, I.J. (Hrsg.) ; REGAN, M. (Hrsg.) ; STEVENSON, M. (Hrsg.) ; BROWN, J. (Hrsg.) ; PORTER, A. (Hrsg.) ; IRWIN, J.D. (Hrsg.): *Distracted driving.* Sydney : NSW: Australasian College of Road Safety, 2007, S. 155–187

[IFD 2009] IFD: *Suchmaschinen - Häufigkeit der Nutzung.* BVDW. `http://de.statista.com/statistik/daten/studie/160395/umfrage/haeufigkeit-der-nutzung-von-suchmaschinen-in-deutschland-2009/`. Version: Januar-August 2009, Abruf: 2011

[ISO 1997] ISO: Ergonomic requirements for office work with visual display terminals (VDTs) / International Organization for Stansardization. 1997-2009 (EN ISO 9241). – Forschungsbericht

[ISO 1998] ISO: Ergonomic requirements for office work with visual display terminals (VDTs) - Part 11: Guidance on usability / International Organization for Stansardization. 1998 (EN ISO 9241-11:1998). – Forschungsbericht

[ISO 1999] ISO: Human-centred design processes for interactive systems / International Organization for Stansardization. 1999 (EN ISO 13407:1999). – Forschungsbericht

[ISO 2000] ISO: Dialogue Management Compliance / International Organization for Stansardization. 2000 (ISO Draft TC22/SC13/WG8). – Draft version published at the Task Force Meeting 2000

[ISO 2007] ISO: Road Vehicles - Ergonomic aspects of transport information and control Systems - Occlusion method to assess visual demand due to the use of in-vehicle systems / International Organization for Stansardization. 2007 (ISO 16673:2007(E)). – Forschungsbericht

[JAMA 2004] JAMA: *Guideline for In-vehicle Display Systems.* 1. Japan Automobile Manufacturers Association, 2004

[Joswiak 2009] JOSWIAK, Greg: *Apple March 17 2009 Event - Presentation of iPhone OS 3.0.* `http://stream.qtv.apple.com/events/mar/0903lajkszg/m_090374535329zdwg_650_ref.mov`. Version: March 2009, Abruf: 02.04.2009

[Juran 1962] JURAN, Joseph M. ; GRYNA, Frank M. (Hrsg.): *Quality Control Handbook.* Bd. 2. McGraw-Hill, 1962

[Kahneman 1973] KAHNEMAN, Daniel: *Attention and effort.* Prentice Hall, 1973

[Koch 1999] KOCH, Richard: *The 80/20 Principle: The Secret to Success by Achieving More with Less.* Broadway Business, 1999. – 4–10 S.

[Krug 2006] KRUG, Steve: *Don't make me think! Web Usability: Das intuitive Web.* Auflage: 2. Mitp-Verlag, 2006

[Lewandowski 2007] LEWANDOWSKI, Dirk: Mit welchen Kennzahlen lässt sich die Qualität von Suchmaschinen messen? In: MACHILL, Marcel (Hrsg.) ; BEILER, Markus

(Hrsg.): *Die Macht der Suchmaschinen / The Power of Search Engines*. Herbert von Halem Verlag, 2007 (ISBN 3-938258-33-0)

[Loewenfeld 1999] LOEWENFELD, Irene E.: *The Pupil: Anatomy, Physiology, and clinical Applications*. Bd. 2. Oxford: Butterworth-Heinemann, 1999

[Machill u. Welp 2003] MACHILL, Marcel ; WELP, Carsten: *Wegweiser im Netz. Qualität und Nutzung von Suchmaschinen*. Berteslmann Stiftung, 2003

[Marchionini 2006] MARCHIONINI, Gary: Exploratory search: from finding to understanding. In: *Commun. ACM* 49 (2006), April, Nr. 4, 41–46. http://dx.doi.org/10.1145/1121949.1121979. – DOI 10.1145/1121949.1121979. – ISSN 0001–0782

[Marshall 2000] MARSHALL, S. P.: *U.S. Patent No. 6,090,051*. Washington, DC, USA : U.S. Patent & Trademark Office, 2000

[Marshall 2005] MARSHALL, S. P.: Assessing cognitive engagement and cognitive state from eye metrics. In: *1st International Conference on Augmented Cognition*. Las Vegas, USA, 2005

[Marshall 2007] MARSHALL, S. P.: Measures of Attention and Cognitive Effort in Tactical Decision Making. In: MALCOM, C. (Hrsg.) ; NOYES, J. M. (Hrsg.) ; MASAKOWSKI, Y. (Hrsg.): *Decision Making in Complex Environemts*. Ashgate Publishing, 2007, S. 321–332

[Marshall u. a. 2004] MARSHALL, S. P. ; DAVIS, C. ; KNUST, S: The Index of cognitive Activity: estimating cognitive effort from pupil dilation / Eyetracking Inc. San Diego, CA, USA, 2004 (Technical Report ETI-0401). – Forschungsbericht

[Mattes 2003] MATTES, Stefan: The lane-change-task as a tool for driver distraction evaluation. In: *17th Annual Conference of International-Society-for-Occupational-Ergonomics-and-Safety (ISOES)*, 2003

[Mattes 2006] MATTES, Stefan: Messung der Fahrerablenkung in der Fahrzeugentwicklung. In: *Vehicle Interaction Summit 3*. Stuttgart, Germany : Fraunhofer IAO, 2006

[Mercedes-Benz] MERCEDES-BENZ: *Mercedes-Benz Comand System*. http://www.mercedes-benz.de/content/germany/mpc/mpc_germany_website/de/home_mpc/passengercars/home/new_cars/models/s-class/w221/overview/comfort.0010.html, Abruf: 29.09.2009

[Meyer 1990] MEYER, Bertrand: *Objektorientierte Softwareentwicklung.* Prentice Hall International, 1990 (3-446-15773-5)

[Michon 1985] MICHON, John A.: A critical view of driver behaviour models: what do we know, what should we do? In: EVANS, Leonard (Hrsg.) ; SCHWING, R. C. (Hrsg.): *Human Behavior and Traffic Safety,* New York: Plenum Press, 1985, S. 485–524

[Milicic u. a. 2008] MILICIC, Natasa ; ABLASSMEIER, Markus ; BENGLER, Klaus: Das Head-Up Display im Fahrzeug - Potenzial zukünftiger Nutzung. In: *Produkt- und Produktions-Ergonomie - Aufgabe für Entwickler und Planer, Bericht zum 54. Arbeitswissenschaftlichen Kongress,* Gesellschaft für Arbeitswissenschaft GfA-Press, April 2008

[Morich u. Matheus 2005] MORICH, Rolf ; MATHEUS, Kirsten: Herausforderungen und Lösungsansätze zur Integration mobiler Endgeräte ins Fahrzeug mit Hilfe standardisierter, drahtloser Schnittstellen / Carmeq GmbH. 2005. – Forschungsbericht

[Navarro 2001] NAVARRO, Gonzalo: A guided tour to approximate string matching. In: *ACM Comput. Surv.* 33 (2001), Nr. 1, S. 31–88. http://dx.doi.org/http://doi.acm.org/10.1145/375360.375365. – DOI http://doi.acm.org/10.1145/375360.375365. – ISSN 0360–0300

[Niedermaier 2003] NIEDERMAIER, Bernhard: *Entwicklung und Bewertung eines Rapid-Prototyping Ansatzes zur multimodalen Mensch-Maschine-Interaktion im Kraftfahrzeug,* Technische Universität München, Diss., 2003

[Nielsen 1994] NIELSEN, Jakob: *Usability Engineering.* Morgan Kaufmann, 1994. – ISBN 0125184069

[Norman 2002] NORMAN, Donald A.: Emotion and design: Atrractive things work better. In: *Interactions Magazine* ix (4) (2002), S. 36–42

[Norman 2004] NORMAN, Donald A.: *Interaction Design for Automobile Interiors.* http://www.jnd.org/dn.mss/interaction_des.html. Version: 2004

[Page u. a. 1999] PAGE, Lawrence ; BRIN, Sergey ; MOTWANI, Rajeev ; WINOGRAD, Terry: The PageRank Citation Ranking: Bringing Order to the Web. / Stanford InfoLab. Version: November 1999. http://ilpubs.stanford.edu:8090/422/. 1999 (1999-66). – Technical Report. – Previous number = SIDL-WP-1999-0120

[Palmer 1999] PALMER, Steven: *Vision Science: Photons to Phenomenology*. Bd. 1. The MIT Press, 1999

[Pareto 1896] PARETO, Vilfredo: *Cours d'économie politique*. l'université de Lausanne, 1896/7

[Poitschke 2004] POITSCHKE, Tony M.: *Situative, benutzerspezifische und robuste Informationssuche im Automobil*, Technische Universität München. Lehrstuhl für Mensch-Maschine-Kommunikation, Diplomarbeit, 2004

[Rasmussen 1983] RASMUSSEN, Jens: Skills, Rules, and Knowledge; Signals, Signs, and Symbols, and Other Distinctions in Human Performance Models. In: *IEEE Transactions on Systems, Man, and Cybernetics* IEEE, 1983 (13 3), S. 257–266

[Rauch u. a. 2004] RAUCH, Nadja ; TOTZKE, Ingo ; KRÜGER, Hans P.: Breit oder tief ?: Der Einfluss der Untersuchungssituation auf die Bewertung von Fahrerinformationssystemen. In: *44. Kongress der Deutschen Gesel lschaft für Psychologie*. Göttingen, 2004

[Rößger 1996] RÖSSGER, Peter: *Die Entwicklung der Pupillometrie zu einer Methode der Messung mentaler Beanspruchung in der Arbeitswissenschaft*, Pro Universität Verlag, Diss., 1996

[Rößger 2001] RÖSSGER, Peter: Usability und Ergonomie von Fahrer-Informations-Systemen: Methoden, Studien und Ergebnisse. In: *VDI-Berichte* 1646 (2001), S. 911–926

[Russell u. Odell 1918] RUSSELL, Robert C. ; ODELL, Margaret K.: Soundex / United States Patent Office. 1918 (US Patent 1261167). – Forschungsbericht

[Schwalm 2009] SCHWALM, Maximilian: *Pupillometrie als Methode zur Erfassung mentaler Beanspruchungen im automotiven Kontext*, Uni Saarland, Diss., 2009

[Shackel 1991] SHACKEL, Brian: Usability - Context, Framework, Definition, Design and Evaluation. In: SHACKEL, Brian (Hrsg.) ; RICHARDSON, Simon J. (Hrsg.): *Human factors for informatics usability*. The Press Syndicate of the University of Cambridge, 1991 (ISBN 0 521 36570 8), S. 21–37

[Shneiderman 1986] SHNEIDERMAN, Ben: *Designing the User Interface: Strategies for effective Human-Computer Interaction*. Boston, MA, USA : Addison-Wesley Longman Publishing Co., Inc., 1986

[Spence u. Read 2003] SPENCE, C. ; READ, L.: Speech shadowing while driving: on the difficulty of splitting attention between eye and ear. In: *Psychological science : a journal of the American Psychological Society* 14(3) (2003), Nr. 251-256

[Spießl 2007] SPIESSL, Wolfgang: *Entwurf und Bewertung eines ganzheitlichen Datenmodells zur inhaltlichen und funktionalen Integration von mobilen Endgeräten in das Fahrzeug.* München, Ludwigs-Maximilians-Universität München, Institut für Informatik, Lehr- und Forschungseinheit Medieninformatik, Diplomarbeit, 2007

[Steindl 1965] STEINDL, Josef: *Random Processes and the Growth of Firms.* New York : Hafner Publishing Company, 1965. – 8 S.

[Stolle u. a. 2007] STOLLE, Reinhard ; SAAD, Alexandre ; WEYL, Daniel ; WAGNER, Markus: Integrating CE-based applications into the automotive HMI. In: *Proceedings SAE World Congress 2007.* Detroid MI, April 2007

[Strayer u. a. 2003] STRAYER, D. L. ; DREWS, F. A. ; JOHNSTON, W. A.: Cell phone-induced failures of visual attention during simulated driving. In: *Journal of experimental psychology. Applied* 9 (2003), March, Nr. 1, 23-32. http://view.ncbi.nlm.nih.gov/pubmed/12710835. – ISSN 1076–898X

[Stutts u. a. 2001] STUTTS, Jane C. ; REINFURT, Donald W. ; STAPLIN, Loren ; RODGMAN, Eric A.: The Role of Driver Distraction in Traffic Crashes. (2001)

[Tönnis u. a. 2006] TÖNNIS, Marcus ; BROY, Verena ; KLINKER, Gudrun: A Survey of Challenges Related to the Design of 3D User Interfaces for Car Drivers. In: *3DUI '06: Proceedings of the 3D User Interfaces (3DUI'06).* Washington, DC, USA : IEEE Computer Society, 2006, 2006. – ISBN 1–4244–0225–5, S. 127–134

[Tsai u. a. 2007] TSAI, Y. ; VIIRRE, E. ; STRYCHACZ, C. ; CHASE, B. ; JUNG, T p.: Task Performance and Eye Activity: Predicting Behavior Relating to Cognitive Workload. In: *Aviation, Space, and Environmental Medicine* 78 (2007), Nr. 5, S. B176–B185

[Vöhringer-Kuhnt 2011] VÖHRINGER-KUHNT, Thomas: *CarUSE-MI: Die Entwicklung eines Bewertungsinstrumentariums für die Mensch-Maschine-Schnittstelle von Fahrerinformationssystemen,* Verkehrs- und Maschinensysteme der Technischen Universität Berlin, Diss., 2011

[VW] VW: *VW RNS 510.* http://www.volkswagen.de/vwcms/master_public/ virtualmaster/de3/unternehmen/innovation___technik/infotainment/ radio-navigationssystem.html, Abruf: 25.09.2009

[de Waard 1996] WAARD, Dick de: *The measurement of drivers' mental workload,* Universtity of Groningen The Traffic Research Center, Diss., 1996

[Webhits.de 2010] WEBHITS.DE: *Web-Barometer - Nutzung von Suchmaschinen.* http: //www.webhits.de/deutsch/index.shtml?webstats.html. Version: 2010, Abruf: 2010

[Wickens u. Hollands 2000] WICKENS, Christopher D. ; HOLLANDS, Justin G.: *Engineering Psychology and Human Performance.* Addison Wesley Pub Co Inc, 2000. – 159 – 177 S.

[Wierwille u. Tijerina 1998] WIERWILLE, W.W. ; TIJERINA, L.: Modeling the relationship between driver in-vehicle demands and accident occurrence. In: GALE, A. (Hrsg.): *Vision in Vehicles VI.* Elsevier, 1998, S. 233–243

[Wikipedia 2010a] WIKIPEDIA: *Mobilgerät.* http://de.wikipedia.org/wiki/ Mobilger%C3%A4t. Version: 2010, Abruf: 2.6.2011

[Wikipedia 2010b] WIKIPEDIA: *Objektorientierte Programmierung.* http://de. wikipedia.org/wiki/Objektorientierte_Programmierung. Version: 06 2010, Abruf: 10.06.2010

[Winter 2007] WINTER, Anneke: *Entwurf und Erstellung eines GUIs zur Suche und Repräsentation von FIS-Funktionen und Content.* München, Ludwigs-Maximilians-Universität München, Institut für Informatik, Lehr- und Forschungseinheit Medieninformatik, Diplomarbeit, 2007

[Zipf 1972] ZIPF, Georg K.: *Human behavior and the principle of least effort: An introduction to human ecology.* Hafner Pub. Co, 1972